大数据
技术丛书

Kettle 构建
Hadoop ETL
系统实践

王雪迎 著

U0378465

清华大学出版社
北京

内 容 简 介

Kettle 是一款国外开源的 ETL 工具,纯 Java 编写,无须安装,功能完备,数据抽取高效稳定。

本书介绍并演示如何用 Kettle 完成 Hadoop 数据仓库上的 ETL 过程,所有的描绘场景与实验环境都是基于 Linux 操作系统的虚拟机。全书共分 10 章,主要内容包括 ETL 与 Kettle 的基本概念、Kettle 安装与配置、Kettle 对 Hadoop 的支持、建立 ETL 示例模型、数据转换与装载、定期自动执行 ETL 作业、维度表技术、事实表技术,以及 Kettle 并行、集群与分区技术。

本书既适合大数据分析系统开发、数据仓库系统设计与开发、DBA、架构师等相关技术人员阅读,也适合高等院校和培训机构人工智能与大数据相关专业的师生参考。

图书在版编目(CIP)数据

Kettle 构建 Hadoop ETL 系统实践 / 王雪迎著.-北京:清华大学出版社,2021.7
(大数据技术丛书)
ISBN 978-7-302-58261-8

Ⅰ.①K… Ⅱ.①王… Ⅲ.①数据处理软件 Ⅳ.①TP274

中国版本图书馆 CIP 数据核字(2021)第 105742 号

责任编辑:夏毓彦
封面设计:王 翔
责任校对:闫秀华
责任印制:宋 林

出版发行:清华大学出版社
        网　　址:http://www.tup.com.cn,http://www.wqbook.com
        地　　址:北京清华大学学研大厦 A 座　　　　　邮　　编:100084
        社 总 机:010-62770175　　　　　　　　　　邮　　购:010-62786544
        投稿与读者服务:010-62776969,c-service@tup.tsinghua.edu.cn
        质量反馈:010-62772015,zhiliang@tup.tsinghua.edu.cn

印 装 者:北京鑫海金澳胶印有限公司
经　　销:全国新华书店
开　　本:190mm×260mm　　　印　张:20.75　　　字　数:559 千字
版　　次:2021 年 8 月第 1 版　　　印　次:2021 年 8 月第 1 次印刷
定　　价:79.00 元

产品编号:092578-01

前　言

2017 年我写了第一本书，名为《Hadoop 构建数据仓库实践》。那本书详细地介绍了如何利用 Hadoop 生态圈组件构建传统数据仓库，如使用 Sqoop 从关系型数据库全量或增量抽取数据到 Hadoop 系统、使用 Hive 进行数据转换和装载处理、使用 Oozie 调度 ETL 过程自动定时执行等。作为进阶，书中还讲解了多维数据仓库技术中的渐变维、代理键、角色扮演维度、层次维度、退化维度、无事实的事实表、迟到事实、累计度量等常见问题在 Hadoop 上的处理方法。所有这些内容都以 CDH（Cloudera's Distribution Including Apache Hadoop）为运行平台，并用一个简单的销售订单示例来系统说明。

该书介绍的大部分功能都是通过 Hive SQL 来实现的，其中有些 SQL 语句逻辑复杂，可读性也不是很好。如今四年过去了，技术已经有了新的发展，同时我对 Hadoop 数据仓库这个主题也有了新的思考，那就是有没有可能使用一种 GUI（Graphical User Interface，图形用户界面）工具来实现上述所有功能呢？伴随着寻找答案的过程，经过持续的实践与总结，于是就有了呈现在读者面前的这本新书。本书介绍并演示如何用 Kettle 完成 Hadoop 数据仓库的 ETL 过程。我们仍然以 CDH 作为 Hadoop 平台，沿用相同的销售订单示例进行说明，因此可以将本书当作《Hadoop 构建数据仓库实践》的另一版本。

面对各种各样的 ETL 开发工具，之所以选择 Kettle，主要由于它的一些鲜明特性。首先，很明确的一点是，作为一款 GUI 工具，Kettle 的易用性好，编码工作量最小化。几乎所有的功能都可以通过用户界面完成，提高了 ETL 过程的开发效率。其次，Kettle 的功能完备。书中演示所用的 Kettle 8.3 版本几乎支持所有常见的数据源，并能满足 ETL 功能需求的各种转换步骤与作业项。第三，Kettle 是基于 Java 的解决方案，天然继承了 Java 的跨平台性，只要有合适的 JVM 存在，转换或作业就能运行在任何环境和平台之上，真正做到与平台无关。最后，Kettle 允许多线程与并发执行，以提高程序执行效率。用户只需指定线程数，其他工作都交给 Kettle 处理，实现细节完全透明化。

本书内容

全书共分 10 章。第 1 章介绍 ETL 与 Kettle 的基本概念，如 ETL 定义、ETL 工具、Kettle 的设计原则、Kettle 组件与功能特性等。第 2 章讲解 Kettle 在 Linux 上的安装配置，还包括安装 Java 环境、安装 GNOME Desktop 图形界面、配置中文字符集和输入法、安装配置 VNC 远程控制等相关细节问题。第 3 章介绍 Kettle 对 Hadoop 的支持，说明如何配置 Kettle 连接 Hadoop 集群、Kettle 中包含的 Hadoop 相关的步骤与作业项，演示 Kettle 导入导出 Hadoop 数据、执行 MapReduce 和 Spark 作业等。第 4 章说明贯穿全书的销售订单示例的搭建过程。第 5 章主要讲解用 Kettle 实现各种变换数据捕获方法，还有 Sqoop 作业项的使用。第 6 章说明 Kettle 的数据转换与装载功能，以及在销售订单示例上的具体实现。第 7 章讲解 Kettle 如何支持 ETL 作业的自动调度，包括使用 Oozie 和 Start 作业项的实现。第 8、9 章详解多维数据仓库中常见的维度表和事实表技术，及其 Kettle 实现。第 10 章介绍三种与 Kettle 可扩展性相关的技术，即并行、集群和分区。

资源下载与技术支持

本书配套的资源下载信息，请用微信扫描右边的二维码获取，可按页面提示，把下载链接转发到自己的邮箱中下载。如果阅读过程中发现问题，请联系 booksaga@163.com，邮件主题为"Kettle 构建 Hadoop ETL 系统实践"。

读者对象

本书所有的描绘场景与实验环境都是基于 Linux 操作系统的虚拟机，需要读者具有一定的 Hadoop、数据仓库、SQL 与 Linux 基础。本书适合大数据分析系统开发、数据仓库系统设计与开发、DBA、架构师等相关技术人员阅读，也适合高等院校和培训机构人工智能与大数据相关专业的师生教学参考。

致谢

在本书编写过程中，得到了很多人的帮助与支持。首先要感谢我所在的公司（优贝在线）提供的平台和环境，感谢同事们工作中的鼎力相助。没有那里的环境和团队，也就不会有这本书。感谢清华大学出版社图格事业部的编辑们，他们的辛勤工作使得本书得以尽早与读者见面。感谢 CSDN 提供的技术分享平台，给我有一个将博客文章整理成书的机会。最后，感谢家人对我一如既往的支持。由于本人水平有限，书中疏漏之处在所难免，敬请读者批评指正。

著 者

2021 年 5 月

目　　录

第1章

ETL 与 Kettle

1.1　ETL 基础

ETL 一词是 Extract、Transform、Load 三个英文单词的首字母缩写，中文意为抽取、转换、装载。

- 抽取——从操作型数据源获取数据。
- 转换——转换数据，使数据的形式和结构适用于查询与分析。
- 加载——将转换后的数据导入到最终的目标数据仓库。

ETL 是建立数据仓库最重要的处理过程，也是最能体现工作量的环节，一般会占到整个数据仓库项目工作量的一半以上。建立一个数据仓库，就是要把来自于多个异构源系统的数据整合在一起，并放置于一个集中的位置来进行数据分析。如果这些源系统数据原本就是相互兼容的，那当然省事了，但是实际情况往往不是如此。而 ETL 系统的工作就是把异构数据转换成同构数据。如果没有 ETL，就很难对异构数据进行程序化分析。

1.1.1　数据仓库架构中的 ETL

数据仓库架构可以理解成构成数据仓库的组件及其之间的关系，如图 1-1 所示。

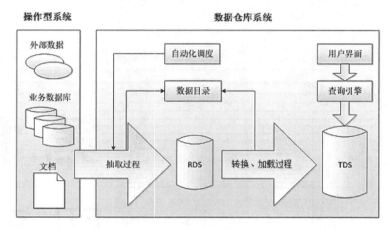

图 1-1　数据仓库架构

图 1-1 中显示的整个数据仓库环境包括操作型系统和数据仓库系统两大部分。操作型系统的数据由各种形式的业务数据组成，其中可能包含关系型数据库、TXT 或 CSV 文件、HTML 或 XML 文档，还可能存在外部系统的数据，比如网络爬虫抓取来的互联网数据等。数据可能是结构化、半结构化或非结构化的。这些数据经过 ETL 过程进入数据仓库系统。

这里把 ETL 分成抽取和转换装载两个部分。抽取过程负责从操作型系统获取数据，该过程一般不做数据聚合和汇总，但是会按照主题进行集成，物理上是将操作型系统的数据全量或增量复制到数据仓库系统的 RDS 中。Hadoop 生态圈中的主要数据抽取工具是 Sqoop，用于在关系型数据库和 Hadoop 之间传输数据。

转换装载过程对数据进行清洗、过滤、汇总、统一格式化等一系列操作，使数据转换为适合查询的格式，然后装载进数据仓库系统的 TDS 中。传统数据仓库的基本工作模式是：首先是通过一些过程将操作型系统的数据抽取到文件，然后通过另一些过程将这些文件转化成 MySQL 或 Oracle 等关系型数据库中的记录，最后一部分的过程则负责把数据导入到数据仓库。

RDS（Raw Data Store）是原始数据存储的意思。将原始数据保存到数据仓库里是一个不错的想法。ETL 过程中的 bug 或系统中的其他错误不可避免，因此保留原始数据以便有机会追踪并修改这些错误。有时，数据仓库的用户需要查询数据的细节，这些数据的粒度与操作型系统中数据的粒度相同。有了 RDS，就很容易实现用户的这种查询需求，因为用户可以查询 RDS 中的数据而不会影响业务系统的正常运行。这里的 RDS 实际上起到了操作型数据存储（Operational Data Store，ODS）的作用。

TDS（Transformed Data Store）意为转换后的数据存储，保存的是真正的数据仓库中的数据。大量用户会在经过转换的数据集上处理他们的日常查询。如果前面的工作做得好，这些数据的构建方式将保证最重要的、最频繁的查询能够快速执行。

这里的原始数据存储和转换后的数据存储是逻辑概念，它们可能物理存储在一起，也可能分开。当原始数据存储和转换后的数据存储物理上分开时，它们不必使用同样的软硬件。在传统数据仓库中，原始数据存储通常使用本地文件系统，数据被收纳到相应的目录中，这些目录基于数据从哪里抽取或何时抽取来建立，例如以日期作为文件或目录名称的一部分。转换后的数据存储一般使用某种关系型数据库。在 Hadoop 中，可以将这两类数据从逻辑上分开，物理上通过在 Hive 中建立两个不同的数据库，所有数据都以分布式的方式存储到 HDFS 上。

自动化调度组件的作用是自动定期重复执行 ETL 过程。不同角色的数据仓库用户对数据更新频次的要求也会有所不同，例如财务主管需要每月的营收汇总报告，而销售人员想看到每天的产品销售数据。作为通用需求，所有数据仓库系统都应该能够建立周期性自动执行的工作流作业。ETL过程自动化是数据仓库成功的重要衡量标准。传统数据仓库一般利用操作系统自带的调度功能（如Linux 的 cron 或 Windows 的计划任务）来实现作业的自动执行。Hadoop 生态圈中有一个名为 Oozie的工具，它是一个基于 Hadoop 的工作流调度系统，可以使用它将 ETL 过程封装进工作流自动执行。

数据目录有时也被称为元数据存储，能提供一份数据仓库中数据的清单。用户通过它可以快速解决一些问题，比如什么类型的数据应该存储在哪里、数据集的构建有何区别、数据最后的访问或更新时间等。此外，还可以通过数据目录感知数据是如何被操作和转换的。一个好的数据目录是系统易用性的关键。Hadoop 生态圈中主要的数据目录工具是 HCatalog，它是 Hadoop 上的一个表，位于 Hadoop 的存储管理层。

查询引擎组件负责实际执行用户的查询。在传统数据仓库中，它用来存储转换后的数据，可以是 Oracle、MySQL 等关系型数据库系统内置的查询引擎，还可以是以固定时间间隔向其导入OLAP 数据立方体，如 Essbase 数据立方体。Hadoop 生态圈中的主要 SQL 查询引擎有基于MapReduce（或 Spark、Tez）的 Hive、基于 RDD 的 SparkSQL 和基于 MPP 的 Impala 等。

用户界面指的是最终用户所使用的接口程序，可能是一个 GUI 软件（如 BI 套件中的客户端软件），也可能就只是一个浏览器。Hadoop 生态圈中比较知名的数据可视化工具是 Hue 和 Zeppelin。

第 3 章 "Kettle 对 Hadoop 的支持"将详细介绍如何在 Kettle 中使用 Hadoop 相关组件。

1.1.2　数据抽取

抽取操作从源系统获取数据提供给后续的数据仓库环境使用。这是 ETL 处理的第一步，也是最重要的一步。数据被成功抽取后，才可以进行转换并装载进数据仓库中。能否正确地获取数据直接关系到后续步骤的成败。数据仓库典型的源系统是事务处理应用系统，例如一个销售分析数据仓库的源系统可能是一个订单录入系统，该系统包含当前销售订单相关操作的全部记录。

在 ETL 处理乃至整个数据仓库处理过程中，设计和建立数据抽取过程一般是较为耗时的工作。源系统很可能非常复杂并且缺少相应的文档，因此可能只是决定需要抽取哪些数据就已经非常困难了。通常数据不是只抽取一次，而是需要以一定的时间间隔反复抽取，通过这样的方式把数据的所有变化提供给数据仓库，并保持数据的及时性。此外，源系统一般不允许外部系统对它进行修改，也不允许外部系统对其性能和可用性产生影响，数据仓库的抽取过程要能满足这种需求。如果已经明确了需要抽取的数据，下一步要考虑的就是从源系统抽取数据的方法。

对抽取方法的选择取决于源系统和目标数据仓库环境的业务需要。一般情况下，不能因为需要提升数据抽取的性能而在源系统中添加额外的逻辑，也不能增加这些源系统的工作负载。有时用户甚至都不允许增加任何"开箱即用"的外部应用系统，因为这被认为对源系统具有侵入性。下面分别从逻辑和物理两方面介绍数据抽取方法。

1. 逻辑抽取

有两种逻辑抽取类型：全量抽取和增量抽取。

（1）全量抽取

源系统的数据全部被抽取。因为这种抽取类型影响源系统上当前所有有效的数据，所以不需要跟踪自上次成功抽取以来的数据变化。源系统只需原样提供现有数据，而不需要附加的逻辑信息（比如时间戳等）。把整个表内的数据导出到文件中或者通过 SQL 语句查询源表中的所有数据，这两个都是全量抽取的例子。

（2）增量抽取

只抽取某个事件发生的特定时间点之后的数据，参照该事件发生的时间顺序能够反映出数据的历史变化。增量抽取可能是最后一次成功的抽取，也可能源于一个复杂的业务事件，如最后一次财务结算等，必须能够标识出特定时间点之后所有的数据变化。这些发生变化的数据可以由源系统自身来提供，例如能够反映数据最后发生变化的时间戳字段，或者是一个原始事务处理之外的只用于跟踪数据变化的变更日志表。大多数情况下，使用后者意味着需要在源系统上增加数据抽取逻辑。

在许多数据仓库中，抽取过程不含任何变化数据捕获技术。取而代之的是，把源系统中的整个表抽取到数据仓库过渡区（Staging Area），然后用这个表中的数据和上次从源系统抽取得到的表中的数据做比对，从而找出发生变化的数据。虽然这种方法不会对源系统造成很大的影响，但是显然需要考虑到给数据仓库处理增加的负担，尤其是当数据量很大时。

2. 物理抽取

取决于对源系统所做的操作和所受的限制，有两种物理数据抽取机制：直接从源系统联机抽取或者间接从一个脱机存储结构抽取数据。这个脱机存储结构有可能已经存在，也可能需要由抽取程序来生成。

（1）联机抽取

数据直接从源系统抽取。抽取进程要么直连源系统数据库以访问它们的数据表，要么连接到一个存储快照日志或变更记录的中间层系统（如 MySQL 数据库的 binlog）。注意，这个中间层系统不是必须与源系统进行物理分离。

（2）脱机抽取

数据不从源系统直接抽取，而是从一个源系统以外的过渡区抽取。过渡区可能已经存在，例如数据库备份文件、关系型数据库系统的重做日志和归档日志等，或者由抽取程序自己生成。脱机抽取应该考虑以下存储结构：

- 数据库备份文件：一般需要数据还原操作才能使用。
- 备用数据库：如 Oracle 的 DataGuard 和 MySQL 的数据复制等技术。
- 平面文件：数据定义成普通格式，关于源对象的附加信息（列名、数据类型等）需要另外处理。
- 导出文件：关系型数据库大都自带数据导出功能，比如 Oracle 的 exp/expdp 程序和 MySQL 的 mysqldump 程序都可以用于生成数据文件。
- 重做日志和归档日志：每种数据库系统都有自己的日志格式和解析工具。

3. 变化数据捕获

抽取处理需要重点考虑增量抽取方式，也被称为变化数据捕获（Change Data Capture，CDC）。假设一个数据仓库系统在每天夜里的业务低峰时间从操作型源系统抽取数据，那么增量抽取只需要过去 24 小时内发生变化的数据。变化数据捕获也是建立准实时数据仓库的关键技术。

当能够识别并获得最近发生变化的数据时，抽取及其后面的转换、装载操作显然都会变得更高效，因为要处理的数据量会小很多。遗憾的是，很多源系统难以识别出最近变化的数据，或者必须侵入源系统才能做到。变化数据捕获是数据抽取中典型的技术挑战。

常用的变化数据捕获方法有时间戳、快照、触发器和日志四种。熟悉数据库的用户对这些方法并不会陌生。时间戳方法需要源系统中有相应的数据列表示最后的数据变化。快照方法可以使用数据库系统自带的机制实现，如 Oracle 的物化视图技术，也可以自己实现相关逻辑，但会比较复杂。触发器是关系型数据库系统具有的特性，源表上建立的触发器会在对该表执行 insert、update、delete 等语句时被触发，触发器中的逻辑用于捕获数据变化。日志可以使用应用日志或系统日志，这种方式对源系统不具有侵入性，但需要额外的日志解析工作。关于这四种方案的特点，将会在第 5 章"数据抽取"中具体说明。

1.1.3　数据转换

数据从操作型源系统获取后需要进行多种转换操作，如统一数据类型、处理拼写错误、消除数据歧义、解析为标准格式等。数据转换通常是最复杂的部分，也是 ETL 开发中用时最长的一步。数据转换的范围极广，从单纯的数据类型转换到极为复杂的数据清洗技术。

在数据转换阶段，为了能够最终将数据装载到数据仓库中，需要在已经抽取的数据上应用一系列的规则和函数。有些数据可能不需要转换就能直接导入数据仓库。

数据转换的一个最重要功能是清洗数据，目的是只有"合规"的数据才能进入目标数据仓库。这一步操作在不同系统间交互和通信时尤其有必要。例如，一个系统的字符集在另一个系统中可能是无效的。另外，由于某些业务和技术的需要，也需要进行多种数据转换：

- 只装载特定数据列。例如，某列为空的数据不装载。
- 统一数据编码。例如，性别字段，有些系统使用的是 1 和 0，有些是'M'和'F'，有些是'男'和'女'，统一成'M'和'F'。
- 自由值编码。例如，将'Male'改成'M'。
- 预计算。例如，产品单价×购买数量=金额。
- 基于某些规则重新排序，以提高查询性能。
- 合并多个数据源的数据并去重。
- 预聚合。例如，汇总销售数据。
- 行列转置。
- 将一列转为多列。例如，某列存储的数据是以逗号作为分隔符的字符串，将其分割成多列的单个值。
- 合并重复列。
- 预连接。例如，查询多个关联表的数据。
- 数据验证。针对验证结果采取不同的处理，通过验证的数据交给装载步骤，验证失败的数据或直接丢弃或记录下来做进一步检查。

1.1.4 数据加载

ETL 的最后步骤是把转换后的数据装载进目标数据仓库。这步操作需要重点考虑两个问题：一是数据装载的效率，二是装载过程中途失败了如何再次重复执行装载过程。

即使经过了转换、过滤和清洗，去掉了部分噪声数据，需要装载的数据量通常也很大。执行一次数据装载可能需要几个小时甚至更长时间，同时需要占用大量的系统资源。要提高装载效率、加快装载速度，可以从以下几方面入手。首先保证足够的系统资源。数据仓库存储的都是海量数据，所以要配置高性能服务器，并且要独占资源，不能与别的系统共用。在进行数据装载时，可以禁用数据库约束（唯一性、非空性、检查约束等）和索引，当装载过程完全结束后，再启用这些约束重建索引。这种方法会大幅提高装载速度。在数据仓库环境中，一般不使用数据库来保证数据的参考完整性，即不使用数据库的外键约束，它应该由 ETL 工具或应用程序来维护。

数据装载过程可能由于多种原因而失败，比如装载过程中某些源表和目标表的结构不一致而导致失败，而这时已经有部分表装载成功了。在数据量很大的情况下，如何能在重新执行装载过程时只装载失败部分是一个不小的挑战。对于这种情况，实现可重复装载的关键是要记录下失败点，并在装载程序中处理相关的逻辑。还有一种情况，就是装载成功后数据又发生了改变，比如有些滞后的数据在 ETL 执行完才进入系统，就会带来数据的更新或新增。这时需要重新再执行一遍装载过程，已经正确装载的数据可以被覆盖，但相同数据不能重复新增。简单的实现方式是先删除后插入，或者用 replace into、merge into 等类似功能的操作。

装载到数据仓库里的数据经过汇总、聚合等处理后，交付给多维立方体或数据可视化、仪表盘等报表工具、BI 工具做进一步的数据分析。

1.1.5 开发 ETL 系统的方法

ETL 系统一般都会从多个应用系统整合数据。典型情况是这些应用系统运行在不同的软硬件平台上，由不同的厂商所支持，各个系统的开发团队也彼此独立，随之而来的数据多样性增加了 ETL 系统的复杂性。

开发一个 ETL 系统，常用的方式是使用数据库标准的 SQL 及其程序化语言，如 Oracle 的 PL/SQL 和 MySQL 的存储过程、用户自定义函数（User Defined Function，UDF）等。还可以使用 Kettle 这样的 ETL 工具，这些工具提供了多种数据库连接器和多种文件格式的处理能力，并且对 ETL 处理进行了优化。使用工具的最大好处是减少编程工作量，提高工作效率。如果遇到特殊需求或特别复杂的情况，可能还需要使用 Shell、Java、Python 等编程语言开发自己的 ETL 应用程序。

ETL 过程要面对大量的数据，因此需要较长的处理时间。为提高 ETL 效率，通常这三步操作会并行执行。当数据被抽取时，转换进程同时处理已经收到的数据。一旦某些数据被转换过程处理完，装载进程就会将这些数据导入目标数据仓库，而不会等到前一步工作执行完才开始。

1.2　ETL 工具

1.2.1　ETL 工具的产生

ETL 工具出现之前，人们使用手工编写程序的方式来完成不同数据源的数据整合工作，常见的程序语言有 COBOL、Perl 或 PL/SQL 等。尽管这种数据整合方案由来已久，但是至今仍有 ETL 工作使用这种手工编程或脚本的方式来完成。在还没有太多开源 ETL 工具的年代，相对于价格昂贵的 ETL 工具而言，手工编程还有一定意义。这种方式的主要缺点在于：

- 容易出错
- 开发周期长
- 不易于维护
- 缺少元数据
- 缺乏一致性的日志和错误处理

最初的 ETL 工具为解决这些问题而开发，方法是依据设计好的 ETL 工作流来自动生成所需代码，随之出现了 Prism、Carlton、ETI 等产品。代码生成最大的弊端是大多数代码生成仅能用于有限的特定数据库。不久之后，在代码生成技术广泛应用之时，新的基于引擎架构的 ETL 工具出现了。新一代 ETL 工具可以执行几乎所有的数据处理流程，还可以将数据库连接和转换规则作为元数据存储起来，因为引擎有标准的工作方式，所有转换在逻辑上是独立的，无论是相对于数据源还是数据目标。基于引擎的 ETL 工具通常比代码生成的方式更具通用性。Kettle 就是一个基于引擎 ETL 工具的典型代表。在这个领域，还有一些其他熟悉的名字，比如 Informatica Power Center 以及 SQL Server Information Services 等。

无论是代码生成器还是基于引擎的工具，都能帮助我们发现数据源的底层架构，以及这些架构之间的关系。它们都需要开发目标数据模型，或者先行开发，或者在设计数据转换步骤时开发。设计阶段过后，还必须进行目标数据模型与源数据模型的映射，而整个过程是相当耗时的。所以，后来还随之出现了模型驱动的数据仓库工具。模型驱动架构（Model-Driven Architecture，MDA）工具试图自动化实现数据仓库的设计过程，读取源数据模型，生成目标数据模型与需求数据之间的映射，以便向目标表填充数据，但市场上的相关工具并不多。当然，MDA 工具也不可能解决所有的数据集成问题，并且仍然需要具备一定技能的数据仓库开发人员才能发挥其作用。

1.2.2　ETL 工具的功能

下面描述一般 ETL 工具必备的通用功能，以及 Kettle 如何提供这些功能。

1. 连接

任何 ETL 工具都应该有能力连接到不同类型的数据源和数据格式。对于最常用的关系型数据库系统，还要提供本地的连接方式（如 Oracle 的 OCI）。ETL 工具应该具有下面最基本的功能：

- 连接到普通关系型数据库并获取数据，如常见的 Oracle、MS SQL Server、IBM DB/2、Ingres、MySQL 和 PostgreSQL 等。

- 从有分隔符或固定格式的 ASCII 文件中获取数据。
- 从 XML 文件中获取数据。
- 从流行的办公软件中获取数据，如 Access 数据库和 Excel 电子表格。
- 使用 FTP、SFTP、SSH 等方式获取数据，最好不用写脚本。

除了上述功能，还要能从 Web Services 或 RSS 中获取数据。如果还需要一些 ERP 系统里的数据，如 Oracle E-Business Suite、SAP/R3、PeopleSoft 或 JD/Edwards，ETL 工具也应该提供这些系统的连接接口。

除了将通用的关系型数据库和文本格式的文件作为数据源，Kettle 也提供了 Salesforce.com 和 SAP/R3 的输入步骤，但不是在标准套件内，需要额外安装插件。对于其他 ERP 和财务系统的数据抽取，还需要其他解决方法。

2. 平台独立

一个 ETL 工具需要在任何平台甚至是不同平台的组合上运行。例如，一个 32 位的操作系统可能在开发的初始阶段运行很好，但是当数据量越来越大时就需要一个更强大的 64 位操作系统。再比如，开发一般在 Windows 或 Mac 机上进行，而生产环境一般是 Linux 系统或集群，ETL 解决方案需要无缝地在这些系统间切换。Kettle 是用 Java 开发的，可以运行在任何安装了 Java 虚拟机的计算机上。

3. 数据规模

ETL 解决方案应该能够处理逐年增长的数据。一般 ETL 能通过下面三种方式处理大数据。

- 并发：ETL 过程能够同时处理多个数据流，以便利用现代多核的硬件架构。
- 分区：ETL 能够使用特定的分区模式，将数据分发到并发的数据流中。
- 集群：ETL 过程能够分配在多台机器上联合完成。

Kettle 转换里的每个步骤都以并发方式来执行的，并且可以多线程并行，这样就加快了处理速度。Kettle 在运行转换时，根据用户的设置可以将数据以分发和复制两种方式发送到多个数据流中。分发是以轮流的方式将每行数据只发给一个数据流，复制是将一行数据发给所有数据流。

为了更精确地控制数据，Kettle 还使用了分区模式，通过分区可以将同一特征的数据发送到同一个数据流。这里的分区只是概念上类似于数据库的分区，Kettle 并没有针对数据库分区提供什么功能，一般认为数据库应该比 ETL 更适合完成数据分区。集群是有效的规模扩展方式，可以使 Kettle 将工作负载按需分配到多台机器上。本书第 10 章"并行、集群与分区"将详细论述 Kettle 的这些机制。

4. 设计灵活性

一个 ETL 工具应该留给开发人员足够的自由度来使用，而不能通过一种固定方式限制用户的创造力和设计需求。ETL 工具可以分为基于过程的和基于映射的。基于映射的工具只在源和目的数据之间提供一组固定的步骤，严重限制了设计工作的自由度。基于映射的工具一般易于使用，可快速上手，但是对于更复杂的任务，基于过程的工具才是更好的选择。使用像 Kettle 这样基于过程的工具，根据实际数据和业务需求可以创建自定义步骤和转换。

5. 复用性

设计完的 ETL 转换应该可以被复用，这也是 ETL 工具一个不可或缺的特征。复制/粘贴已存在的转换或步骤是最常见的一种复用，但这还不是真正意义上的复用。复用一词是指定义了一个转换或步骤，从其他地方可以调用这些转换或步骤。Kettle 里有一个"映射（子转换）"步骤，可以完成转换的复用，该步骤可以将一个转换作为其他转换的子转换。另外，转换还可以在多个作业里多次使用，同样作业也可以作为其他作业的子作业。

6. 扩展性

ETL 工具必须有扩展功能的方法。首先，几乎所有的 ETL 工具都提供了脚本，以编程的方式来解决工具本身不能解决的问题。其次，有些 ETL 工具还可以通过 API 或其他方式来为工具增加组件。第三种方法是使用脚本语言写函数，函数可以被其他转换或脚本调用。

Kettle 提供了上述所有功能。"JavaScript 代码"步骤可以用来开发 Java 脚本，把这个脚本保存为一个转换，再通过"映射（子转换）"步骤变为一个标准的可以复用的函数。实际上并不限于脚本，每个转换都可以通过这种映射（子转换）方式来复用，如同创建了一个组件。Kettle 在设计上是可扩展的，它提供了一个插件平台，这种插件架构允许第三方为 Kettle 平台开发插件。Kettle 里的所有组件都是插件，即使是默认提供的组件。

7. 数据转换

ETL 项目的很大一部分工作都是在做数据转换。在输入和输出之间，数据要经过检验、连接、分割、合并、转置、排序、归并、克隆、排重、删除、替换或者其他操作。常用的 ETL 工具（包括 Kettle）提供了一些最基本的转换功能：

- 缓慢变化维度（Slowly Changing Dimension，SCD）
- 查询值
- 行列转置
- 条件分割
- 排序、合并、连接
- 聚合

8. 测试和调试

测试和调试的重要性不言而喻。ETL 的设计过程与直接用开发语言编写程序很相似，也就是说在写程序时用到的一些步骤或过程，同样也适用于 ETL 设计。测试也是 ETL 设计的一部分。为了完成测试工作，通常需要假设下面几种失败的场景，并给出相应的处理方法：

- ETL 过程没有按时完成数据转换的任务怎么办？
- 转换过程异常终止怎么办？
- 目标是非空列的数据抽取到的数据为空怎么办？
- 转换后的行数和抽取到的数据行数不一致怎么办（数据丢失）？

● 转换后计算的数值和另一个系统的数值不一致怎么办（逻辑错误）？

测试可分为黑盒测试（也叫功能测试）和白盒测试（也叫结构测试）。对于前者，ETL 转换被认为是一个黑盒子，测试者并不了解盒子内的功能，只知道输入和期望的输出。白盒测试要求测试者知道转换内部的工作机制，并依此设计测试用例来检查特定的转换是否有特定的结果。

调试实际是白盒测试中的一部分，通过调试可以让开发者或测试者一步步地运行一个转换，并找出问题所在。Kettle 为作业和转换都提供了单步逐行调试的功能特性。

9. 血统分析和影响分析

任何 ETL 工具都应该有一个重要的功能：读取转换的元数据，获得由不同转换构成的数据流的信息。血统分析和影响分析是基于元数据的两个相关特性。血统是一种回溯性机制，可以查看到数据的来源。例如，"价格"和"数量"作为输入字段，在转换中根据这两个字段计算出"收入"字段。即使在后面的处理流程里过滤了"价格"和"数量"字段，血统分析也能分析出"收入"是基于"价格"和"数量"的计算结果字段。影响分析是基于元数据的另一种分析方法，该方法可以分析源数据字段对随后的转换以及目标表的影响。

10. 日志和审计

总体来说数据仓库的目的就是为了提供一个准确的信息源，因此数据仓库里的数据应该是可靠和可信的。为了保证这种可靠性，同时保证可以记录下所有的数据转换操作，ETL 工具应该提供日志和审计功能。日志可以记录下在转换过程中执行了哪些步骤，包括每个步骤开始和结束的时间戳。审计可以追踪到对数据做的所有操作，包括读行数、转换行数、写行数。这方面 Kettle 在 ETL 工具市场中处于领先地位。

大的传统软件厂商一般都提供 ETL 工具软件，如 Oracle 的 OWB 和 ODI、微软的 SQL Server Integration Services、SAP 的 Data Integrator、IBM 的 InfoSphere DataStage 和 Informatica 等。下面介绍本书的主角，开源 ETL 工具中的佼佼者——Kettle。

1.3 Kettle 基本概念

Kettle 是 Pentaho 公司的数据整合产品，它可能是现在世界上最流行的开源 ETL 工具，经常被用于数据仓库环境，并可用来操作 Hadoop 上的数据。Kettle 的使用场景包括不同数据源之间迁移数据、把数据库中的数据导出成平面文件、向数据库大批量导入数据、数据转换和清洗、应用整合等。

Kettle 是使用 Java 语言开发的。它最初的作者 Matt Casters 一开始是一名 C 语言程序员，在着手开发 Kettle 时还是 Java 小白，但是他仅用了一年时间就开发出了 Kettle 的第一个版本，虽然有很多不足，但是毕竟是可用的。后来 Pentaho 公司获得了 Kettle 源代码的版权，Kettle 也随之更名为 Pentaho Data Integration，简称 PDI。

1.3.1　Kettle 设计原则

Kettle 工具在设计之初就考虑到了一些设计原则，这些原则也借鉴了以前实践中使用过的其他 ETL 工具积累下的经验和教训。

1. 易于开发

Kettle 认为，作为 ETL 开发者，应该把时间用在创建应用解决方案上。任何用于软件安装、配置的时间都是一种浪费。例如，为了创建数据库连接，很多和 Kettle 类似的 Java 工具都要求用户手动输入数据驱动类名和 JDBC URL 连接串，这明显把用户的注意力转移到了技术方面而非业务方面。Kettle 尽量避免这类问题的发生。

2. 避免自定义开发

一般 ETL 工具提供了标准化的构建组件，来实现 ETL 开发人员不断重复的需求，虽然可以通过手动编写 Java 或 JavaScript 代码来实现一些功能，但是增加的每一行代码都会给项目增加复杂度和维护成本。Kettle 尽量避免手动开发，而是提供组件及其各种组合来完成任务。

3. 所有功能都通过用户界面完成

Kettle 直接把所有功能通过界面的方式提供给用户，节约开发人员或用户的时间。当然，专家级的 ETL 用户还是要去学习隐藏在界面后的一些特性。在 Kettle 里，ETL 元数据可以存储于 XML 文件或资源库中，或通过使用 Java API 体现。无论 ETL 元数据以哪种形式提供，都可以百分之百通过图形用户界面来编辑。

4. 没有命名限制

ETL 转换里有各种各样的名称，如数据库连接、转换、步骤、数据字段、作业、作业项等都要有一个名称。如果还要在命名时考虑长度或字符限制等问题，就会给工作带来一定的麻烦。Kettle 具备足够的智能化来处理 ETL 开发人员设置的各种名称。最终 ETL 解决方案应该尽可能地自描述，这样可以部分减少文档的需求，进而减少项目维护成本。

5. 透明

Kettle 不需要用户了解转换中某一部分工作是如何完成的，但是允许用户看到 ETL 过程中各部分的运行状态。这样可以加快开发速度、降低维护成本。

6. 灵活的数据通道

Kettle 从设计之初就在数据的发送、接收方式上做到尽可能灵活。Kettle 可以在文本文件、关系型数据库等不同目标之间复制和分发数据，从不同数据源合并数据也是内核引擎的一部分，同样很简单。

7. 只映射需要的字段

在一些 ETL 工具中，我们经常可以看到数百行的输入和输出映射，对于维护人员来说这是一个噩梦。在 ETL 开发过程中，字段要经常变动，这样的大量映射也会增加维护成本。Kettle 的一个重要核心原则就是，在 ETL 流程中所有未指定的字段都自动被传递到下一个组件，也就是说输入中的字段会自动出现在输出中，除非中间过程特别设置了终止某个字段的传递。

8. 可视化编程

Kettle 被归类为可视化编程语言（Visual Programming Languages，VPL），因为 Kettle 可以使用图形化的方式定义复杂的 ETL 程序和工作流。Kettle 中的图就是转换和作业。可视化编程一直是 Kettle 的核心概念，它可以让用户快速构建复杂的 ETL 作业，并降低维护工作量。Kettle 中的设计开发工作几乎都可以使用简单的拖曳来完成。它通过隐藏很多技术细节，使 IT 领域更接近于业务领域。

1.3.2 转换

转换（transformation）是 Kettle ETL 解决方案中最主要的部分，处理抽取、转换、装载各阶段各种对数据行的操作。转换包括一个或多个步骤（step），如读取文件、过滤输出行、数据清洗或将数据装载到数据库等。

转换中的步骤通过跳（hop）来连接，跳定义了一个单向通道，允许数据从一个步骤向另一个步骤流动。在 Kettle 中，数据的单位是行，数据流就是数据行从一个步骤到另一个步骤的移动。

图 1-2 所示的转换表示从数据库读取数据并写入文本文件。除了步骤和跳，转换还包括了注释（note）。注释是一个文本框，可以放在转换流程图的任何位置。注释的主要目的是使转换文档化。

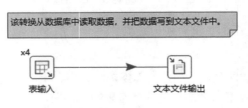

图 1-2　一个简单转换的例子

1. 步骤

步骤是转换的基本组成部分，以图标的方式图形化地展现。图 1-2 中显示了两个步骤，即"表输入"和"文本文件输出"。一个步骤有几个关键特性：

- 步骤需要有一个名字，这个名字在转换范围内唯一。
- 每个步骤都会读写数据行，唯一的例外就是"生成记录"步骤，该步骤只写数据。在第 4 章"建立 ETL 示例模型"中，将看到如何使用"生成记录"步骤生成日期维度数据。
- 步骤将数据写到与之相连的一个或多个输出跳（outgoing hop），再传送到跳另一端的步骤。对另一端的步骤来说，这个跳就是一个输入跳（incoming hop），步骤通过输入跳接收数据。
- 大多数步骤可以有多个输出跳。一个步骤的数据发送可以被设置为轮流发送或复制发送。轮流发送是将数据行依次发给每个输出跳，复制发送是将全部数据行发送给所有输出跳。
- 运行转换时，一个线程运行一个步骤或步骤的一份备份。在图 1-2 中"表输入"步骤左上角的"×4"就表示 4 个线程执行该步骤，数据行将复制 4 份。所有步骤的线程几乎同时运行，数据行连续地流过步骤之间的跳。

2. 转换的跳

跳（hop）就是步骤间带箭头的连线，定义了步骤之间的数据通路。跳实际上是两个步骤之间被称为行级（row set）的数据行缓存。行集的大小可以在转换的设置中定义，Kettle 8.3 默认为 10000 行。当行集满了，向行集写数据的步骤就会停止写入，直到行集里又有了空间。当行集空了，从行集读取数据的步骤就停止读取，直到行集里又有可读的数据行。注意，跳在转换中不能循环，因为在转换中每个步骤都依赖于前一个步骤获取的字段。

3. 并行

跳的这种基于行集缓存的规则允许每个步骤都由一个独立的线程运行，这样并发程度最高。这一规则也允许以最小消耗内存的数据流方式来处理。数据分析时经常要处理大量数据，所以这种并发低耗内存的方式也是 ETL 工具的核心需求。

对于 Kettle 转换，不可能定义一个步骤在另一个步骤之后执行，因为所有步骤都以并发方式执行：当转换启动后，所有步骤都同时开始，从它们的输入跳中读取数据，并把处理过的数据写到输出跳，直到输入跳不再有数据就中止步骤的进行。当所有的步骤都中止时，整个转换就中止了。从功能角度看，转换具有明确的起点和终点。例如，在图 1-2 中显示的转换起点是"表输入"步骤，因为这个步骤生成数据行；终点是"文本文件输出"步骤，因为这个步骤将数据写到文件，而且后面不再有其他节点。

前面关于步骤并发执行与起点、终点的描述看似自相矛盾，实际上只是看问题的角度不同。一方面，可以想象数据沿着转换里的步骤移动，形成一条从头到尾的数据通路。另一方面，转换里的步骤几乎同时启动，所以无法事先判断出哪个步骤是第一个启动的步骤。如果想要一个任务沿着指定的顺序执行，就要使用后面介绍的"作业"了。

4. 数据行

数据以数据行的形式沿着步骤移动。一个数据行是零到多个字段的集合，字段包括这里所列的几种数据类型。

- String: 字符类型数据。
- Number: 双精度浮点数。
- Integer: 带符号 64 位长整型。
- BigNumber: 任意精度数值。
- Date: 毫秒精度的日期时间值。
- Boolean: 取值为 true 或 false 的布尔值。
- Binary: 二进制类型，可以包括图形、音视频或其他类型的二进制数据。

每个步骤在输出数据行时都有对字段的描述，该描述就是数据行的元数据，通常包括下面一些信息：

- 名称: 行里的字段名应该是唯一的。

- 数据类型：字段的数据类型。
- 长度：字符串的长度或 BigNumber 类型的长度。
- 精度：BigNumber 数据类型的十进制精度。
- 掩码：数据显示的格式（转换掩码）。如果要把数值型（Number、Integer、BigNumber）或日期类型转换成字符串类型，就需要用到掩码，例如在图形界面中预览数值型、日期型数据，或者把这些数据保存成文本或 XML 格式。
- 小数点：十进制数据的小数点格式。不同文化背景下小数点符号是不同的，一般是英文点号（.）或英文逗号（,）。
- 分组符号：数值类型数据的分组符号，不同文化背景下数字里的分组符号也是不同的，一般是英文逗号（,）、英文点号（.）或英文单引号（'）。
- 初始步骤：Kettle 在元数据里还记录了字段是由哪个步骤创建的，可以让用户快速定位字段是由转换里的哪个步骤最后一次修改或创建。

在设计转换时，有几个数据类型的规则需要注意：

- 行集里的所有行都应该有同样的数据结构。当从多个步骤向一个步骤里写数据时，多个步骤输出的数据行应该有相同的结构，即字段名、数据类型、字段顺序都相同。
- 字段元数据不会在转换中发生变化。字符串不会自动截去长度以适应指定的长度，浮点数也不会自动取整以适应指定的精度。这些功能必须通过一些指定的步骤来完成。
- 默认情况下，空字符串被认为与 NULL 相等，但可以通过 kettle.properties 文件中的 kettle_empty_string_differs_from_null 参数来设置。

5. 数据类型转换

数据类型可以显式地转换，如在"字段选择"步骤中直接选择要转换的数据类型；数据类型也可以隐式地转换，如将数值数据写入数据库的 varchar 类型字段。这两种形式的数据转换实际上完全一样，都使用了数据和对数据的描述。

（1）Date 和 String 的转换

Kettle 内部的 Date 类型里包含了足够的信息，可以用这些信息来表现任何毫秒精度的日期、时间值。要在 String 和 Date 类型之间转换，唯一要指定的就是日期格式掩码。表 1-1 显示的是几个日期转换例子。

表1-1　日期转换例子

转换掩码（格式）	结果
yyyy/MM/dd'T'HH:mm:ss.SSS	2019/12/06T21:06:54.321
h:mm a	9:06 PM
HH:mm:ss	21:06:54
M-d-yy	12-6-19

（2）Numeric 和 String 的转换

Numeric 数据（包括 Number、Integer、BigNumber）和 String 类型之间的转换用到的几个字段元数据是转换掩码、小数点符号、分组符号和货币符号。这些转换掩码只是决定了一个文本格式的字符串如何转换为一个数值，而与数值本身的实际精度和舍入无关。表 1-2 显示了几个常用的例子。

表1-2　数值转换掩码的例子

值	转换掩码	小数点符号	分组符号	结果
1234.5678	#,###.##	.	,	1,234.57
1234.5678	000,000.00000	,	.	001.234,56780
-1.9	#.00;-#.00	.	,	-1.9
1.9	#.00;-#.00	.	,	1.9
12	00000;-00000			00012

（3）其他转换

表 1-3 提供了 Boolean 和 String 类型之间、整型与日期类型之间数据类型转换的列表。

表1-3　其他数据类型转换

从	到	描述
Boolean	String	转换为 Y 或 N，如果设置长度大于等于 3，转换为 true 或 false
String	Boolean	字符串 Y、True、Yes、1 都转换为 true，其他字符串转换为 false（不区分大小写）
Integer	Date	整型和日期型之间转换时，整型就是从 1970-01-01 00:00:00 GMT 开始计算的毫秒
Date	Integer	值，例如 2019-08-11 可以转换成 1565452800，反之亦然

1.3.3　作业

大多数 ETL 项目都需要完成各种各样的维护任务。例如，当运行中发生错误时要做哪些操作、如何传送文件、验证数据库表是否存在等。这些操作要按照一定顺序完成，就需要一个可以串行执行的作业来处理。

一个作业包括一个或多个作业项，这些作业项以某种顺序来执行。作业执行顺序由作业项之间的跳（job hop）和每个作业项的执行结果来决定。图 1-3 显示了一个典型的装载数据仓库的作业。

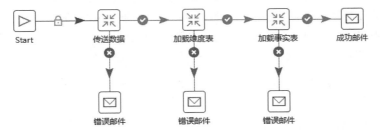

图 1-3　典型的装载数据仓库作业

1. 作业项

作业项是作业的基本构成部分。如同转换的步骤，作业项也可以使用图标的方式图形化展示，但是作业项有一些地方不同于步骤：

- 步骤的名字在转换中是唯一的，但作业项可以有影子备份（shadow copies），如图 1-3 中的 "错误邮件"。这样可以把一个作业项放在多个不同的位置。这些影子备份里的信息都是相同的，编辑了一份备份，其他备份也会随之修改。
- 在作业项之间可以传递一个结果对象（result object）。这个结果对象里包含了数据行，但它们不是以流的方式传递，而是等一个作业项执行完了再传递给下一个作业项。
- 默认情况下，所有的作业项都以串行方式执行，只有在特殊设置下以并行方式执行。

因为作业顺序执行所含作业项，所以必须定义一个起点，如图 1-3 中所示的 Start 作业项。一个作业只能定义一个开始作业项。

2. 作业的跳

如同转换中各步骤之间的跳，作业的跳是作业项之间的连接线，它定义了作业的执行路径。作业里每个作业项的不同运行结果决定了作业的不同执行路径。对作业项运行结果的判断如下：

- 无条件执行：不论上一个作业项执行成功还是失败，下一个作业项都会执行。这是一种黑色的连接线，上面有一个锁的图标，如图 1-3 中 "Start" 到 "传送数据" 作业项之间的连线。
- 当运行结果为真时执行：当上一个作业项的执行结果为真时，执行下一个作业项，通常在需要无错误执行的情况下使用。这是一种绿色连接线，上面有一个对勾图标，如图 1-3 中横向的三个连线。
- 当运行结果为假时执行：当上一个作业项的执行结果为假或没有成功时，执行下一个作业项。这是一种红色的连接线，上面有一个红色的叉子图标。

在作业跳的右键菜单中可以设置以上这三种判断方式。

3. 多路径和回溯

Kettle 使用一种回溯算法来执行作业里的所有作业项，而且作业项的运行结果（真或假）也决定了执行路径。回溯算法是一种深度遍历：假设执行到了图里的一条路径的某个节点时，要依次执行这个节点的所有子路径，直到没有再可以执行的子路径就返回该节点的上一节点，再反复这个过程。

例如，图 1-4 里的 A、B、C 三个作业项的执行顺序为：

（1）"Start" 作业项搜索所有下一个节点作业项，找到了 "A" 和 "C"。
（2）执行 "A"。
（3）搜索 "A" 后面的作业项，发现了 "B"。
（4）执行 "B"。
（5）搜索 "B" 后面的作业项，没有找到任何作业项。
（6）回到 "A"，也没有发现其他作业项。

（7）回到"Start"，发现另一个要执行的作业项"C"。

（8）执行"C"。

（9）搜索"C"后面的作业项，没有找到任何作业项。

（10）回到"Start"，没有找到任何作业项。

（11）作业结束。

因为没有定义执行顺序，所以这个例子的执行顺序除了 ABC，还可能是 CAB。这种回溯算法有两个重要特征：

● 作业可以是嵌套的，除了作业项有运行结果外，作业也需要有一个运行结果，因为一个作业可以是另一个作业的作业项。一个作业的运行结果来自于它最后执行的作业项。这个例子里作业的执行顺序可能是 ABC，也可能是 CAB，所以不能保证作业项 C 的结果就是作业的结果。

● 作业里允许循环。当在作业里创建了一个循环时，一个作业项就会被执行多次，作业项的多次运行结果会保存在内存里，便于以后使用。

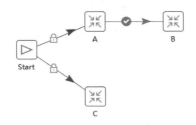

图 1-4　使用回溯算法串行执行多个路径

4. 并行执行

一个作业项能以并发的方式执行它后面的作业项，如图 1-5 所示。在这个例子里，作业项 A 和 C 几乎同时启动。

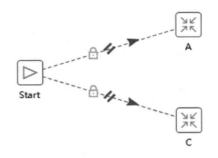

图 1-5　并行执行的作业项

需要注意的是，如果 A 和 C 是顺序执行的多个作业项，那么这两组作业项也是并行执行的，如图 1-6 所示。

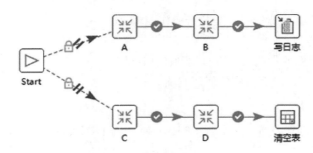

图 1-6　两组同时执行的作业项

在这个例子中，作业项[A、B、写日志]和[C、D、清空表]在两个线程里并行执行。通常设计者也希望以这样的方式执行。有时，设计者也会希望一部分作业项先并行执行再串行执行其他作业项。这就需要把并行的作业项放到一个新的作业里，然后作为另一个作业的作业项，如图 1-7 所示。

图 1-7　并行加载作业作为另一个作业的作业项

5. 作业项结果

作业执行结果不仅决定了作业的执行路径，还向下一个作业项传递了一个结果对象。结果对象包括了这里所示的一些信息。

- 一组数据行：在转换里使用"复制记录到结果"步骤可以设置这组数据行。与之对应，使用"从结果获取记录"步骤可以获取这组数据行。在一些作业项里，如"Shell""转换""作业"的设置里有一个选项可以循环执行这组数据行，这样可以通过参数化来控制转换和作业。
- 一组文件名：在作业项的执行过程中可以获得一些文件名。这组文件名是所有与作业项发生过交互的文件的名称。例如，一个作业项所调用的转换读取和处理了 10 个 XML 文件，这些文件名就会保留在结果对象里。使用转换里的"从结果获取文件"步骤可以获取到这些文件名，此外还能获取到文件类型。"一般"类型是指所有的输入输出文件，"日志"类型是指 Kettle 日志文件。
- 读、写、输入、输出、更新、删除、拒绝的行数和转换里的错误数。
- 脚本作业项的退出状态：根据脚本执行后的状态码判断脚本的执行状态，再执行不同的作业流程。

1.3.4　数据库连接

Kettle 里的转换和作业使用"数据库连接"对象连接到关系型数据库。Kettle 数据库连接实际是连接的描述，也就是建立实际连接需要的参数。实际连接在运行时才建立，定义一个 Kettle 的数据库连接并不真正打开一个数据库的连接。各种数据库的行为彼此不同，在图 1-8 所示的"数据库连接"对话框里有很多种数据库。

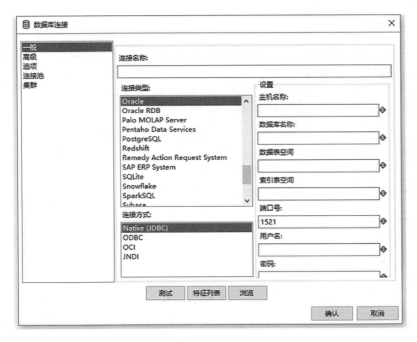

图 1-8　"数据库连接"对话框

1. 一般选项

在"数据库连接"对话框中主要设置三个选项:

- 连接名称: 设定一个在作业或转换范围内唯一的名称。
- 连接类型: 从数据库列表中选择要连接的数据库类型。根据选中数据库的类型不同, 要设置的访问方式和连接参数也不同, 某些 Kettle 步骤或作业项生成 SQL 语句时使用的方言也不一样。
- 连接方式: 在列表里可以选择可用的访问方式, 一般都使用 JDBC 连接, 不过也可以使用 ODBC 数据源、JNDI 数据源、Oracle 的 OCI 连接(使用 Oracle 命名服务)等。

根据选择的数据库不同, 右侧面板的连接参数设置也不同。例如, 在图 1-8 所示的窗口中, 只有 Oracle 数据库可以设置表空间选项。一般常用的连接参数为:

- 主机名称: 数据库服务器的主机名或 IP 地址。
- 数据库名称: 要访问的数据库名称。
- 端口号: 选中数据库服务器的端口号。

2. 特殊选项

对于大多数用户来说, 使用"数据库连接"对话框的"一般"选项就足够了, 偶尔可能需要设置"高级"选项的内容, 如图 1-9 所示。

图 1-9 "数据库连接"对话框中的"高级"选项

- 支持布尔数据类型：对布尔数据类型，大多数数据库的处理方式都不相同，即使同一个数据库的不同版本也可能不同。许多数据库根本不支持布尔数据类型，如 Oracle 和 MySQL。所以，默认情况下 Kettle 使用一个 char(1)字段的不同值（如 Y 或 N）来代替 Boolean 字段。如果选中了这个选项，Kettle 就会为支持布尔类型的数据库生成正确的 SQL 语言。
- 标识符使用引号括起来：强迫 SQL 语句里的所有标识符（如列名、表名）加双引号，一般用于区分大小写的数据库或者 Kettle 里定义的关键字列表和实际数据库不一致的情况。
- 强制标识符使用小写字母：将所有表名和列名转为小写。
- 强制标识符使用大写字母：将所有表名和列名转为大写。
- 默认模式名称：当不明确指定模式名时默认的模式名。
- 请输入连接成功后要执行的 SQL 语句，用分号（；）隔开：一般用于建立连接后修改某些数据库参数，如 session 级的变量或调试信息等。

除了这些高级选项，在"数据库连接"对话框的 "选项"标签下，还可以设置数据库特定的参数，如一些连接参数。为了便于使用，对于某些数据库（如 MySQL），Kettle 提供了一些默认的连接参数和值。有几种数据库类型，Kettle 还提供了连接参数的帮助文档，通过单击"选项"标签中的"帮助"按钮可以打开对应数据库的帮助页面。

另外，还可以选择 Apache 的通用数据库"连接池"选项。如果运行了很多小的转换或作业，这些转换或作业里又定义了生命期短的数据库连接，"连接池"选项就显得有意义了。"连接池"选项不会限制并发数据库连接的数量。

当一个大数据库不能再满足需求时，就会考虑用很多小数据库来处理数据。通常可以使用数据分区技术（注意，不是数据库系统本身自带的分区特性）来分散数据装载。这种方法可以将一个大数据集分为几个数据分区，每个分区都保存在独立的数据库实例中。这样处理的优点显而易见，能够大幅减少每个表或每个数据库实例的行数。可以在数据库连接对话框的"集群"标签下设置分区，详见第 10 章"并行、集群与分区"。

关系型数据库在数据的连接、合并、排序等方面有着突出的优势。和基于流的数据处理引擎（如 Kettle）相比，它有一大优点——数据库使用的数据都存储在磁盘中。当关系型数据库进行连接或排序操作时，直接使用这些数据即可，而不用把它们装载到系统内存里，这就体现出明显的性能优势。缺点也很明显，把数据装载到关系数据库里可能会产生性能瓶颈。

对 ETL 开发者而言，要尽可能利用数据库自身的性能优势来完成连接或排序这样的操作。如果由于数据来源不同等原因不能在数据库里进行连接，也应该先在数据库里排序，以便在 ETL 里做连接操作。

1.3.5　连接与事务

数据库连接只在执行作业或转换时使用。在作业里，每一个作业项都打开和关闭一个独立的数据库连接。转换也是如此，但是因为转换里的步骤是并行的，每个步骤都打开一个独立的数据库连接并开始一个事务。尽管这样在很多情况下会提高性能，但当不同步骤更新同一个表时会带来锁和参照完整性问题。

为了解决打开多个数据库连接而产生的问题，Kettle 可以在一个事务中完成转换。在转换设置对话框的 "杂项"标签页中，设置"使用唯一连接"完成此功能。当选中了这个选项时，转换中所有步骤都使用同一个数据库连接。只有当所有步骤都正确、转换正确执行时才提交事务，否则回滚事务。

1.3.6　元数据与资源库

转换和作业是 Kettle 的核心组成部分。在介绍 Kettle 设计原则时曾经讨论过，它们可以用 XML 格式来表示，或保存在资料库里，或以 Java API 的形式体现。这些表示方式都依赖于下面所列的元数据。

- 名字：转换或作业的名字。不论是在一个 ETL 工程内还是在多个 ETL 工程内，都应该尽可能使用唯一的名字，这样在远程执行或多个 ETL 工程共用一个资源库时都会有帮助。
- 文件名：转换或作业所在的文件名或 URL。只有转换或作业以 XML 文件形式存储时才需要设置这个属性。当从资源库加载时，不必设置该属性。
- 目录：这个目录是指在 Kettle 资源库里的目录。当转换或作业保存在资源库里时设置，保存为 XML 文件时不用设置。
- 描述：这是一个可选属性，用来设置作业或转换的简短描述信息。如果使用了资源库，这个描述属性也会出现在资源库浏览窗口的文件列表中。
- 扩展描述：一个可选属性，用来设置作业或转换的详细描述信息。

当 ETL 项目规模比较大，有很多 ETL 开发人员在一起工作时，开发人员之间的合作就显得很重要。Kettle 以插件的方式灵活定义不同种类的资源库，但不论是哪种资源库，它们的基本要素是相同的：使用相同的用户界面、存储相同的元数据。目前 Kettle 支持三种资源库：Pentaho 资源库、数据库资源库和文件资源库。

- Pentaho 资源库：包含在 Kettle 企业版中的一个插件。这种资源库实际上是一个内容管理系统（Content Manage System，CMS），具备一个理想资源库的所有特性，包括版本控制和依赖完整性检查。
- 数据库资源库：把所有的 ETL 信息保存在关系型数据库中。这种资源库比较容易创建。
- 文件资源库：在一个文件目录下定义一个资源库。因为 Kettle 使用的是 Apache VFS 虚拟文件系统，所以这里的文件目录是一个广义的概念，包括 zip 文件、Web 服务、FTP 服务等。

无论哪种资源库都应该具有以下特性：

- 中央存储：在一个中心位置存储所有转换和作业。ETL 用户可以访问到工程的最新视图。
- 文件加锁：防止多个用户同时修改同一文件。
- 修订管理：一个理想的资源库可以存储一个转换或作业的所有历史版本，以便将来参考。可以打开历史版本，并查看变更日志。
- 依赖完整性检查：检查资源库中转换或作业之间的相互依赖关系，可以确保资源库里没有丢失任何转换、作业或数据库连接。
- 安全性：防止未授权的用户修改或执行 ETL 转换和作业。
- 引用：重新组织转换、作业，或简单重命名，都是 ETL 开发人员的常见工作。要做好这些工作，需要完整地引用转换或作业。

下一章将详述 Kettle 资源库的创建、管理与使用。

1.3.7 工具

Kettle 是一个独立的产品，包括 ETL 开发和部署阶段用到的多个工具程序：

- Spoon： 图形化工具，用于快速设计和维护复杂的 ETL 工作流。
- Kitchen： 运行作业的命令行工具。
- Pan： 运行转换的命令行工具。
- Carte： 轻量级（约使用 1MB 内存）Web 服务器，用来远程执行转换或作业。一个运行有 Carte 进程的机器可以作为从服务器，从服务器是 Kettle 集群的一部分。

每个工具都有独立的功能，也多少依赖于其他程序。Kettle 的主体框架如图 1-10 所示。

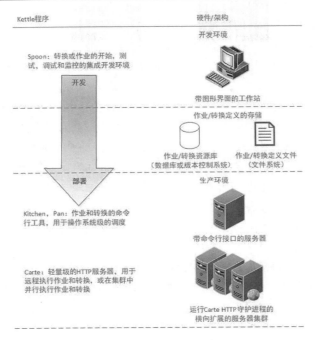

图 1-10　Kettle 工具程序框架

1. Spoon

Spoon 是 Kettle 的集成开发环境（Integrated Development Environment，IDE）。它基于 Java SWT 提供了图形化的用户接口，主要用于 ETL 设计。在 Kettle 安装目录下有启动 Spoon 的脚本，如 Windows 下的 Spoon.bat、类 UNIX 下的 spoon.sh。Windows 用户还可以通过执行 Kettle.exe 启动 Spoon。Spoon 的屏幕截图如图 1-11 所示。

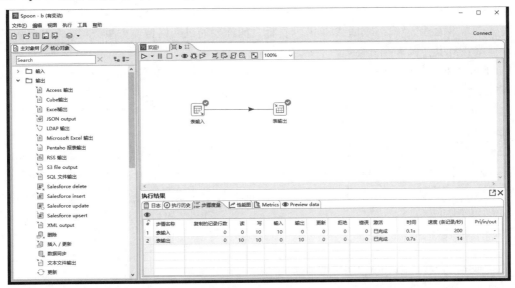

图 1-11　Spoon 界面

从图 1-11 中可以看到 Spoon 的主窗口。主窗口上方有一个菜单条,下方是一个左右分隔的应用窗口。右方面板里有多个标签面板,每个标签面板都是一个当前打开的转换或作业。左方面板是一个树状结构的步骤或作业项视图。右方的工作区又可以分为上下两个部分:上面的画布和下面的结果面板。

当前选中的画布标签里显示了一个设计好的转换。设计作业或转换的过程实际就是往画布里添加作业项或转换步骤的图标,向画布添加图标的方式为从左侧的树中拖曳。这些作业项和转换步骤通过跳来连接。跳就是从一个作业项/步骤的中心连接到另一个作业项/步骤的一条线。在作业里跳定义的是控制流,在转换里跳定义的是数据流。工作区下方的面板是运行结果面板,其中除了显示运行结果还显示运行时日志和运行监控。

工作区左侧的树有"主对象树"和"核心对象"两个标签。主对象树将当前打开的作业或转换里的所有作业项或步骤以树状结构展现。设计者可以在这里快速找到某个画布上的步骤、跳或数据库连接等资源。核心对象中包含 Kettle 中所有可用的作业项或步骤,可以在搜索框中输入文本查找名称模糊匹配的作业项或步骤。一些调试作业/转换的工具也集成到了 Spoon 的图形界面里,设计者可以在 IDE 里直接调试作业/转换。这些调试功能按钮在画布上方的工具栏里。

2. Kitchen 和 Pan

作业和转换可以在图形界面里执行,但这只是在开发、测试和调试阶段。开发完成后,需要部署到实际运行环境中,在部署阶段 Spoon 就很少用到了。部署阶段一般需要通过命令行执行,并把命令行放到 Shell 脚本中,定时调度脚本。Kitchen 和 Pan 命令行工具就是用于这个阶段,并在实际生产环境中使用。

Kitchen 和 Pan 工具是 Kettle 的命令行执行程序。实际上,Kitchen 和 Pan 只是在 Kettle 执行引擎上的封装。它们只是解释命令行参数,调用并把这些参数传递给 Kettle 引擎。Kitchen 和 Pan 在概念和用法上都非常相近,这两个命令的参数也基本一样。唯一不同的是 Kitchen 用于执行作业,Pan 用于执行转换。在使用命令行执行作业或转换时,需要重点考虑网络传输的性能。Kettle 数据流将数据作为本地行集缓存。如果数据源和目标之间需要通过网络传输大量数据,将 Kettle 部署于源或目标服务器上会极大提升性能。

Kitchen 和 Pan 都通过脚本的方式启动,在 Windows 系统下脚本名称是 Kitchen.bat 和 Pan.bat,在类 UNIX 系统下脚本名称是 Kitchen.sh 和 Pan.sh。在执行这些脚本以及 Kettle 自带的其他脚本时,需要把 Kettle 目录切换为控制台的当前目录。类 UNIX 系统的脚本默认情况下是不能执行的,必须使用 chmod 命令设置脚本为可执行。

Kettle 用 Java 语言开发,因此在使用 Kettle 命令行时需要注意匹配 Java 版本,例如 Kettle8.3.0 版本需要 JDK 1.8 的支持。这样就能在 Spoon 的图形界面下进行设计开发调试,然后用命令行执行保存在本地文件或资源库中的转换或作业,秉承 Java 程序一次编译到处运行的理念。下面给出了一些命令行的例子。

```
# 列出所有有效参数
Kettle-home> ./kitchen.sh
# 运行一个存储在文件中的作业
Kettle-home> ./kitchen.sh /file:/home/foo/daily_load.kjb
# 运行一个资源库里的作业
```

```
Kettle-home> ./kitchen.sh /rep:pdirepo /user:admin /pass:admin /dir:/
/job:daily_load.kjb
# 运行一个存储在文件中的转换
Kettle-home> ./pan.sh -file:/home/mysql/MongoDB_to_MySQL.ktr
```

Kitchen 和 Pan 的命令行包含了很多参数，在不使用任何参数的情况下，直接运行 Kitchen 和 Pan 会列出所有参数的帮助信息。参数的语法规范为：

```
[/-]name [[:=]value]
```

参数以斜线（/）或横线（-）开头，后面跟参数名。大部分参数名后面都要有参数值。参数名和参数值之间可以是冒号（:）或等号（=），如果参数值里包含空格，参数值就必须用单引号（'）或双引号（"）引起来。

作业和转换的命令行参数非常相似，可以分为下面几类：

● 　指定作业或转换
● 　控制日志
● 　指定资源库
● 　列出可用资源库和资源库内容

表 1-4 列出了 Kitchen 和 Pan 共有的命令行参数。

表1-4　Kitchen和Pan共有的命令行参数

参数名	参数值	作用
norep		不连接资源库
rep	资源库名称	要连接的资源库名称
user	用户名	连接资源库使用的用户名
pass	密码	连接资源库使用的密码
listrep		显示所有的可用资源库
dir	路径	指定资源库路径
listdir		列出资源库的所有路径
file	文件名	指定作业或转换所在的文件名
level	Error|Nothing|Basic|Detailed|Debug|Rowlevel	指定日志级别
logfile	日志文件名	指定要写入的日志文件名
version		显示 Kettle 的版本号、build 日期

尽管 Kitchen 和 Pan 命令的参数名基本相同，但这两个命令里 dir 参数和 listdir 参数的含义有一些区别。对 Kitchen 而言，dir 和 listdir 参数列出的是作业路径，Pan 命令里的这两个参数列出的是转换路径。除了共有的命令行参数外，Kitchen 和 Pan 自己特有的命令行参数分别见表 1-5、表 1-6。

表1-5　Kitchen特有的命令行参数

参数名	参数值	作用
Jobs	作业名	指定资源库里的一个作业名
listdir		列出资源库里的所有作业

表1-6　Pan特有的命令行参数

参数名	参数值	作用
trans	转换名	指定资源库里的一个转换名
listtrans		列出资源库里的所有转换

3. Carte

Carte 服务用于执行一个作业，就像 Kitchen 一样。和 Kitchen 不同的是，Carte 是一个服务，一直在后台运行，而 Kitchen 只是运行完一个作业就退出。Carte 运行时一直在某个端口监听 HTTP 请求。远程机器客户端给 Carte 发出一个请求，在请求里包含了作业的定义。Carte 接到这样的请求后，验证请求并执行请求里的作业。Carte 也支持其他几种类型的请求，这些请求用于获取 Carte 的执行进度、监控信息等。

Carte 是 Kettle 集群中一个重要的构建模块。集群可将单个作业或转换分成几部分，在 Carte 服务器所在的多个计算机上并行执行，因此可以分散工作负载。关于 Carte 以及 Kettle 集群的配置和使用，详见第 10 章"并行、集群与分区"。

1.3.8　虚拟文件系统

灵活而统一的文件处理方式对 ETL 工具来说非常重要，所以 Kettle 支持 URL 形式的文件名。Kettle 使用 Apache 通用的虚拟文件系统（Virtual File System，VFS）作为文件处理接口，替用户解决各种文件处理方面的复杂情况。例如，使用 Apache VFS 可以选中.zip 压缩包内的多个文件，和在一个本地目录下选择多个文件一样方便。表 1-7 里显示的是 VFS 的一些典型例子。

表1-7　VFS文件规范的例子

文件名例子	描述
文件名：/data/input/customets.dat	这是典型的定义文件的方式
文件名：file:///data/input/customers.dat	Apache VFS 可以从本地文件系统中找到文件
作业：http://www.kettle.be/GenerateRows.kjb	文件可以通过 Web 服务器加载到 Spoon 里，可以使用 Kitchen 执行，可以在作业项里引用
目录：zip:file:///C:/input/salesdata.zip 通配符：.*\.txt$	在"文本文件输入"这样的步骤里可以输入目录和文件通配符。文件名和通配符组合将查找 zip 文件里所有以.txt 结尾的文件

1.4　为什么选择 Kettle

1.4.1　主要特性

编程和使用工具是常用的开发 ETL 应用的方法，而 ETL 工具又有基于映射和基于引擎之分。面对各种各样的 ETL 开发工具，之所以选择 Kettle 主要是因为它具有一些鲜明的特性。

1. 最小化编码工作

开发 ETL 系统通常是一个非常复杂的工程，造成这种复杂性的原因很多：数据仓库的数据来源可能分布在不同的数据库、不同的地理位置、不同的应用系统之中，而且由于数据形式的多样性，数据转换的规则大都极为复杂。如果手动编写程序抽取数据并做转换，不可避免地需要大量的设计、编码、测试、维护等工作。这还不包括熟练掌握编程语言的学习成本。

另外，Kettle 非常容易使用，其所有的功能都可通过用户界面完成，不需要任何编码工作。用户只需要告诉它做什么，而不用指示它怎么做，这大大提高了 ETL 过程的开发效率。在 Spoon 界面中，用户通过简单拖曳就能完成绝大部分 ETL 设计工作。

2. 极简的多线程与并发执行

多线程并行可以极大地提高程序执行效率，然而从编程角度来讲多线程比单线程考虑的问题要多得多。在 Kettle 中设置多线程方式执行非常简单，只要在步骤的右键菜单中选择"改变开始复制的数量"后指定线程数即可，其他工作都交给 Kettle 处理，实现细节对用户完全透明。另外需要再次强调，Kettle 转换中的各个步骤本身就是以数据流的形式并行的。

3. 完备的转换步骤与作业项

在 Kettle 8.3 版本中，转换的核心对象包含输入、输出、应用、转换、脚本等 23 个分类，每个分类中又包含大量的步骤。作业的核心对象包含 14 个分类，同样每个分类中都包含大量作业项。数据库连接更是支持 53 种数据库之多，可以说当前 Kettle 原生已经几乎支持所有常见数据源和 ETL 功能需求，而且步骤、作业项、数据库种类还会随着 Kettle 的版本更新而不断增加。

4. 完全跨平台

Kettle 是基于 Java 的解决方案，因此天然继承了 Java 的跨平台性。用户可以在自己熟悉的环境中（如 Windows、Mac 等）通过图形界面进行 ETL 设计开发，然后将调试好的转换或作业保存为外部 XML 文件，或将元数据存储在资源库中。这样只要有合适的 JVM 存在，转换或作业就能运行在任何环境和平台之上，真正做到与平台无关。

1.4.2　与 SQL 的比较

只要是和关系型数据库打交道，在很多情况下 ETL 工作通过 SQL 就能搞定，但有时面对看似普通的需求，用 SQL 解决却相当麻烦。这里举一个实际工作中遇到的简单例子，说明 Kettle 比 SQL 更适合的使用场景，同时加深一点对 Kettle 的直观印象。

假设有几百个文本文件，每个文件的内容格式相同，都是有固定分隔符的两列，每个文件有数千行记录，现在需要把这些文件的内容导入一个表中，除了文件内容中的两列，还要存一列记录数据所属的文件名。

向数据库表中导入数据本来是一件轻而易举的事。可有几百个文件，还要将文件名连同对应的数据一起存入表中，如果要手工逐个处理每个文件，也未免太过麻烦。现在是 Kettle 一显身手的时候了。Kettle 的转换处理数据流中有一个"获取文件名"的输入步骤，可以使用它在导入文件数据时添加上文件名字段，而且该步骤支持正则表达式，同时获取多个文件名，正好适用此场景。下面为在 Kettle 8.3 中的实现步骤。

（1）新建一个转换，包含"获取文件名""文本文件输入""表输出"三个步骤，如图 1-12 所示。

图 1-12　多文件数据导入

（2）设置"获取文件名"步骤，如图 1-13 所示。

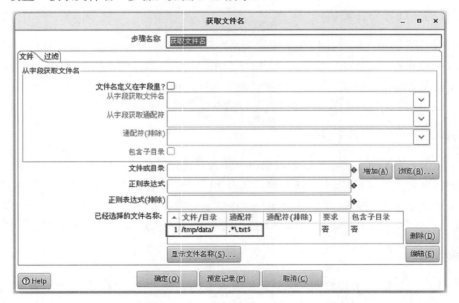

图 1-13　"获取文件名"步骤设置

文件所在目录为 Kettle 服务器本地的/tmp/data/，通配符采用正则表达式写法。注意，*前面要加一个"."，否则报错。这一步骤会将包括文件名在内的 13 个文件属性作为输出字段，传递给后面的步骤。

（3）设置"文本文件输入"步骤，"文件""内容""字段"标签页，分别如图 1-14~图 1-16 所示。

图 1-14　"文本文件输入"步骤的"文件"设置

"选中的文件"使用与"获取文件名"步骤相同的正则表达式。"在输入里的字段被当作文件名"中需要填写上一步骤中作为文件名的字段（默认为 filename）。

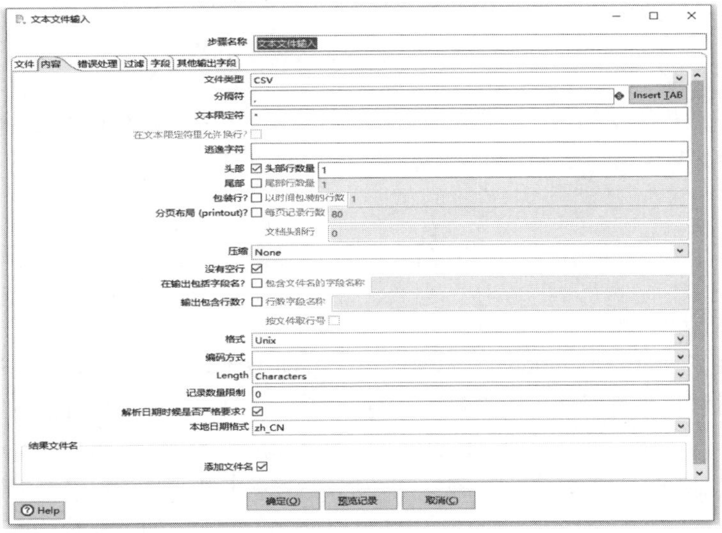

图 1-15　"文本文件输入"步骤的"内容"设置

字段分隔符为逗号，格式选择"Unix"。

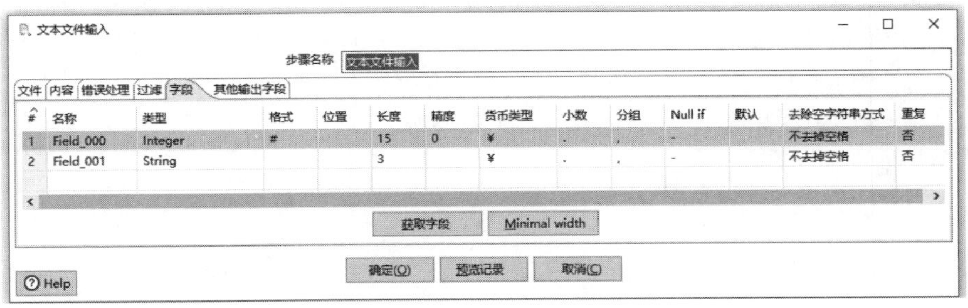

图 1-16　"文本文件输入"步骤的"字段"设置

通过单击"获取字段"按钮可以自动获得文本文件中的字段。

（4）设置"表输出"步骤，如图 1-17 所示。

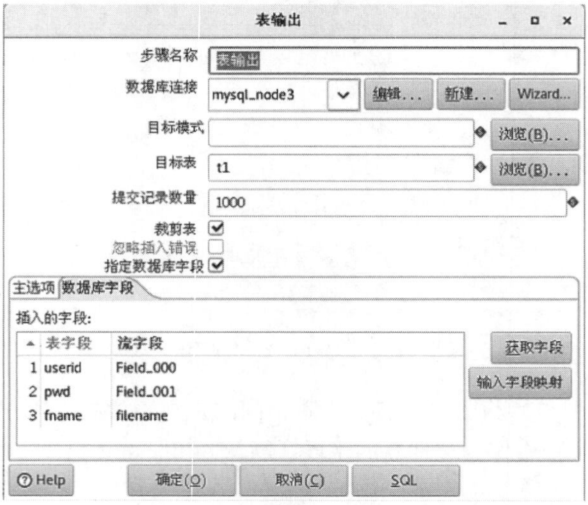

图 1-17   "表输出"步骤设置

将表字段与前面步骤输出的字段做映射。该转换执行后会将/tmp/data/目录下所有 txt 文件的内容及其对应的文件名同时导入表中。

1.5 小 结

本章主要介绍了 ETL 和 Kettle 的基本概念。ETL 即为数据的抽取、转换与装载，是构建数据仓库的核心处理过程，也是最体现工作量的环节。ETL 过程从各种源系统抽取数据，然后将数据转换成一种标准形式，最终将转换后的数据装载到数据仓库中。ETL 是周期性运行的批处理过程。

Kettle 是一款用 Java 语言编写的、被广泛使用的 ETL 工具，具备连接数据源、可扩展、测试与调试、日志与审计、血统与影响分析等通用功能。此外，Kettle 的主要特性还有最小化编码、极简的多线程与并发执行、完备的转换步骤与作业项、完全跨平台，并且提供了对 Hadoop 组件的支持，因此，它非常适合完成大数据 ETL 工作。

Kettle 中最主要的概念是作业和转换，工具集包括图形化的设计工具 Spoon、作业命令行执行工具 Kitchen、转换命令行执行工具 Pan，以及轻量级 Web 服务器 Carte。使用这些工具可以实现从设计、开发、调试到部署、运行、监控的完整 ETL 流程。

下一章从安装配置开始进入使用 Kettle 的实操阶段。

第2章

Kettle 安装与配置

2.1 安　装

总体来说，Kettle 的安装过程比较简单，基本上就是开箱即用，而这里所谓的"开箱"通常也仅仅是执行一条解压缩命令而已。本节我们将关注一些 Kettle 安装的细节问题。

2.1.1　确定安装环境

1. 选择操作系统

Kettle 本身是用 Java 编写的，具有跨平台性，可以安装在任何支持 JVM 的操作系统之上。这里要讨论的是在 Linux 系统而不是 Windows 上安装 Kettle，原因有如下两点。

（1）用户和权限问题

Windows 上运行的 Kettle 在连接 Hadoop 集群时需要在 HDFS 上建立 Windows 登录用户的主目录，并进行权限配置，否则在测试 Hadoop 集群连接时 User Home Directory Access 和 Verify User Home Permissions 两个验证项会报错。hdfs 是启动其进程所使用的用户，而 Kettle 始终用本机用户连接 Hadoop 集群。通常 Linux 和 Windows 系统上默认创建的用户名是不同的，因此需要在 HDFS 上创建 Windows 用户目录：

```
hdfs dfs -mkdir /user/Windows 用户名
```

默认 Hadoop 并不进行用户验证，这个工作交由操作系统代劳。为了解决 Verify User Home Permissions 问题，需要在 config.properties 文件（该文件在 Kettle 安装目录下的 hadoop 插件目录下，例如 D:\data-integration\plugins\pentaho-big-data-plugin\hadoop-configurations\cdh61）中添加：

```
authentication.superuser.provider=NO_AUTH
```

最后需要重启 Kettle 使配置生效。

（2）Kettle 中执行 MapReduce 报错

Windows 上的 Kettle 在执行 Pentaho MapReduce 作业项时，会报类似下面的错误：

```
    ERROR (version 8.3.0.0-371, build 8.3.0.0-371 from 2019-06-11 11.09.08 by
buildguy) :
org.apache.hadoop.io.nativeio.NativeIO$Windows.access0(Ljava/lang/String;I)Z
    ERROR (version 8.3.0.0-371, build 8.3.0.0-371 from 2019-06-11 11.09.08 by
buildguy) : java.lang.UnsatisfiedLinkError:
org.apache.hadoop.io.nativeio.NativeIO$Windows.access0(Ljava/lang/String;I)Z
        at org.apache.hadoop.io.nativeio.NativeIO$Windows.access0(Native Method)
        at
org.apache.hadoop.io.nativeio.NativeIO$Windows.access(NativeIO.java:606)
        at org.apache.hadoop.fs.FileUtil.canRead(FileUtil.java:1202)
        at org.apache.hadoop.fs.FileUtil.list(FileUtil.java:1407)
        at
org.apache.hadoop.fs.RawLocalFileSystem.listStatus(RawLocalFileSystem.java:468
)
        at org.apache.hadoop.fs.FileSystem.listStatus(FileSystem.java:1853)
        at org.apache.hadoop.fs.FileSystem.listStatus(FileSystem.java:1895)
        at
org.apache.hadoop.fs.ChecksumFileSystem.listStatus(ChecksumFileSystem.java:678
)
        at org.apache.hadoop.fs.FileUtil.copy(FileUtil.java:395)
        at org.apache.hadoop.fs.FileUtil.copy(FileUtil.java:379)
        at
org.apache.hadoop.fs.FileSystem.copyFromLocalFile(FileSystem.java:2354)
        at
org.apache.hadoop.fs.FileSystem.copyFromLocalFile(FileSystem.java:2320)
        at
org.apache.hadoop.fs.FileSystem.copyFromLocalFile(FileSystem.java:2283)
    …
```

如果说用户和权限问题能通过修改配置的方式来解决还是可接受的，那么这个问题则需要修改 Hadoop 中 NativeIO 类的源代码并重新编译来解决。该方案对于非程序员用户来说确实强人所难了。

Linux 上运行的 Kettle 不存在上述两个问题。只要使用 Linux 系统中默认创建的用户（如 root）运行 Kettle，就能成功访问 Hadoop 集群，因为 Hadoop 集群同样是安装部署在 Linux 系统之上。而且 Linux 上的 Kettle 执行 Pentaho MapReduce 作业项也不会报 NativeIO 错误。这就是我们选择 Linux 作为 Kettle 安装平台的原因。

下面解决确定 Linux 平台所引入的一系列相关问题：

- 为了使用 Spoon，需要安装 Linux 图形环境，如 GNOME。
- 为了远程访问 Linux 图形环境，需要安装远程控制软件，如 VNC Server 和 VNC Client。
- 为了使用中文输入和显示，需要配置中文语言包，并安装相应的输入法，如智能拼音。
- 创建 Kettle 桌面快捷启动方式。

2. 安装规划

这里只是演示 Kettle 安装的过程，不作为生产环境使用，因此建立四台 Linux 虚拟机，每台硬盘空间 50GB、内存 8GB。IP 与主机名如下：

```
172.16.1.101 hdp1
172.16.1.102 hdp2
172.16.1.103 hdp3
172.16.1.104 hdp4
```

- 主机规划：以上四台主机构成 Kettle 集群。本节只说明在 172.16.1.101 一台主机上的安装过程，其他三台主机上的 Kettle 安装过程完全相同。Kettle 集群的配置和使用详见第 10 章"并行、集群与分区"。
- 操作系统：CentOS Linux release 7.2.1511 (Core)。
- Java 版本：Openjdk version 1.8.0_262。
- Kettle 版本：GA Release 8.3.0.0-371。

后面章节所引入的示例均在本 Kettle 实验环境中运行。

2.1.2　安装前准备

1. 安装 Java 环境

Kettle 是一个 Java 程序，需要 Java 运行时环境（Java 虚拟机/JVM 和一组运行时类）。Kettle 与 Java 的版本要匹配，本次安装的 Kettle 8.3 需要 Java 1.8 的支持。如果只是运行 Kettle，安装 Java Runtime Environment（JRE）1.8 即可。如果要从源代码编译 Kettle 或自己开发 Kettle 插件，需要安装 Java Development Kit（JDK）1.8。

（1）手工安装 Java

从 https://www.oracle.com/java/technologies/javase/javase-jdk8-downloads.html 下载 Linux x64 RPM Package 对应的 RPM 包，然后直接使用 rpm 命令进行安装，例如：

```
rpm -ivh jdk-8u261-linux-x64.rpm
```

（2）使用 yum

yum 全称为 Yellowdog Updater Modified，是一个在 Fedora、RedHat 以及 CentOS 中流行的 shell 前端软件包管理器。它基于 RPM 包管理，能够从资源库文件中定义的服务器自动下载安装 RPM 包，并且可以自动处理依赖性关系，一次安装所有依赖的软件包，无须烦琐地一次次下载安装。yum 提供了查找、安装、删除某一个、一组甚至全部软件包的命令，而且命令简洁好记。

在 CentOS 下使用 yum 安装 Java 非常简单：

```
# 查找 yum 资源库中的 java 包
yum search java | grep -i --color JDK
# 安装 Java 1.8
yum install -y java-1.8.0-openjdk.x86_64 java-1.8.0-openjdk-devel.x86_64
# 验证安装
```

```
java -version
```

如果在本地资源库中没有需要安装的软件包，就可以从网上下载公开的 yum 源。例如，将 http://mirrors.163.com/.help/CentOS7-Base-163.repo 文件下载到本地的/etc/yum.repos.d/目录下，再执行 yum 命令时就会从该文件中指定的服务器查找所需软件包。

2. 安装 GNOME Desktop 图形界面

这里选择 GNOME Desktop 作为运行 Kettle 界面的图形环境。GNOME Desktop 是主流 Linux 发行版本的默认桌面，主张简约易用、够用即可。GNOME 的全称为 GNU 网络对象模型环境（GNU Network Object Model Environment），基于 GTK+图形库，使用 C 语言开发，官方网站是 gnome.org。

（1）安装 GNOME Desktop

```
# 列出可安装的桌面环境
yum grouplist
```

此命令显示了系统安装过程中没有被安装的软件组，下面是本例中该命令的部分输出：

```
...
Available Environment Groups:
   ...
   GNOME Desktop
   KDE Plasma Workspaces
   ...
Available Groups:
   ...
   Graphical Administration Tools
   ...
```

从中我们可以看到，CentOS 7 中有两大桌面环境安装组 GNOME Desktop 和 KDE Plasma Workspaces。执行下面的命令安装 GNOME Desktop：

```
yum groupinstall "GNOME Desktop" -y
```

yum groupinstall 命令安装一组软件包，这组软件包包含了很多单个软件，以及各个软件之间的依赖关系。-y 参数表示安装过程中省略确认，避免交互式输入。当安装成功后，可以再次执行 yum grouplist 命令，从输出中可以看到已经安装的 GNOME Desktop。

```
...
Installed Environment Groups:
   GNOME Desktop
...
```

（2）配置中文支持

locale -a 命令列出当前系统支持的所有语言包。如果没有 zh_CN，则需要先安装一个中文语言包，例如：

```
yum install kde-l10n-Chinese
```

如果系统包含中文语言包，但在安装 CentOS 7 时没有选择中文，安装完成后需要再使用中文，可以按照下面的步骤进行操作。

```
# 安装系统语言配置工具
yum install -y system-config-language
# 执行语言配置
system-config-language
# 选择"chinese (P.R. of China) - 中文(简体)"
```

确定后，就会自动将系统语言设置成 zh_CN.UTF-8。也可以执行下面的命令修改系统默认语言为中文：

```
localectl set-locale LANG=zh_CN.UTF-8
```

（3）安装中文输入法

```
# 首先在终端输入 locale 命令确认系统语言环境变量，输出如下：
LANG=zh_CN.UTF-8
LC_CTYPE="zh_CN.UTF-8"
LC_NUMERIC="zh_CN.UTF-8"
LC_TIME="zh_CN.UTF-8"
LC_COLLATE="zh_CN.UTF-8"
LC_MONETARY="zh_CN.UTF-8"
LC_MESSAGES="zh_CN.UTF-8"
LC_PAPER="zh_CN.UTF-8"
LC_NAME="zh_CN.UTF-8"
LC_ADDRESS="zh_CN.UTF-8"
LC_TELEPHONE="zh_CN.UTF-8"
LC_MEASUREMENT="zh_CN.UTF-8"
LC_IDENTIFICATION="zh_CN.UTF-8"
LC_ALL=

# 然后执行下面的命令安装中文拼音输入法：
yum install -y ibus ibus-libpinyin

# 最后重启系统：
reboot
```

3. 安装配置 VNC 远程控制

为了能够在远程终端中使用 GNOME 桌面环境，需要安装配置 VNC 软件。VNC（Virtual Network Console，虚拟网络控制台）是一款优秀的远程控制工具，是基于 UNIX 和 Linux 操作系统的免费开源软件，远程控制能力强大，高效实用。在 Linux 中，VNC 包括四个命令：vncserver、vncviewer、vncpasswd 和 vncconnect。大多数情况下用户只需要其中的两个命令，即 vncserver 和 vncviewer。

VNC 服务器工具有很多，例如 tightvnc、vnc4server、tigervnc、realvnc 等。这里选择 tigervnc 作为 VNC 服务器。tigervnc 包含服务器控制端，用于实现 vnc 服务，其中包含一个名为 X0VNC 的特殊服务，该服务运行后可以把当前桌面会话远程传输给远端客户端让其操控，而不是传统 VNC 的虚拟会话桌面模式。执行以下步骤安装配置 tigervnc 服务器。

（1）关闭防火墙

```
systemctl stop firewalld
systemctl disable firewalld
```

（2）关闭 seLinux

```
# 查看状态
sestatus
# 临时关闭
setenforce 0
# 永久关闭
vim /etc/sysconfig/selinux
SELINUX=disabled
```

（3）安装 tigervnc 服务器

```
yum install -y tigervnc-server
```

（4）启动 vncserver

```
# 启动
vncserver
```

命令输出如下：

```
You will require a password to access your desktops.

Password:
Verify:
Would you like to enter a view-only password (y/n)? n
A view-only password is not used

New 'hdp1:1 (root)' desktop is hdp1:1

Creating default startup script /root/.vnc/xstartup
Creating default config /root/.vnc/config
Starting applications specified in /root/.vnc/xstartup
Log file is /root/.vnc/hdp1:1.log
```

首次启动 vncserver 时提示输入设置远程连接密码，可以不同于本地密码，该密码以后可以使用 vncpasswd 命令重置。当出现 Would you like to enter a view-only password (y/n)? 提示时输入 n。接着可以用 list 参数确认 VNC 服务器是否启动成功。

```
# 查看 vncserver 进程列表
vncserver -list
```

命令输出如下，显示当前启动了一个 VNC 服务器进程：

```
TigerVNC server sessions:

X DISPLAY #   PROCESS ID
:1       2431
```

（5）设置自动启动的 vncserver 服务

```
# 复制默认配置文件
cp /lib/systemd/system/vncserver@.service
/lib/systemd/system/vncserver@:1.service
# 修改配置文件/lib/systemd/system/vncserver@:1.service（主要是修改 root 用户）
[Unit]
Description=Remote desktop service (VNC)
After=syslog.target network.target

[Service]
Type=forking
User=root

# Clean any existing files in /tmp/.X11-unix environment
ExecStartPre=/bin/sh -c '/usr/bin/vncserver -kill %i > /dev/null 2>&1 || :'
ExecStart=/sbin/runuser -l root -c "/usr/bin/vncserver %i"
PIDFile=/root/.vnc/%H%i.pid
ExecStop=/bin/sh -c '/usr/bin/vncserver -kill %i > /dev/null 2>&1 || :'

[Install]
WantedBy=multi-user.target

# 重新加载服务配置文件
systemctl daemon-reload

# 设置开机启动
systemctl enable vncserver@:1.service

# 重启系统
reboot
```

4. 在客户端安装 vncviewer

从 https://www.realvnc.com/en/connect/download/viewer/下载对应操作系统的安装文件，这里为 VNC-Viewer-6.19.1115-Windows.exe。直接运行该文件进行安装，安装目录为默认。成功安装后运行 C:\Program Files\RealVNC\VNC Viewer\vncviewer.exe 文件打开 VNC Viewer，单击右键菜单中的"New connection..."，在 VNC Server 中输入 VNC 服务器地址，本例为 172.16.1.101:1，如图 2-1 所示，然后单击 OK 按钮保存。冒号后面的 1 指定一个 TigerVNC server sessions 号。

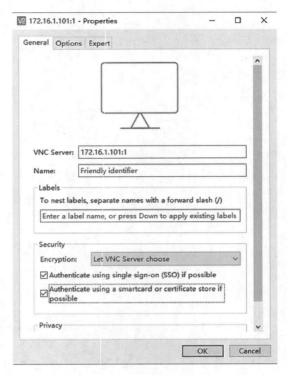

图 2-1　在 VNC Viewer 中添加新连接

双击刚才建立的连接，输入并保存初次启动 VNC 服务器时设置（或者由 vncpasswd 命令所设置）的密码，如图 2-2 所示。

图 2-2　输入并保存 VNC 连接密码

第一次使用 GNOME Desktop 时，需要进行一些初始化设置，如配置语言、时区和输入法等。因为我们已经设置了系统的默认语言为中文，并且安装了拼音输入法，所以默认选择就是中文。配置好后打开的 GNOME 桌面，如图 2-3 所示，界面显示为中文，并支持中文输入。

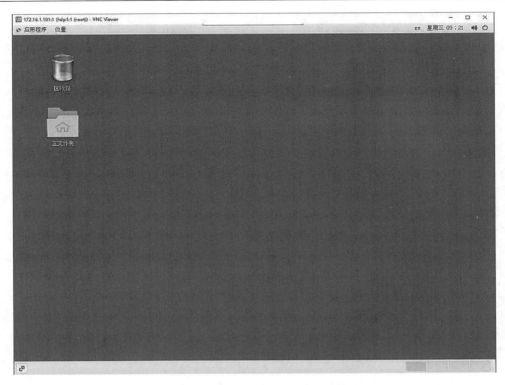

图 2-3　支持中文的 GNOME 桌面

也可以随时在 GNOME 桌面环境中设置语言和时区相关选项，例如执行以下步骤添加中文拼音输入法。

（1）选择菜单"应用程序"→"系统工具"→"设置"→"Region & Language"，打开如图 2-4 所示的对话框。

图 2-4　设置语言和时区

（2）在图 2-4 中单击"输入源"下的"+"按钮，在弹出窗口中选择"汉语（中国）"→"汉（Intelligent Pinyin）"，如图 2-5 所示。

图 2-5　添加中文拼音输入法

单击图 2-5 所示的"添加"按钮就可添加输入法，默认使用"Super+空格"组合键切换输入法，Super 键就是普通键盘上的 Win 键。

（3）将 ibus 拼音输入法设置为默认输入方法。

如果缺少了这一步，那么每次重启系统后 ibus 拼音输入法就不能正常工作了。设置方法为，在 GNOME 桌面单击右键菜单中的"打开终端"，在终端窗口中执行以下命令：

```
# 安装输入法选择器
yum install im-chooser
# 设置默认输入法
imsettings-switch ibus
```

注意，一定要在图形界面下的终端窗口而不是字符界面控制台执行命令，如图 2-6 所示。

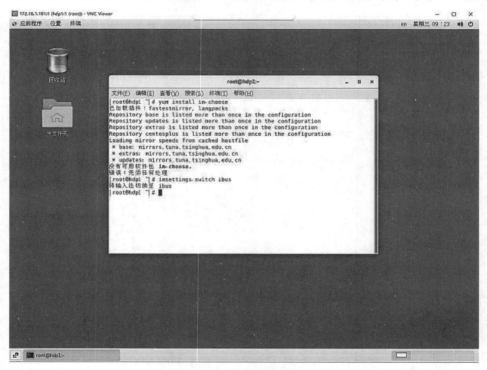

图 2-6　设置默认输入法

至此，Java 环境、图形界面、中文支持、远程控制都已配置好，Kettle 安装前的准备工作已完成。

2.1.3　安装运行 Kettle

Kettle 作为一个独立的压缩包发布，可从 sourceforge.net 下载。作为 Pentaho BI 项目的一部分，可以在 https://sourceforge.net/projects/pentaho/files 目录下找到 Kettle 的所有版本。

1. 下载和解压

在 sourceforge 网站上，每个版本都对应一个独立的目录，目录名就是版本号。例如，本书中使用的是 8.3 版本，所属目录为 Pentaho 8.3。在该目录下包含 shims、server、plugins、other、client-tools 五个子目录，Kettle 在 client-tools 目录下。sourceforge 版本路径下保存的归档文件是 zip 格式，还有与.zip 文件对应的.sum 文件，用于校验 zip 文件的完整性，一般只需要下载.zip 文件。归档文件的命名格式依照 pdi-ce-version-extension 格式，pdi 代表 Pentaho Data Integration，ce 代表 Community Edition。Kettle 是跨平台的，无论什么操作系统都是同一下载文件。

可以直接从浏览器中下载，或者使用终端命令行工具（如 wget）下载。本例执行下面的命令将 Kettle 8.3 版本 zip 文件下载到本地，然后进行解压缩：

```
# 下载安装包
wget
https://sourceforge.net/projects/pentaho/files/Pentaho%208.3/client-tools/pdi-
ce-8.3.0.0-371.zip

# 解压缩，会创建 data-integration 目录
unzip pdi-ce-8.3.0.0-371.zip

# 修改目录名，使之包含版本号
mv data-integration pdi-ce-8.3.0.0-371
```

Kettle 不关心被解压缩到哪个目录下，所以可以根据实际情况来解压缩。例如，在 Windows 开发环境下一般是在 Program Files 目录下创建 kettle 或 pentaho 目录，然后解压缩到这个目录下。在类 UNIX 系统下，用于开发目的时，一般是在 home 目录下创建一个目录；用于生产环境时，一般是创建/opt/kettle 或/opt/pentaho 目录。

解压缩归档文件会产生一个名为 data-integration 的目录，最好重新命名该目录，以反映出原来的版本号。一个比较好的方法就是简单地命名为压缩文件的文件名，但不包括扩展名。我们使用 Kettle 根目录一词来表示这个安装目录。

重命名目录使之包含版本号，可以让在这个环境下工作的人一眼就看出目录下的 Kettle 是哪个版本。这也便于在一个目录下同时维护多个 Kettle 版本，当希望测试新版本或进行 Kettle 版本升级时，就能体现出这种命名方式的优点。

2. 运行 Kettle 程序

所有 Kettle 程序都可以通过运行 Kettle 根目录下的 shell 脚本来启动。在运行 shell 脚本上

Windows 和类 UNIX 系统基本相同。运行 Kettle 的 shell 脚本要求当前的工作目录就是 Kettle 根目录。这意味着在写自己的 shell 脚本时，调用 Kettle 程序之前需要先切换工作路径到 Kettle 根目录下。

解压缩之后，Windows 用户通过执行 Kettle 根目录下的 bat 文件启动 Kettle 程序。例如，要设计转换或作业可以双击 Spoon.bat 来启动 Spoon。要执行作业可以在命令行下运行 Kitchen.bat 或在自己的脚本里调用这个 bat 文件。

对于类 UNIX 系统来说，可以执行相应的.sh 脚本来运行 Kettle，但要在运行之前设置.sh 文件为可执行。例如，在 Kettle 根目录下可以通过执行下面的命令让所有.sh 文件可执行。

```
chmod 755 *.sh
```

执行完该命令后就可以运行所有脚本了，当然前提是 Kettle 根目录是当前工作目录。本例在 GNOME 桌面打开一个终端窗口执行下面的命令，即可启动 Spoon 界面：

```
cd pdi-ce-8.3.0.0-371/
./spoon.sh
```

3. 创建 Spoon 快捷启动方式

经常使用 Spoon 时，可以在任务栏或桌面上创建一个 Spoon 的快捷方式。Windows 用户可以打开资源管理器到 Kettle 根目录，然后选中 Spoon.bat，在右键弹出菜单中选择"发送到"→"桌面快捷方式"。这样就在桌面上创建了一个快捷方式（.lnk）文件，用于启动 Spoon。

右击新创建的快捷文件，在弹出菜单中选择"属性"命令。在打开的属性对话框里显示"快捷方式"标签，"目标"和"起始位置"采用默认值，利用"更改图标"按钮可以为这个快捷方式选中一个容易识别的图标，一般选择 Kettle 根目录下的 spoon.ico 文件。

在 GNOME 桌面上可以创建应用的快捷启动方式，但方法比 Windows 稍微复杂一些。GNOME 系统中的桌面快捷方式文件称为 Desktop Entry 文件，以".desktop"为后缀。每个应用程序快捷方式都和一个 Desktop Entry 文件相对应。本例中我们希望使用 root 用户执行 Spoon 程序，因此创建 /root/桌面/Spoon.desktop 文件，内容如下：

```
[Desktop Entry]
Encoding=UTF-8
Name=spoon
Exec=sh /root/pdi-ce-8.3.0.0-371/spoon.sh
Terminal=false
Type=Application
```

Desktop Entry 文件通常以字符串"[Desktop Entry]"开始。文件的内容由若干键/值对条目组成。Desktop Entry 文件定义了一系列标准关键字，分为必选和可选两种：必选标准关键字必须在 .desktop 文件中被定义；可选关键字则不必。以下是对本例中所使用关键字的简单描述。

- Encoding[可选]: 指定了当前 Desktop Entry 文件中特定字符串所使用的编码方式。
- Name[必选]: 指定了桌面快捷方式显示的名称。
- Exec[可选]: 关键字 Exec 只有在 Type 类型是 Application 时才有意义。Exec 的值定义了启动指定应用程序所要执行的命令，此命令是可以带参数的。

- Terminal[可选]: 关键字 Terminal 的值是布尔值（true 或 false），并且该关键字只有在 Type 类型是 Application 时才有意义。其值指出了相关应用程序（关键字 Exec 的值）是否在终端窗口中运行。
- Type[必选]: 关键字 Type 定义了 Desktop Entry 文件的类型。常见的值是 Application 和 Link。Application 表示当前 Desktop Entry 文件指向了一个应用程序，而 Link 表示当前 Desktop Entry 文件指向了一个 URL（Uniform Resource Locator）。

关于 Desktop Entry 的完整说明，可参见 https://developer.gnome.org/desktop-entry-spec/。

创建/root/桌面/Spoon.desktop 文件后，在 GNOME 桌面按 F5 键刷新，会看到桌面上出现了一个名为 Spoon.desktop 的图标，如图 2-7（a）所示。

（a）初始属性文件　　　（b）首次运行后　　　（c）修改图标后

图 2-7　GNOME 桌面快捷方式

双击该图标，首次执行会出现如图 2-8 所示的警告信息。

图 2-8　未信任的应用程序启动器提示

单击图 2-8 中所示的 Trust and Launch 按钮，信任并启动 Spoon 程序，之后再运行桌面快捷方式将不会弹出未信任应用的警告，同时桌面上对应的图标和名称也会变为如图 2-7（b）所示的那样。

与 Windows 快捷方式类似，右击桌面快捷方式图标，在弹出菜单中选择"属性"命令，单击对话框中的图标更换自定义图标。例如，选择 spoon.ico 作为图标，效果如图 2-7（c）所示。

至此，Kettle 在 Linux 上安装的所有技术细节都已说明。

2.2　配　置

Kettle 运行环境内的一些因素会影响其运行方式。这些因素包括配置文件和与 Kettle 集成在一起的外部软件。我们把这些因素统称为 Kettle 的配置。本节将介绍 Kettle 的配置包括哪些部分以及应如何管理这些配置。

2.2.1 配置文件和.kettle 目录

Kettle 运行环境中有几个配置文件影响它的运行情况。当 Kettle 做了环境移植或升级时，这些文件也要随之改变，包括.spoonrc、jdbc.properties、kettle.properties、kettle.pwd、repositories.xml 和 shared.xml。其中，.spoonrc 文件只用于 spoon 程序，其余的文件用于 Kettle 里的多个程序。这些文件大部分都存放在.kettle 目录下。.kettle 目录默认情况下位于操作系统用户的主目录下，每个用户都有自己的主目录，如/home/<user>，这里的 user 是操作系统的用户名。

.kettle 目录的位置也可以配置，这需要设置 KETTLE_HOME 环境变量。例如，在生产机器上可能希望所有用户都使用同一个配置来运行转换和作业，就可以设置 KETTLE_HOME 使之指向一个目录，这样所有操作系统用户就可以使用相同的配置文件了。与之相反，也可以给某个 ETL 项目设置一个特定的配置目录，此时需要在运行这个 ETL 的脚本里设置 KETTLE_HOME 环境变量。

下面说明每个配置文件的作用。

1. .spoonrc

从名字就可以看出，.spoonrc 文件用于存储 Spoon 程序的运行参数和状态，其他 Kettle 程序都不使用这个文件。.spoonrc 文件位于.kettle 目录下。因为在默认情况下.kettle 目录位于用户主目录下，所以不同用户都使用各自的.spoonrc 文件。.spoonrc 文件中包括的主要属性如下：

- 通用设置和默认值。在 Spoon 窗口里，这些设置在"选项"对话框的"一般"标签页下。"选项"对话框可以通过主菜单的"工具"→"选项"菜单项打开。
- 外观，例如字体和颜色。在 Spoon 窗口里，这些都在"选项"对话框的"观感"标签页下。
- 程序状态数据，如最近使用的文件列表等。

通常不用手动编辑.spoonrc 文件。如果新安装了一个 Kettle 代替一个旧版本的 Kettle，就可用旧版本的.spoonrc 文件覆盖新安装的.spoonrc 文件，保留旧版本 Kettle 的运行状态。为了保留历史版本以备恢复之需，定时备份.spoonrc 文件也是必要的。

2. jdbc.properties

Kettle 还有一个 jdbc.properties 文件，保存在 Kettle 根目录下的 simple-jndi 子目录下。这个文件用来存储 JNDI 连接对象的连接参数。Kettle 可以用 JNDI 方式引用 JDBC 连接参数，如 IP 地址、用户认证等，这些连接参数最终用来在转换和作业中构造数据库连接对象。

JNDI（Java Naming and Directory Interface）是一个 Java 标准，可以通过一个名字访问数据库服务。注意，JNDI 只是 Kettle 指定数据库连接参数的一种方式，数据库连接参数也可以保持在转换或作业的数据库连接对象或资源库里。JNDI 数据库连接配置是整个 Kettle 配置的一部分。

在 jdbc.properties 文件里，JNDI 连接参数以多行文本形式保存，每一行是一个键/值对，等号左右分别是键和值。键包括了 JNDI 名字和一个属性名，中间用反斜线分隔。属性名前的 JNDI 名称决定了 JNDI 连接包括几行参数。以 JNDI 名称开头的行就构成了建立连接需要的所有参数。如下是一些属性名称：

- type: 这个属性的值永远是 javax.sql.DataSource。

- driver：实现了 JDBC 里 Driver 类的全名。
- url：用于连接数据库的 JDBC URL 连接串。
- user：连接数据库的用户名。
- password：连接数据库的密码。

下面是一个 jdbc.properties 里保存 JNDI 连接参数的例子：

```
SampleData/type=javax.sql.DataSource
SampleData/driver=org.h2.Driver
SampleData/url=jdbc:h2:file:samples/db/sampledb;IFEXISTS=TRUE
SampleData/user=PENTAHO_USER
SampleData/password=PASSWORD
```

在这个例子里，JNDI 名字是 SampleData，可用于建立 h2 数据库的连接，连接数据库的用户名是 PENTAHO_USER、密码是 PASSWORD。

可以按照 SampleData 的格式把自己的 JNDI 名字和连接参数写到 jdbc.properties 文件里。因为在 jdbc.properties 里定义的连接可以在转换和作业中使用，所以用户需要保存好这个文件，至少需要做定期备份。

另外，还需要注意部署问题。在部署使用 JNDI 方式的转换和作业时，记住需要更改部署环境里的 jdbc.properties 文件。如果开发环境和实际部署环境相同，就可以直接使用开发环境里的 jdbc.properties 文件。大多数情况下，开发环境使用的是测试数据库，在把开发好的转换和作业部署到实际生产环境中后，需要更改 jdbc.properties 的内容，使之指向实际生产数据库。使用 JNDI 的好处就是部署时不用再更改转换和作业，只需要更改 jdbc.properties 里的连接参数即可。

3. kettle.properties

kettle.properties 文件是一个通用的保存 Kettle 属性的文件。属性对 Kettle 而言就如同环境变量对于操作系统的 shell 命令。它们都是全局字符串变量，用于把作业和转换参数化。例如，可以使用一个属性来保存数据库连接参数、文件路径或一个用在某个转换里的常量。

kettle.properties 文件使用文本编辑器来编辑。一个属性是一个等号分隔的键/值对，占据一行。键在等号前面，作为以后使用的属性名，等号后面就是这个属性的值。下面是一个 kettle.properties 文件的例子：

```
# connection parameters for the job server
DB_HOST=dbhost.domain.org
DB_NAME=sakila
DB_USER=sakila_user
DB_PASSWORD=sakila_password

# path from where to read input files
INPUT_PATH=/home/sakila/import

# path to store the error reports
ERROR_PATH=/home/sakila/import_errors
```

转换和作业可以通过${属性名}或%%属性名%%的方式来引用 kettle.properties 里定义的属性值，用于对话框里输入项的变量。图 2-9 显示的是 CSV 文件输入步骤对话框。

图 2-9　引用 kettle.properties 文件里定义的变量

如图 2-9 所示，在"文件名"文本框里不再用硬编码路径，而是使用了变量方式${INPUT_PATH}。对任何带有"$"符号的输入框，都可以使用这种变量输入方式。在运行阶段，这个变量的值就是 /home/sakila/import，即在 kettle.properties 文件里设置的值。

这里属性的使用方式和前面讲过的 jdbc.properties 里定义 JNDI 连接参数的使用方式类似。例如，可以在开发和生产环境中使用不同的 kettle.properties 文件，以便快速切换。尽管使用 kettle.properties 和 jdbc.properties 相似，但也有区别。首先，JNDI 只用于数据库连接，而属性可用于任何情况。其次，kettle.properties 里的属性名字可以是任意名字，而 JNDI 里的属性名是预先定义好的，只用于 JDBC 数据库连接。

关于 kettle.properties 文件还有一点要说明：kettle.properties 文件里可以定义用于资源库的一些预定义变量。使用资源库保存转换或作业时，下面的这些预定义变量就可以定义为一个默认资源库：

- KETTLE_REPOSITORY：默认的资源库名称。
- KETTLE_USER：资源库用户名。
- KETTLE_PASSWORD：用户名对应的密码。

引用上面这些变量，Kettle 会自动使用 KETTLE_REPOSITORY 定义的资源库。

4. kettle.pwd

使用 Carte 服务执行作业需要授权。默认情况下，Carte 只支持最基本的授权方式，就是将密码保存在 kettle.pwd 文件中。kettle.pwd 文件位于 Kettle 根目录下的 pwd 目录下，默认内容如下：

```
# Please note that the default password (cluster) is obfuscated using the Encr
script provided in this release
# Passwords can also be entered in plain text as before
#
```

```
cluster: OBF:1v8w1uh21z7k1ym71z7i1ugo1v9q
```

最后一行定义了一个用户 cluster 以及加密后的密码（这个密码也是 cluster）。文件的注释部分说明了这个混淆的密码是由 Encr.bat 或 encr.sh 脚本生成的。如果使用 Carte 服务，尤其当 Carte 服务不在局域网范围内时，就要编辑 kettle.pwd 文件，至少要更改默认密码。直接使用文本编辑器就可以编辑。

5. repositories.xml

Kettle 可以通过资源库管理转换、作业和数据库连接这样的资源。如果不使用资源库，转换、作业也可以保存在文件里。每一个转换和作业都保存各自的数据库连接。Kettle 资源库可以存储在关系型数据库里，也可以使用插件存储到其他存储系统，例如存储到一个像 SVN 这样的版本控制系统内。为了使操作资源库更容易，Kettle 在 repositories.xml 文件中保存了所有资源库。repositories.xml 文件可以位于两个目录：

- 用户主目录（由 Java 环境变量中的 user.home 变量指定）的.kettle 目录下。Spoon、Kitchen、Pan 会读取这个文件。
- 当前启动路径下。如果当前路径下没有，就使用用户主目录中.kettle 目录下的 repositories.xml 文件。

对开发而言，不用手动编辑该文件。无论什么时候连接到了资源库，这个文件都会由 Spoon 自动维护。对于部署而言情况就不同了，在部署的转换或作业里会使用资源库的名字，所以在 repositories.xml 文件里必须有一个对应的资源库名字。和上面讲到的 jdbc.properties 或 kettle.properties 文件类似，实际运行环境的资源库和开发时使用的资源库往往是不同的。实践中一般直接将 repositories.xml 文件从开发环境复制到运行环境，并手动编辑这个文件，使之匹配运行环境。

6. shared.xml

Kettle 里有一个概念叫共享对象，共享对象就是类似于转换的步骤、数据库连接定义、集群服务器定义等这些可以一次定义然后在转换和作业里多次引用的对象。共享对象在概念上和资源库有一些重叠，资源库也可以被用来共享数据库连接和集群服务器的定义，但还是有一些区别。资源库往往是一个中央存储，多个开发人员都访问同一个资源库，用来维护整个项目范围内所有可共享的对象。

在 Spoon 里单击左侧树状列表的"主对象树"标签，选择想共享的对象，右击，然后在弹出菜单中选择 Share 命令。必须保存文件，否则该共享不会被保存。以这种方式创建的共享可以在其他转换或作业里使用（可以在左侧树状列表的"主对象树"标签中找到），但是共享的步骤或作业项不会被自动放在画布里，需要把它们从树状列表中拖到画布里，以便在转换或作业里使用。

共享对象存储在 shared.xml 文件中。默认情况下，shared.xml 文件保存在.kettle 目录（.kettle 目录位于当前系统用户的主目录下）下。也可以给 shared.xml 文件自定义一个存储位置，这样用户就可以在转换或作业里多次使用这些预定义好的共享对象。在转换或作业的设置对话框里，可以设置 shared.xml 文件的位置：对作业来说，在"作业设置"对话框的"设置"标签下；对转换而言，在"转换设置"对话框的"杂项"标签下。

还可以使用变量指定共享文件的位置,例如在转换里可以使用类似下面的路径:

```
${Internal.Transformation.Filename.Directory}/shared.xml
```

这样不论目录在哪里,一个目录下的转换都可以使用同一个共享文件。对部署而言,需要确保任何在开发环境中直接或间接使用的共享文件也可以在部署环境中以找到。一般情况下,两种环境中的共享文件应该一样。所有环境差异的配置应该在 kettle.properties 文件中设置。

2.2.2 用于启动 Kettle 程序的 shell 脚本

在下列情况下可能需要调整启动 Kettle 程序的 shell 脚本:

● 给 Java classpath 增加新的 jar 包,通常是因为在转换和作业里直接或间接引用了非默认的 Java Class 文件。
● 改变 Java 虚拟机的参数,如可用内存大小。
● 修改图形工具包环境。

1. shell 脚本的结构

所有 Kettle 程序用的 shell 脚本都类似:

● 初始化一个 classpath 的字符串,字符串里包括几个 Kettle 最核心的 jar 文件。
● 将 libext 目录下的 jar 包都包含在 classpath 字符串中。
● 将和程序相关的其他 jar 包都包含在 classpath 字符串中。例如,Spoon 启动时要包含 swt.jar 文件,用于生成 Spoon 图形界面。
● 构造 Java 虚拟机选项字符串,前面构造的 classpath 字符串也包含在这个字符串里。虚拟机选项设置了最大可用内存大小。
● 利用上面构造好的虚拟机选项字符串构造最终可以运行的 Java 可执行程序的字符串,包括 Java 可执行程序、虚拟机选项、要启动的 Java 类名。

上面描述的脚本结构是 Kettle 3.2 和以前版本的脚本文件结构,Kettle 4.0 和以后版本都统一使用 Pentaho 的 Launcher 作为启动程序。

2. classpath 里增加一个 jar 包

在 Kettle 的转换里可以写 Java 脚本,Java 脚本可能会引用第三方 jar 包。例如,可以在 Java Script 步骤里实例化一个对象,并调用对象的方法,或者在 User defined Java expression 步骤里直接写 Java 表达式。当编写 Java 脚本或表达式时,需要注意 classpath 中应该包含 Java 脚本里使用的各种 Java 类。最简单的方法就是在 libext 目录下新建一个目录,然后把需要的 jar 包都放入该目录下。在.sh 脚本里可以加载 libext 及其子目录下的所有 jar 文件,见下面.sh 文件里的代码:

```
# ****************************************************
# ** JDBC & other libraries used by Kettle:       **
# ****************************************************
for f in `find $BASEDIR/libext -type f -name "*.jar"` \
```

```
            `find $BASEDIR/libext -type f -name "*.zip"`
do
    CLASSPATH=$CLASSPATH:$f
done
```

这个 sh 脚本遍历 libext 目录下（包括各级子目录）的所有 jar 和 zip 文件，并添加到 classpath 中。在 Kettle 4.2 及以后的版本中，将 Launcher 作为启动类，使用 Kettle 根目录下 launcher 子目录下的 launcher.properties 文件配置需要加载的类。用户增加了新的 jar 包，只要修改 launcher.properties 文件，不用再修改.sh 脚本文件。

3. 改变虚拟机堆大小

所有 Kettle 启动脚本都指定了最大堆大小。例如，在 spoon.sh 中有类似下面的语句：

```
# ********************************************************************
# ** Set java runtime options                          **
# ** Change 2048m to higher values in case you run out of memory  **
# ** or set the PENTAHO_DI_JAVA_OPTIONS environment variable    **
# ********************************************************************

if [ -z "$PENTAHO_DI_JAVA_OPTIONS" ]; then
    PENTAHO_DI_JAVA_OPTIONS="-Xms1024m -Xmx2048m -XX:MaxPermSize=256m"
fi
```

运行转换或作业时，如果遇到 Out of Memory 错误，或者运行 Java 的机器有更多的物理内存可用，就可以在这里增加堆的大小——只需把 2048 改成更大的数字，不要修改其他任何地方。

4. 修改图形工具包环境

在 spoon.sh 文件中有一个环境变量配置为 export SWT_GTK3=0，使用该默认配置在创建资源库时会报类似下面的错误，将配置改为 export SWT_GTK3=1 即可解决这个问题。

```
No more handles because no underlying browser available.
    SWT on GTK 2.x detected. It is reccomended to use SWT on GTK 3.x and Webkit2
API.

    org.eclipse.swt.SWTError: No more handles because no underlying browser
available.
    SWT on GTK 2.x detected. It is reccomended to use SWT on GTK 3.x and Webkit2
API.
```

2.2.3　管理 JDBC 驱动

Kettle 带了很多种数据库的 JDBC 驱动，一般一个驱动就是一个 jar 文件。Kettle 把所有 JDBC 驱动都保存在了 lib 目录下。

要增加新的 JDBC 驱动，只要把相应的 jar 文件放到 lib 目录下即可。Kettle 的各种启动脚本会自动加载 lib 下的所有 jar 文件到 classpath。添加新数据库的 JDBC 驱动 jar 包，不会对正在运行的

Kettle 程序起作用。需要将 Kettle 程序停止，添加 JDBC jar 包后再启动才生效。

当升级或替换驱动时，要确保删除了旧的 jar 文件。如果想暂时保留旧的 jar 文件，可以把 jar 文件放在 Kettle 之外的目录中，以避免旧的 jar 包也被意外加载。

2.3 使用资源库

2.3.1 Kettle 资源库简介

Kettle 中的转换或作业可以保存为单独的本地 XML 文件，也可以保存在一个专门存储这些资源的仓库中，该仓库被称为资源库。资源库可以使多用户共享转换或作业，转换或作业在资源库中以文件夹形式分组管理，用户可以自定义文件夹名称。

Kettle 客户端程序 Spoon 提供了三种不同类型的资源库：Pentaho 资源库、数据库资源库和文件资源库。Pentaho 资源库在中央环境中存储转换、作业与调度，并提供其他两种资源库没有的访问控制、内容锁定和历史版本记录、跟踪、比较、修订、恢复等功能，适用于多人团队开发。Pentaho 资源库是一个基于 Apache Jackrabbit 的 CMS 系统，也是官方唯一支持的资源库类型。Pentaho 建议将其用于企业部署和需要完整功能的场景，而不在生产环境中使用其他类型的资源库。Pentaho 资源库相对于另外两种资源库功能更强大，但它依赖于 Pentaho 服务器等其他商业组件，故在此不做详细讨论。

数据库资源库和文件资源库都没有版本管理的概念，需要借助 SVN 或 git 等外部系统进行版本控制。不建议在这两种资源库上做多人协同开发。数据库资源库严重依赖数据库的锁机制来防止工作丢失，开发人员无法锁住某个任务独占开发，有一定的风险。文件资源库除具有上述缺点外，还难以处理对象（转换、作业、数据库连接等）之间的关联关系，因此删除、重命名等操作比较麻烦。另外，文件资源库是将元数据文件保存在本地，方便的同时有较大的安全隐患。

实际应用时普遍选择数据库资源库类型，因此下面只讲述这种类型。

2.3.2 创建数据库资源库

执行以下步骤新建一个数据库资源库。

（1）打开 Spoon 客户端界面，单击工具栏右上角的 Connect 按钮。

（2）在弹出页面中单击 Other Repositories 文字链接。

（3）在 Other Repositories 页面中选择 Database Repository，然后单击 Get Started 按钮。

（4）在 Connection Details 页面中，首先在 Display Name 编辑框中输入自定义的资源库名称。然后单击第二项 Database Connection，再单击 Select database connection 页面中的 Create New Connection 按钮，新建一个作为资源库的数据库连接。从配置角度看这只是一个普通的数据库连接，从功能角度看该库不能作为 ETL 存储使用，因此最好建立一个独立的数据库，不要和其他应用混用，这一点很重要。

（5）配置完成后，在自动返回的 Select database connection 页面中选中配置好的数据库连接，然后单击 Back 按钮返回 Connection Details 页面。

（6）勾选 Launch connection on startup 复选框，这样每次启动 Spoon 后会自动打开资源库连接登录页面。最后单击 Finish 按钮，就完成了一个数据库类型资源库的创建。

此时打开存储资源库信息的数据库，就会发现 Kettle 创建了 46 张表，表名都是以 R_作为前缀。其中，R_DATABASE、R_DATABASE_ATTRIBUTE、R_DATABASE_CONTYPE、R_DATABASE_TYPE 四张表存储数据库连接的配置信息。

- R_DATABASE：包含了每个数据库连接的配置、数据库账户、密码等。所有转换或作业中使用的数据库连接都和这张表的 ID_DATABASE 字段值绑定。例如，MySQL 连接配置产生的 ID 是 1，那么所有用到这个连接的对象都会和 1 绑定。不要轻易改变连接数据的位置，如果迁移了一个环境，改变了这个 MySQL 连接的 ID，但是对象还是会识别 ID 为 1 的连接是 MySQL 连接，任务执行时就会报错。
- R_DATABASE_ATTRIBUTE：记录每个数据库连接的属性，包括是否使用连接池、是否保留关键字大小写、是否使用集群、是否支持时间戳或布尔数据类型、连接使用的端口号、是否强制标识符改为大写或小写、是否所有字段值都用双引号括起来等。
- R_DATABASE_CONTYPE：存储数据库连接的类型，包括 Native (JDBC)、ODBC、OCI、Plugin、JNDI 和 Custom 六种。定义数据库连接时通常选择 Native (JDBC)。
- R_DATABASE_TYPE：数据库类型，记录所有当前 Kettle 版本支持的数据库。本环境中使用的 Kettle 8.3 版本支持 53 种数据库。

Pentaho 官方不支持除自己资源库之外的资源库类型，自然也就没有提供这些表的说明文档。不过资源库的表结构并不复杂，从表名和字段名即可看出其含义，在网上也能够找到个人整理的 Kettle 资源库表结构说明。作为用户，最好将该数据库视为只读，不要手动修改其中的数据，而是由 Kettle 自动维护。

2.3.3　资源库的管理与使用

1. 连接资源库

创建资源库后，Connect 链接旁边会出现一个菜单，如图 2-10 所示。在菜单中选择一个资源库，如 kettle_repository，在弹出的登录页面中输入用户名和密码，默认均为 admin，然后单击 Connect 按钮即可连接到资源库。

图 2-10　Connect 菜单

成功连接后，用户名与资源库名称将显示在 Spoon 工具栏的右上角。如果希望在 Spoon 启动时自动显示登录资源库窗口，可以单击菜单中的"工具"→"选项"，在"一般"标签页中勾选"启动时显示资源库对话框"。

一旦连接了资源库，就将从资源库中打开已有的转换或作业，而不再是打开本地文件。同样，转换、作业、数据库连接等对象也将保存在资源库中。

2. 管理资源库

如果已经连接到资源库，Spoon 工具栏中的 Connect 将被替换为用户名和资源库名称，旁边的菜单还可用于访问资源库管理器或断开与当前资源库的连接，如图 2-11 所示。可以单击图 2-11 中所示的 Repository Manager 菜单项打开资源库管理器页面，以添加、编辑或删除资源库，如图 2-12 所示。

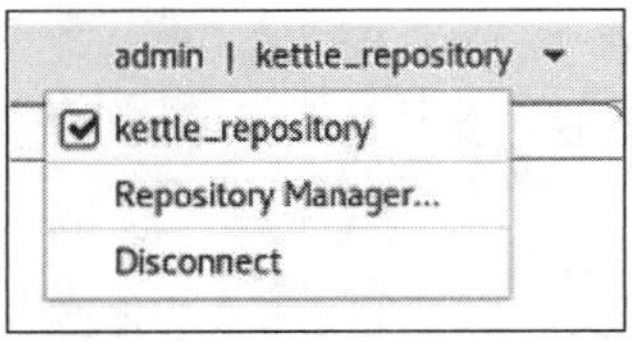

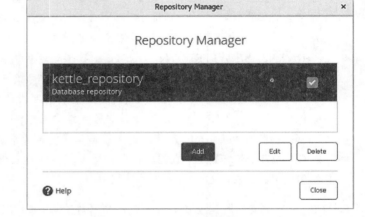

图 2-11　连接资源库后的菜单　　　　　　　　　　　图 2-12　资源库管理器页面

在图 2-12 所示的列表中选定一个资源库，单击 Edit 按钮，将显示如图 2-13 所示的 Connection Details 页面。

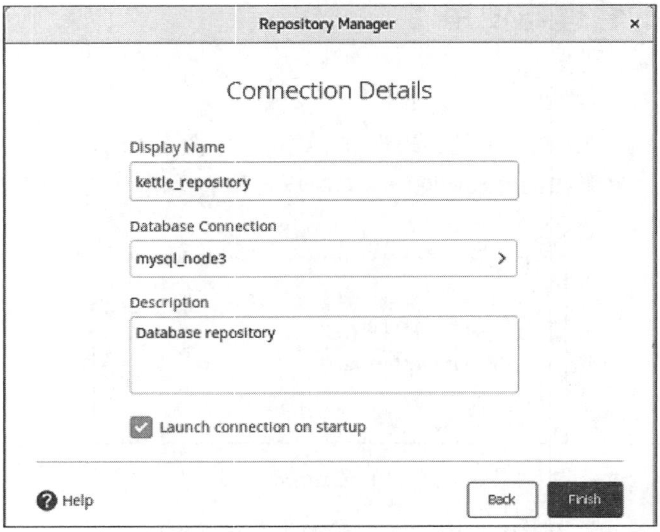

图 2-13　资源库设置页面

只有以下四个配置项：

- Display Name：标识一个资源库。
- Database Connection：定义用于资源库的数据库连接。
- Description：资源库描述信息，如类型或任何其他有用信息。
- Launch connection on startup：指示在启动 Spoon 时打开资源库。

3. 探索资源库

选择菜单中的"工具"→"资源库"→"探索资源库"，打开"探索资源库"对话框，其中包含用于管理对象、数据库连接、Hadoop 群集、用户名密码、Carte 子服务器、数据库分区模式以及集群的标签，如图 2-14 所示。

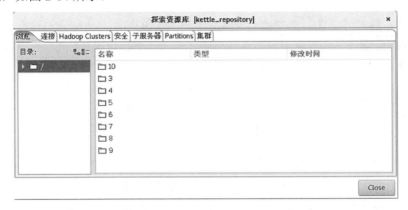

图 2-14　"探索资源库"对话框

在"浏览"标签页中管理资源库内容，可执行的操作包括新建目录、打开对象（目录、转换、作业）、重命名对象、删除对象、导入对象。这些操作都通过相应对象上的右键菜单完成。在"连接"标签页中可以新建、修改或删除数据库连接。在 Hadoop Clusters 标签页中可以新建、修改或删除 Hadoop 集群定义。在"安全"标签页中可以新建或删除连接资源库的用户、修改用户密码或描述信息。在"子服务器"标签页中可以新建、修改或删除 Carte 子服务器。在 Partitions 标签页中可以新建、修改或删除数据库分区模式。在"集群"标签页中可以新建、修改或删除 Kettle 集群。

Hadoop 集群将在第 3 章"Kettle 对 Hadoop 的支持"中详述，子服务器、分区与集群将在第 10 章"并行、集群与分区"中进行说明。

4. 导入导出资源库对象

导出资源库步骤如下：

（1）在 Spoon 中，选择"工具"→"资源库"→"导出资源库..."菜单项。
（2）在弹出的对话框中选择存储导出内容的本地目录。
（3）在"名称(N)"文本框中输入导出文件的名称。
（4）单击 OK 按钮。

导出的 XML 文件将在指定位置被创建，该文件中包含资源库中全部对象的 XML 元数据。

导入资源库步骤如下：

（1）在 Spoon 中，选择"工具"→"资源库"→"导入资源库..."菜单项。

（2）找到要导入的包含转换或作业元数据的 XML 文件。

（3）单击 OK 按钮，此时会出现目录选择对话框。

（4）选择要导入存储库的目录。

（5）单击"确定"按钮。

（6）输入注释（可选），然后单击"确定"按钮。

（7）等待导入过程完成。

（8）单击"关闭"按钮。

在实际执行导入或导出前，会弹出一个如图 2-15 所示的应用导入规则对话框，询问是否希望应用一套导入规则。通过导入规则可以确保导出的转换和作业符合质量标准，并且以后可以使用相同的规则再次导入。

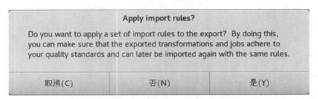

图 2-15　应用导入规则的对话框

选择"取消"会终止后面的操作，选择"否"将不应用导入规则继续执行后面的操作，选择"是"则会弹出如图 2-16 所示的导入-导出规则对话框。

图 2-16　导入-导出规则对话框

单击图 2-16 中所示的 Add rule 链接，会弹出一个如图 2-17 所示的预定义规则列表。可以从中选择规则，每次只能选择一个，但可以选择多次。

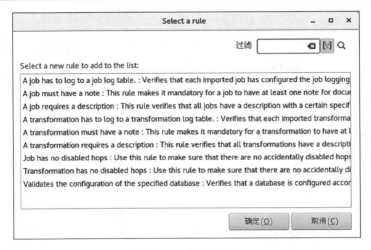

图 2-17　选择规则

应用导入-导出规则后，满足条件的对象被导入或导出，其他的则会弹出错误窗口，由用户选择是继续执行其他导入-导出操作还是终止执行所有之后的操作。

2.4　小　结

Kettle 本身的安装很简单，只要存在匹配的 Java 环境，解压缩安装包后即可直接运行 Kettle相关程序。本章描述了如何在 Linux 系统上安装和配置 Kettle。出于简化用户权限配置和对 Hadoop支持完备性的考虑，选择 Linux 作为 Kettle 运行平台，并对随之引入的图形化界面、远程控制、中文语言包及输入法、桌面快捷启动方式等安装配置问题进行了详细描述。此外，还介绍了影响 Kettle运行的主要配置文件和启动脚本，包括.spoonrc、jdbc.properties、kettle.properties、kettle.pwd、repositories.xml、shared.xml 等配置文件的位置、内容和作用。

最后介绍了 Kettle 资源库的使用。用户可配置 Pentaho、数据库、文件三种类型的资源库。Pentaho资源库功能完善，是官方唯一支持的资源库类型，但依赖额外的商业组件，实际使用并不多。因此我们演示了应用较多的数据库资源库的创建、使用与管理。

下一章将引入一个关键技术（Hadoop 及其生态圈），讲述 Kettle 对 Hadoop 的支持。

第 3 章

Kettle 对 Hadoop 的支持

本章将演示如何使用 Kettle 操作 Hadoop 上的数据。首先概要介绍 Kettle 对大数据的支持，然后用示例说明 Kettle 如何连接 Hadoop，如何导入导出 Hadoop 集群上的数据，如何用 Kettle 执行 Hive 的 HiveQL 语句，还会用一个典型的 MapReduce 转换说明 Kettle 在实际应用中是怎样利用 Hadoop 分布式计算框架的。最后介绍如何在 Kettle 中提交 Spark 作业。

3.1 Hadoop 相关的步骤与作业项

在第 1 章 "ETL 与 Kettle" 中曾提到，选择 Kettle 的原因之一是它具有完备的转换步骤与作业项，使其能够支持几乎所有常见的数据源。同样，Kettle 对大数据也提供了强大的支持，这体现在转换步骤与作业项的 Big Data 分类中。本书使用的 Kettle 8.3 版本中所包含的大数据相关步骤有 19 个、作业项有 10 个。表 3-1 和表 3-2 分别对这些步骤和作业项进行了简单描述。

表3-1   Kettle转换中的大数据相关步骤

步骤名称	描 述
Avro input	读取 Avro 格式文件
Avro output	写入 Avro 格式文件
Cassandra input	从一个 Cassandra column family 中读取数据
Cassandra output	向一个 Cassandra column family 中写入数据
CouchDB input	获取 CouchDB 数据库一个设计文档中给定视图所包含的所有文档
HBase input	从 HBase column family 中读取数据
HBase output	向 HBase column family 中写入数据
HBase row decoder	对 HBase 的键/值对进行编码
Hadoop file input	读取存储在 Hadoop 集群中的文本型文件
Hadoop file output	向存储在 Hadoop 集群中的文本型文件中写数据
MapReduce input	向 MapReduce 输入键/值对
MapReduce output	从 MapReduce 输出键/值对
MongoDB input	读取 MongoDB 中一个指定数据库集合的所有记录
MongoDB output	将数据写入 MongoDB 的集合中

（续表）

步骤名称	描　述
ORC input	读取 ORC 格式文件
ORC output	写入 ORC 格式文件
Parquet input	读取 Parquet 格式文件
Parquet output	写入 Parquet 格式文件
SSTable output	作为 Cassandra SSTable 写入一个文件系统目录

表3-2　Kettle作业中的大数据相关作业项

作业项名称	描述
Amazon EMR job executor	在 Amazon EMR 中执行 MapReduce 作业
Amazon Hive job executor	在 Amazon EMR 中执行 Hive 作业
Hadoop copy files	将本地文件上传到 HDFS，或者在 HDFS 上复制文件
Hadoop job executor	在 Hadoop 节点上执行包含在 JAR 文件中的 MapReduce 作业
Oozie job executor	执行 Oozie 工作流
Pentaho MapReduce	在 Hadoop 中执行基于 MapReduce 的转换
Pig script executor	在 Hadoop 集群上执行 Pig 脚本
Spark submit	提交 Spark 作业
Sqoop export	使用 Sqoop 将 HDFS 上的数据导出到一个关系型数据库中
Sqoop import	使用 Sqoop 将一个关系型数据库中的数据导入到 HDFS 上

Kettle 的设计很独特，既可以在 Hadoop 集群外部执行，也可以在 Hadoop 集群内的节点上执行。在外部执行时，Kettle 能够从 HDFS、Hive 和 HBase 抽取数据，或者向它们中装载数据。在 Hadoop 集群内部执行时，Kettle 转换可以作为 Mapper 或 Reducer 任务执行，并允许将 Pentaho MapReduce 作业项作为 MapReduce 的可视化编程工具来使用。后面我们会用示例演示这些功能。关于 Hadoop 及其组件的基本概念和功能特性不是本书所讨论的范畴，读者可参考其他资源。

3.2　连接 Hadoop

Kettle 可以与 Hadoop 协同工作。通过提交适当的参数，Kettle 可以连接 Hadoop 的 HDFS、MapReduce、Zookeeper、Oozie、Sqoop 和 Spark 服务。在数据库连接类型中支持 Hive 和 Impala。本示例中配置 Kettle 连接 HDFS、Hive 和 Impala。为了给后面章节中创建的转换或作业使用，我们还将定义一个普通的 MySQL 数据库连接对象。

3.2.1　连接 Hadoop 集群

要使 Kettle 连接 Hadoop 集群，需要两个操作：设置一个 Active Shim；建立并测试连接。Shim 是 Pentaho 开发的插件，功能有点类似于一个适配器，帮助用户连接 Hadoop。Pentaho 定期发布 Shim，可以从 sourceforge 网站下载与 Kettle 版本对应的 Shim 安装包。使用 Shim 能够连接不同的 Hadoop

发行版本，如 CDH、HDP、MapR、Amazon EMR 等。当在 Kettle 中执行一个大数据的转换或作业时，默认会使用设置的 Active Shim。初始安装 Kettle 时并没有 Active Shim，因此在尝试连接 Hadoop 集群前，首先要做的就是选择一个 Active Shim，选择的同时也就激活了此 Active Shim。设置好 Active Shim 后，再经过一定的配置，就可以测试连接了。Kettle 内建的工具可以为完成这些工作提供帮助。

1. 开始前准备

配置连接前，要确认 Kettle 具有访问 HDFS 相关目录的权限，访问的目录通常包括用户主目录以及工作需要的其他目录。Hadoop 管理员应该已经配置了允许 Kettle 所在主机对 Hadoop 集群的访问。除权限外，还需要确认以下信息：

- Hadoop 集群的发行版本。Kettle 与 Hadoop 版本要匹配，本例使用的 Kettle 8.3 所对应的大数据支持矩阵详见 https://help.pentaho.com/Documentation/8.3/Setup/Components_Reference。
- HDFS、MapReduce 或 Zookeeper 服务的 IP 地址和端口号。
- 如果要使用 Oozie，就需要知道 Oozie 服务的 URL。

本例中已经安装好 4 个节点的 CDH 6.3.1 集群，IP 地址及主机名如下：

```
172.16.1.124 manager
172.16.1.125 node1
172.16.1.126 node2
172.16.1.127 node3
```

启动的 Hadoop 服务如图 3-1 所示，所有服务都使用默认端口。关于 CDH 集群的安装与卸载，可以参考 https://wxy0327.blog.csdn.net/article/details/51768968 和 https://wxy0327.blog.csdn.net/article/details/102946646。

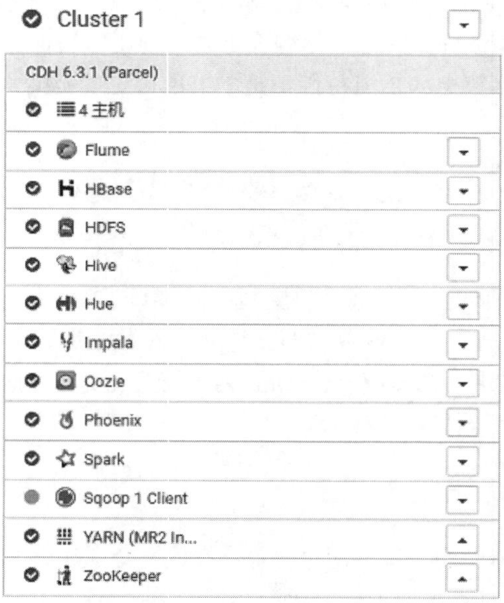

图 3-1　CDH 集群服务

为了用主机名访问 Hadoop 相关服务，在 Kettle 主机（172.16.1.101）的/etc/hosts 文件中添加了 Hadoop 集群四个节点的 IP 与主机名。

2. 配置步骤

（1）在 Kettle 中配置 Hadoop 客户端文件

在浏览器中登录 Cloudera Manager，选择 Hive 服务，单击"操作"→"下载客户端配置"。在得到的 hive-clientconfig.zip 压缩包中包含了当前 Hadoop 客户端的 12 个配置文件。将其中的 core-site.xml、hdfs-site.xml、hive-site.xml、yarn-site.xml、mapred-site.xml 5 个文件复制到 Kettle 根目录下的 plugins/pentaho-big-data-plugin/hadoop-configurations/cdh61/目录下，覆盖原来 Kettle 自带的这些文件。

（2）选择 Active Shim

在 Spoon 界面中，选择主菜单"工具"→"Hadoop Distribution..."，在对话框中选择 Cloudera CDH 6.1.0，如图 3-2 所示，单击 OK 按钮确定后重启 Spoon。

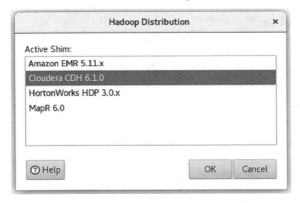

图 3-2　选择 Active Shim

（3）在 Spoon 中创建 Hadoop clusters 对象

新建一个转换，在工作区左侧树的"主对象树"标签中，选择 Hadoop clusters，右击，选择 New Cluster，在对话框中输入如图 3-3 所示的属性值。

图 3-3 所示的 Hadoop 集群的配置选项及定义说明如下：

- Cluster name：定义要连接的集群名称，这里为 CDH631。
- Hostname（HDFS 段）：Hadoop 集群中 NameNode 节点的主机名。本例中的 CDH 配置了 HDFS HA，所以这里用 HDFS NameNode 服务名替代主机名。
- Port（HDFS 段）：Hadoop 集群中 NameNode 节点的端口号，HA 不需要填写。
- Username（HDFS 段）：HDFS 的用户名，通过宿主操作系统给出，不用填。
- Password（HDFS 段）：HDFS 的密码，通过宿主操作系统给出，不用填。
- Hostname（JobTracker 段）：Hadoop 集群中 JobTracker 节点的主机名。如果有独立的 JobTracker 节点，就在此输入，否则使用 HDFS 的主机名。
- Port（JobTracker 段）：Hadoop 集群中 JobTracker 节点的端口号，不能与 HDFS 的端口

号相同。

- Hostname(ZooKeeper 段)：Hadoop 集群中 Zookeeper 节点的主机名，只有在连接 Zookeeper 服务时才需要。
- Port（ZooKeeper 段）：Hadoop 集群中 Zookeeper 节点的端口号，只有在连接 Zookeeper 服务时才需要。
- URL（Oozie 段）：Oozie WebUI 的地址，只有在连接 Oozie 服务时才需要。

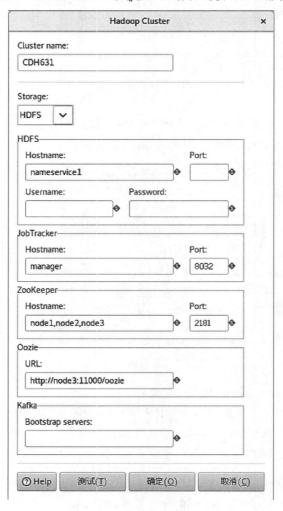

图 3-3　Hadoop 集群连接配置

这是本例 CDH 的配置，用户应该按自己的情况进行相应修改。然后单击"测试"按钮，测试结果如图 3-4 所示。正常情况下，此时除了一个 Kafka 连接失败的警告外，其他都应该通过测试。Kafka 连接失败，原因是没有配置 Kafka 的 Bootstrap servers。我们在 CDH 中并没有启动 Kafka 服务，因此忽略此警告。

如果 User Home Directory Access 项没有通过测试，就说明 HDFS 中没有用户主目录，只需建立相应目录即可通过测试。这里是使用 root 用户打开的 Spoon，因此执行以下命令创建目录：

```
hdfs dfs -mkdir /user/root
```

如果 Verify User Home Permissions 项没有通过测试，就说明用户对其主目录没有写权限，只需执行下面的命令修改用户主目录的属主，即可通过测试：

```
hdfs dfs -chown root:root /user/root
```

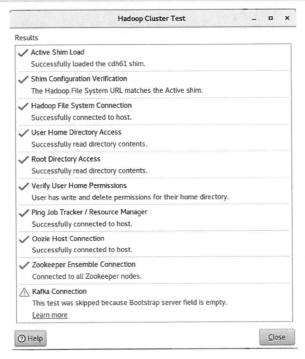

图 3-4　测试结果

关闭 Hadoop Cluster Test 窗口后，单击 Hadoop Cluster 对话框中的确定按钮，建立一个 Kettle 可以连接的 Hadoop 集群。

首次配置 Kettle 连接 Hadoop 时，难免会出现这样那样的问题。Pentaho 文档列出了配置过程中的常见问题及其通用解决方法，如表 3-3 所示，会对 Kettle 或 Hadoop 新手有所帮助。

表3-3　Kettle连接Hadoop时的常见问题

症状	通常原因	通用解决方法
Shim 和配置问题		
No shim	• 没有选择 shim • shim 安装位置错误 • plugin.properties 文件中没有正确的 shim 名称	• 检查 plugin.properties 文件中 active.hadoop.configuration 参数的值是否与 pentaho-big-data-plugin/hadoop-configurations 下的目录名相匹配 • 确认 shim 安装在正确的位置（默认安装在 Kettle 安装目录的 plugins/pentaho-big-data-plugin 子目录下） • 参考 Pentaho "Set Up Pentaho to Connect to a Hadoop Cluster" 文档，确认 shim 插件的名称和安装目录

（续表）

症状	通常原因	通用解决方法
Shim 和配置问题		
Shim doesn't load	• 没有安装许可证 • Kettle 版本不支持装载的 shim • 如果选择的是 MapR shim，客户端可能没有正确安装 • 配置文件改变导致错误	• 参考 Pentaho "required licenses are installed" 文档，验证许可证安装，并且确认许可证没有过期 • 参考 Pentaho "Components Reference" 文档，验证使用的 Kettle 版本所支持的 shim • 参考 Pentaho "Set Up Pentaho to Connect to an Apache Hadoop Cluster" 文档，检查配置文件 • 如果连接的是 MapR，检查客户端安装，然后重启 Kettle 后再测试连接 • 如果该错误持续发生，文件可能损坏，需要从 Pentaho 官网下载新的 shim 文件
The file system's URL does not match the URL in the configuration file	*-site.xml 文件配置错误	参考 Pentaho "Set Up Pentaho to Connect to an Apache Hadoop Cluster" 文档，检查配置文件，主要是 core-site.xml 文件是否配置正确
Sqoop Unsupported major.minor version Error	在 pentaho6.0 中，Hadoop 集群上的 Java 版本比 Pentaho 使用的 Java 版本旧	• 验证 JDK 是否满足受支持组件列表中的要求 • 验证 Pentaho 服务器上的 JDK 是否与 Hadoop 集群上的 JDK 主版本相同
连接问题		
Hostname does not resolve	• 没有指定主机名 • 主机名/IP 地址错误 • 主机名没有正确解析	• 验证主机名/IP 地址是否正确 • 检查 DNS 或 hosts 文件，确认主机名解析正确
Port name is incorrect	• 没有指定端口号 • 端口号错误	• 验证端口号是否正确 • 确认 Hadoop 集群是否启用了 HA，如果是，就不需要指定端口号
Can't connect	• 被防火墙阻止 • 其他网络问题	• 检查防火墙配置，并确认没有其他网络问题
目录访问或权限问题		
Can't access directory	• 认证或权限问题 • 目录不在集群上	• 确认连接使用的用户对被访问的目录有读、写或执行权限 • 检查集群的安全设置（如 dfs.permissions 等）是否允许 shim 访问 • 验证 HDFS 的主机名和端口号是否正确
Can't create, read, update, or delete files or directories	认证或权限问题	• 确认用户已经被授予目录的执行权限 • 检查集群的安全设置（如 dfs.permissions 等）是否允许 shim 访问 • 验证 HDFS 的主机名和端口号是否正确

（续表）

症状	通常原因	通用解决方法
目录访问或权限问题		
Test file cannot be overwritten	Pentaho 测试文件已在目录中	测试已运行，但未删除测试文件，需要手动删除测试文件。检查 Kettle 根目录下 logs 目录下的 spoon.log 文件中记录的测试文件名。测试文件用于验证用户可以在其主目录中创建、写入和删除文件

3.2.2　连接 Hive

Kettle 把 Hive 当作一个数据库，支持连接 Hive Server 和 Hive Server 2/3，数据库连接类型的名字分别对应为 Hadoop Hive 和 Hadoop Hive 2/3。这里演示在 Kettle 中建立一个 Hadoop Hive 2/3 类型的数据库连接。

Hive Server 有两个明显的问题：一是不够稳定，经常会莫名其妙假死，导致客户端所有的连接都被挂起；二是并发性支持不好，如果一个用户在连接中设置了一些环境变量，绑定到一个 Thrift 工作线程，当该用户断开连接，另一个用户创建了一个连接，他有可能也被分配到之前的线程，复用之前的配置。这是因为 Thrift 不支持检测客户端是否断开连接，也就无法清除会话的状态信息。Hive Server 2 的稳定性更高，并且已经完美支持了会话，从长远来看都会以 Hive Server 2 作为首选。

在工作区左侧的"主对象树"标签中，选择 "DB 连接"→右击，选择"新建"命令，在"数据库连接"对话框中输入如图 3-5 所示的属性值。

图 3-5 中所示的数据库连接的配置选项及定义说明如下：

- 连接名称：定义连接名称，这里为 hive_cdh631。
- 连接类型：选择 Hadoop Hive 2/3。
- 主机名称：输入 HiveServer2 对应的主机名。在 Cloudera Manager 中，从 Hive 服务的"实例"标签中可以找到。
- 数据库名称：这里输入的 rds 是 Hive 里已经存在的一个数据库名称。
- 端口号：输入 hive.server2.thrift.port 参数的值。
- 用户名：这里为空。
- 密码：这里为空。

单击图 3-5 中所示的"测试"按钮，应该弹出成功连接窗口，显示内容如下：

```
正确连接到数据库[hive_cdh631]
主机名         : node2
端口           : 10000
数据库名       : rds
```

为了让其他转换或作业能够使用此数据库连接对象，需要将它设置为共享。选择 "DB 连接"→hive_cdh631，右击选择"共享"命令，然后保存转换。

图 3-5　Hive 连接配置

3.2.3　连接 Impala

Impala 是一个运行在 Hadoop 之上的大规模并行处理（Massively Parallel Processing，MPP）查询引擎，提供对 Hadoop 集群数据的高性能、低延迟的 SQL 查询，使用 HDFS 作为底层存储。对查询的快速响应使交互式查询和对分析查询的调优成为可能，而这些在针对处理长时间批处理作业的 SQL-on-Hadoop 传统技术上是难以完成的。Impala 是 Cloudera 公司基于 Google Dremel 的开源实现。Cloudera 公司宣称除 Impala 外的其他组件都将移植到 Spark 框架，并坚信 Impala 是大数据上 SQL 解决方案的未来，可见其对 Impala 的重视程度。

通过将 Impala 与 Hive 元数据存储数据库相结合，能够在 Impala 与 Hive 这两个组件之间共享数据库表，并且 Impala 与 HiveQL 的语法兼容，因此既可以使用 Impala 也可以使用 Hive 执行建立表、发布查询、装载数据等操作。Impala 可以在已经存在的 Hive 表上执行交互式查询。

创建 Impala 连接的过程与 Hive 类似。在工作区左侧的"主对象树"中选择"DB 连接"，右击，选择"新建"命令，在弹出的对话框中输入如图 3-6 所示的属性值。

图 3-6　Impala 连接配置

"数据库连接"对话框中的选项及定义说明如下：

● 连接名称：定义连接名称，这里为 impala_cdh631。

● 连接类型：选择 Impala。

● 主机名称：输入任一 Impala Daemon 对应的主机名。在 Cloudera Manager 中，从 Impala 服务的"实例"标签中可以找到。

● 数据库名称：这里输入的 rds 是 Hive 里已经存在的一个数据库名称。

● 端口号：输入 Impala Daemon HiveServer2 端口参数的值。

● 用户名：这里为空。

● 密码：这里为空。

单击"测试"按钮，应该弹出成功连接窗口，显示内容如下：

```
正确连接到数据库[impala_cdh631]
主机名          : node3
端口            : 21050
数据库名        : rds
```

同 hive_cdh631 一样，将 impala_cdh631 数据库连接共享，然后保存转换。

3.2.4 建立 MySQL 数据库连接

Kettle 中创建数据库连接的方法都类似，区别只是在"连接类型"中选择不同的数据库，然后输入对应的属性，"连接方式"通常选择 Native(JDBC)。例如，MySQL 连接配置如图 3-7 所示。

图 3-7　MySQL 连接配置

这里的连接名称为 mysql_node3。配置 MySQL 数据库连接需要注意的一点是，需要事先将对应版本的 MySQL JDBC 驱动程序复制到 Kettle 根目录的 lib 目录下，否则在测试连接时可能出现如下错误：

```
org.pentaho.di.core.exception.KettleDatabaseException:
Error occurred while trying to connect to the database

Driver class 'org.gjt.mm.mysql.Driver' could not be found, make sure the 'MySQL'
driver (jar file) is installed.
org.gjt.mm.mysql.Driver
```

本例中连接的 MySQL 服务器版本为 5.6.14，因此使用下面的命令复制 JDBC 驱动，然后重启 Spoon 以重新加载所有驱动。

```
cp mysql-connector-java-5.1.38-bin.jar /root/pdi-ce-8.3.0.0-371/lib/
```

至此，成功创建了一个 Hadoop 集群对象 CDH631，以及三个数据库连接对象 hive_cdh631、impala_cdh631 和 mysql_node3。

3.3　导入导出 Hadoop 集群数据

本节将通过四个示例演示如何使用 Kettle 导入导出 Hadoop 数据：向 HDFS 导入数据，向 Hive 导入数据，从 HDFS 抽取数据到 MySQL，从 Hive 抽取数据到 MySQL。

3.3.1　向 HDFS 导入数据

用 Kettle 将本地文件导入 HDFS 非常简单，只需要一个"Hadoop copy files"作业项就可以实现。它执行的效果与 hdfs dfs -put 命令相同。从 http://wiki.pentaho.com/download/attachments/23530622/weblogs_rebuild.txt.zip?version=1&modificationDate=1327069200000 下载 Pentaho 所提供的 Web 日志示例文件，将解压缩后的 weblogs_rebuild.txt 文件放到 Kettle 所在主机的本地目录下。然后在 Spoon 中新建一个只包含"Start"和"Hadoop copy files"两个作业项的作业，如图 3-8 所示。

图 3-8　向 HDFS 导入数据的作业

双击"Hadoop copy files"作业项，编辑如下属性：

- Source Environment：选择 Local。
- 源文件/目录：选择本地文件，本例为"file:///root/kettle_hadoop/3/weblogs_rebuild.txt"。
- 通配符：空。
- Destination Environment：选择"CDH631"，这是我们之前已经建立好的 Hadoop Clusters 对象。
- Destination File/Folder：选择 HDFS 上的目录，本例为/user/root。

保存并成功执行作业后，查看 HDFS 目录，结果如下。可以看到，weblogs_rebuild.txt 文件已从本地导入 HDFS 的/user/root 目录中。每次执行作业都会覆盖 HDFS 中已存在的同名文件。

```
[hdfs@manager~]$hdfs dfs -ls /user/root
Found 1 items
-rw-r--r--  3 root supergroup  77908174 2020-08-28 08:53
/user/root/weblogs_rebuild.txt
[hdfs@manager~]$
```

3.3.2　向 Hive 导入数据

Hive 默认是不能进行行级插入的，也就是说默认是不能使用 insert into ... values 这种 SQL 语句向 Hive 插入数据的。通常 Hive 表数据导入方式有以下两种：

- 从本地文件系统中导入数据到 Hive 表，使用的语句是：

```
load data local inpath 目录或文件 into table 表名;
```

● 从 HDFS 上导入数据到 Hive 表，使用的语句是：

```
load data inpath 目录或文件 into table 表名;
```

一旦有数据导入 Hive 表，默认是不能进行更新和删除的，只能向表中追加数据或者用新数据整体覆盖原来的数据。要删除表数据，只能执行 truncate 或者 drop table 操作，这实际上是删除了表所对应的 HDFS 数据文件或目录。

Kettle 作业中的"Hadoop copy files"作业项可以将本地文件上传至 HDFS，因此只要将前面的作业稍加修改，将 Destination File/Folder 选择为 Hive 表所在的 HDFS 目录即可，作业执行的效果与 load data local inpath 语句相同。

首先从 http://wiki.pentaho.com/download/attachments/23530622/weblogs_parse.txt.zip?version=1&modificationDate=1327068013000 下载 Pentaho 提供的、格式化后的 Web 日志示例文件，将解压缩后的 weblogs_parse.txt 文件放到 Kettle 所在主机的本地目录下，然后执行下面的 HiveQL 建立一个 Hive 表，表结构与 weblogs_parse.txt 文件的结构相匹配。

```
create table test.weblogs (
client_ip          string,
full_request_date      string,
day            string,
month            string,
month_num          int,
year            string,
hour            string,
minute            string,
second            string,
timezone          string,
http_verb          string,
uri            string,
http_status_code        string,
bytes_returned          string,
referrer          string,
user_agent          string)
row format delimited fields terminated by '\t';
```

最后创建和前例相同的作业，修改以下两个作业项属性：

● 源文件/目录：file:///root/kettle_hadoop/3/weblogs_parse.txt。
● 目标文件/目录：/user/hive/warehouse/test.db/weblogs。

保存并成功执行作业后，test.weblogs 表中的记录与 weblogs_parse.txt 文件内容相同。

3.3.3　从 HDFS 抽取数据到 MySQL

从 http://wiki.pentaho.com/download/attachments/23530622/weblogs_aggregate.txt.zip?version=1&modificationDate=1327067858000 下载文件。这是 Pentaho 提供的一个压缩文件，其中包含一个

名为 weblogs_aggregate.txt 的文本文件，文件中有 36616 行记录，每行记录有 4 列，分别表示 IP 地址、年份、月份、访问页面数，前 5 行记录如下。我们使用这个文件作为最初的原始数据。

```
0.308.86.81      2012    07    1
0.32.48.676      2012    01    3
0.32.85.668      2012    07    8
0.45.305.7       2012    01    1
0.45.305.7       2012    02    1
```

用下面的命令把解压缩后的 weblogs_aggregate.txt 文件上传到 HDFS 的/user/root 目录下。

```
hdfs dfs -put weblogs_aggregate.txt /user/root/
```

再在 Spoon 中新建一个如图 3-9 所示的转换。转换中只包含"Hadoop file input"和"表输出"两个步骤。

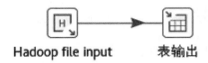

图 3-9　从 HDFS 抽取数据到 MySQL 的转换

编辑"Hadoop file input"步骤的属性如下：

（1）"文件"标签页

● Environment：选择"CDH631"。
● File/Folder：选择"/user/root/weblogs_aggregate.txt"。

（2）"内容"标签页

● 文件类型：CVS。
● 分隔符：删除分号，单击 Insert TAB 按钮插入 TAB 分隔符。
● 头部：去掉。
● 格式：选择"UNIX"。
● 本地日期格式：选择"en_US"。

（3）"字段"标签页
输入如表 3-4 所示的内容。

表3-4　weblogs_aggregate.txt对应的字段

名称	类型	格式	长度	去除空字符串方式	重复
client_ip	String		20	不去掉空格	否
year	Integer	#	15	不去掉空格	否
month_num	Integer	#	15	不去掉空格	否
pageviews	Integer	#	15	不去掉空格	否

编辑"表输出"步骤属性如下：

- 数据库连接：选择"mysql_node3"。
- 目标表：输入"aggregate_hdfs"。
- 剪裁表：勾选。

mysql_node3 是在 3.2.4 小节创建的 MySQL 数据库连接。"主选项"和"数据库字段"标签页下的属性都不需要设置，"表字段"和"流字段"会自动映射。

下面执行 SQL 语句建立 MySQL 中的表：

```
use test;
create table aggregate_hdfs (
    client_ip varchar(15),
    year smallint,
    month_num tinyint,
    pageviews bigint);
```

保存并执行转换，然后查询 aggregate_hdfs 表，结果如下：

```
mysql> select count(*) from test.aggregate_hdfs;
+----------+
| count(*) |
+----------+
|    36616 |
+----------+
1 row in set (0.03 sec)
mysql> select * from test.aggregate_hdfs limit 5;
+-------------+------+-----------+-----------+
| client_ip   | year | month_num | pageviews |
+-------------+------+-----------+-----------+
| 0.308.86.81 | 2012 |         7 |         1 |
| 0.32.48.676 | 2012 |         1 |         3 |
| 0.32.85.668 | 2012 |         7 |         8 |
| 0.45.305.7  | 2012 |         1 |         1 |
| 0.45.305.7  | 2012 |         2 |         1 |
+-------------+------+-----------+-----------+
5 rows in set (0.00 sec)
```

3.3.4 从 Hive 抽取数据到 MySQL

在 Spoon 中新建一个如图 3-10 所示的转换，其中只包含"表输入"和"表输出" 两个步骤。

图 3-10 从 Hive 抽取数据到 MySQL 的转换

编辑"表输入"步骤的属性如下：

- 数据库连接：选择"hive_cdh631"。
- SQL：输入下面的 SQL 语句。

```
select client_ip, year, month, month_num, count(*) as pageviews
 from test.weblogs
group by client_ip, year, month, month_num
```

编辑"表输出"步骤的属性如下：

- 数据库连接：选择"mysql_node3"。
- 目标表：输入"aggregate_hive"。
- 剪裁表：勾选。

下面执行 SQL 建立 MySQL 中的表：

```
use test;
create table aggregate_hive (
    client_ip varchar(15),
    year varchar(4),
    month varchar(10),
    month_num tinyint,
    pageviews bigint);
```

保存并执行转换，然后查询 aggregate_hive 表，结果如下：

```
mysql> select count(*) from test.aggregate_hive;
+----------+
| count(*) |
+----------+
|    36616 |
+----------+
1 row in set (0.03 sec)
mysql> select * from test.aggregate_hive limit 5;
+--------------+------+-------+-----------+-----------+
| client_ip    | year | month | month_num | pageviews |
+--------------+------+-------+-----------+-----------+
| 0.45.305.7   | 2012 | Feb   |         2 |         1 |
| 0.48.322.75  | 2012 | Jul   |         7 |         1 |
| 0.638.50.46  | 2011 | Dec   |        12 |         8 |
| 01.660.68.623| 2012 | Jun   |         6 |         1 |
| 01.660.70.74 | 2012 | Jul   |         7 |         1 |
+--------------+------+-------+-----------+-----------+
5 rows in set (0.00 sec)
```

3.4 执行 HiveQL 语句

本节示例将演示如何用 Kettle 执行 Hive 的 HiveQL 语句。我们在 3.3.2 小节"向 Hive 导入数据"建立的 weblogs 表上执行聚合查询，同时建立一个新表来保存查询结果。新建一个 Kettle 作业，只有"Start"和"SQL"两个作业项，如图 3-11 所示。

图 3-11 执行 HiveQL 语句的作业

编辑"SQL"作业项的属性如下：

● 数据库连接：选择"hive_cdh631"。
● SQL 脚本：

```
create table test.weblogs_agg
as
select client_ip, year, month, month_num, count(*)
 from test.weblogs
group by client_ip, year, month, month_num;
```

保存并成功执行作业后检查 hive 表，结果如下，可以看到 weblogs_agg 表中已经保存了全部聚合数据。

```
hive> select count(*) from test.weblogs_agg;
...
36616
```

3.5 执行 MapReduce

本节将通过两个示例演示如何用 Kettle 执行 Hadoop 的 MapReduce 作业。

3.5.1 生成聚合数据集

在 3.4 节"执行 HiveQL 语句"示例中只用一句 HiveQL 就生成了聚合数据，本示例使用"Pentaho MapReduce"作业项完成相似的功能，把细节数据汇总成聚合数据集。当给一个关系型数据仓库或数据集市准备待分析的数据时，这是一个常见的使用场景。我们把 weblogs_parse.txt 文件作为细节数据，目标是生成聚合数据文件，其中包含按 IP 和年月分组统计的 PV 数。

1. 准备文件与目录

```
# 创建格式化文件所在目录
```

```
hdfs dfs -mkdir /user/root/parse/
# 上传格式化文件
hdfs dfs -put -f weblogs_parse.txt /user/root/parse/
# 修改读写权限
hdfs dfs -chmod -R 777 /user/root/
```

2. 建立一个用于 Mapper 的转换

图 3-12 所示的转换由 "MapReduce input" "拆分字段" "利用 Janino 计算 Java 表达式"
"MapReduce output" 四个步骤组成。

图 3-12　生成聚合数据的 Mapper 转换

（1）编辑 "MapReduce input" 的步骤如下：

● 　Key field: "Type" 选择 "String"，定义 Hadoop MapReduce 键的数据类型。
● 　Value field: "Type" 选择 "String"，定义 Hadoop MapReduce 值的数据类型。

该步骤输出两个字段，名称是固定的 key 和 value，也就是 Map 阶段输入的键/值对。

（2）编辑 "拆分字段" 的步骤如下：

● 　需要拆分的字段: 选择 "value"。
● 　分隔符: 输入 "$[09]"，以 TAB 作为分隔符。
● 　字　段: 新的字段名如下，类型均为 String。

```
client_ip
full_request_date
day
month
month_num
year
hour
minute
second
timezone
http_verb
uri
http_status_code
bytes_returned
referrer
user_agent
```

该步骤将输入的 value 字段拆分成 16 个字段，输出 17 个字段（key 字段没变，文本文件每行
的 key 是文件起始位置到每行的字节偏移量）。

（3）编辑"利用 Janino 计算 Java 表达式"的步骤如表 3-5 所示。

表3-5　聚合数据转换中的"利用Janino计算Java表达式"步骤设置

New field	Java expression	Value type
new_key	client_ip + '\t' + year + '\t' + month_num	String
new_value	1	Integer

该步骤为数据流中增加两个新的字段，名称分别定义为 new_key 和 new_value。new_key 字段的值定义为 client_ip + '\t' + year + '\t' + month_num，将 IP 地址、年份、月份和字段间的两个 TAB 符拼接成一个字符串。new_value 字段的值为 1，数据类型是整数。该步骤输出 19 个字段。

（4）编辑"MapReduce output"的步骤如下：

● Key field: 选择"new_key"。
● Value field: 选择"new_value"。

该步骤输出"new_key"和"new_value"两个字段，即 Map 阶段输出的键/值对。
将转换保存为 aggregate_mapper.ktr。

3. 建立一个用于 Reducer 的转换

图 3-13 所示的转换由"MapReduce input""分组""MapReduce output"三个步骤组成。

MapReduce input　　分组　　MapReduce output

图 3-13　生成聚合数据的 Reducer 转换

（1）编辑"MapReduce input"的步骤如下：

● Key field: "Type"选择"String"。
● Value field: "Type"选择"Integer"。

该步骤输出两个字段，名称是固定的 key 和 value，key 对应 Mapper 转换的 new_key 输出字段，value 对应 Mapper 转换的 new_value 输出字段。

（2）编辑"分组"的步骤如下：

● 构成分组的字段: 选择"key"。
● 聚合: 名称、Subject、类型三列的值分别是 new_value、value、求和。

该步骤按 key 字段分组（key 字段的值就是 client_ip + '\t' + year + '\t' + month_num），对每个分组的 value 求和，每组的合计值定义为一个新的字段 new_value。注意，此处的 new_value 和 Mapper 转换输出的 new_value 字段含义不同。Mapper 转换输出的 new_value 字段对应这里的 Subject 字段值。

（3）编辑"MapReduce output"的步骤如下：

- Key field：选择"key"。
- Value field：选择"new_value"。

输出 Reducer 处理后的键/值对，这就是我们想要的结果。

将转换保存为 aggregate_reducer.ktr。

4. 建立一个调用 MapReduce 的作业

图 3-14 所示的作业使用 mapper 和 reducer 转换，需要编辑 Pentaho MapReduce 作业项的 Mapper、Reducer、job Setup、Cluster 四个标签页中的选项。

图 3-14　聚合数据的 MapReduce 作业

（1）Mapper 标签：

- Transformation：选择第 2 步建立的 Mapper 转换，这里为"/root/kettle_hadoop/3/aggregate_mapper.ktr"。
- Input step name：输入"MapReduce Input"。这是接收 mapping 数据的步骤名，必须是一个 MapReduce Input 步骤的名称。
- Output step name：输入"MapReduce Output"。这是 mapping 输出步骤名，必须是一个 MapReduce Output 步骤的名称。

（2）Reducer 标签：

- Transformation：选择第 3 步建立的 Reducer 转换，这里为"/root/kettle_hadoop/3/aggregate_mapper.ktr"。
- Input step name：输入"MapReduce Input"。这是接收 reducing 数据的步骤名，必须是一个 MapReduce Input 步骤的名称。
- Output step name：输入"MapReduce Output"。这是 reducing 输出步骤名，必须是一个 MapReduce Output 步骤的名称。

（3）job Setup 标签：

- Input path：输入"/user/root/parse/"。一个以逗号分隔的 HDFS 目录列表，目录中存储的是 MapReduce 要处理的源数据文件。
- Output path：输入"/user/root/aggregate_mr"。存储 MapReduce 作业输出数据的 HDFS 目录。
- Remove output path before job：勾选。执行作业时先删除输出目录。
- Input format：输入"org.apache.hadoop.mapred.TextInputFormat"，为输入格式的类名。
- Output format：输入"org.apache.hadoop.mapred.TextOutputFormat"，为输出格式的类名。

（4）Cluster 标签：

- Hadoop job name：输入 "aggregate"。

- Hadoop cluster：选择 "CDH631"，为一个已经定义的 Hadoop 集群。

- Number of mapper tasks：1，分配的 mapper 任务数，由输入的数据量所决定。典型值在 10~100 之间。非 CPU 密集型的任务可以指定更高的值。

- Number of reduce tasks：1，分配的 reducer 任务数。一般来说，该值越小，reduce 操作启动越快；该值越大，reduce 操作完成越快。加大该值会增加 Hadoop 框架的开销，但能够使负载更加均衡。如果设置为 0，则不执行 reduce 操作，mapper 的输出将作为整个 MapReduce 作业的输出。

- Logging interval：60，日志消息间隔的秒数。

- Enable blocking：勾选。如果选中，作业将等待每一个作业项完成后再继续下一个作业项，这是 Kettle 感知 Hadoop 作业状态的唯一方式。如果不选，MapReduce 作业会自己执行，而 Kettle 在提交 MapReduce 作业后会立即执行下一个作业项。除非选中该项，否则 Kettle 的错误处理在这里将无法工作。

将作业保存为 aggregate_mr.kjb。

5. 执行作业并验证输出

```
[hdfs@node3~]$hdfs dfs -ls /user/root/aggregate_mr/
Found 2 items
-rw-r--r-- 3 root supergroup     0 2020-08-31 13:46
/user/root/aggregate_mr/_SUCCESS
-rw-r--r-- 3 root supergroup 890709 2020-08-31 13:46
/user/root/aggregate_mr/part-00000
[hdfs@node3~]$hdfs dfs -cat /user/root/aggregate_mr/part-00000 | head -10
0.308.86.81     2012      07      1
0.32.48.676     2012      01      3
0.32.85.668     2012      07      8
0.45.305.7      2012      01      1
0.45.305.7      2012      02      1
0.46.386.626    2011      11      1
0.48.322.75     2012      07      1
0.638.50.46     2011      12      8
0.87.36.333     2012      08      7
01.660.68.623   2012      06      1
cat: Unable to write to output stream.
[hdfs@node3~]$
```

可以看到，/user/root/aggregate_mr/ 目录下生成了名为 part-00000 的输出文件，文件中包含按 IP 和年月分组的 PV 数。

3.5.2　格式化原始 Web 日志

本小节说明如何使用 Pentaho MapReduce 把原始 Web 日志解析成格式化的记录。

1. 准备文件与目录

```
# 创建原始文件所在目录
hdfs dfs -mkdir /user/root/raw
# 修改读写权限
hdfs dfs -chmod -R 777 /user/root/
```

2. 建立一个用于 Mapper 的转换

图 3-15 所示的转换由"MapReduce input""正则表达式""过滤记录"等步骤组成。

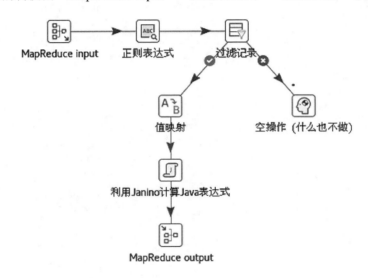

图 3-15　格式化文件的 Mapper 转换

（1）编辑"MapReduce input"的步骤如下：

- Key field：　"Type"选择"String"。
- Value field：　"Type"选择"String"。

（2）编辑"正则表达式"的步骤如下：

- 要匹配的字段：输入"value"。
- Result field name：输入"is_match"。
- 为每个捕获组（capture group）创建一个字段：勾选。
- Replace previous fields：勾选。
- 正则表达式：

```
^([^\s]{7,15})\s          # client_ip
-\s                       # unused IDENT field
```

```
-\s                          # unused USER field
\[(((\d{2})/(\w{3})/(\d{4})   # request date dd/MMM/yyyy
:(\d{2}):(\d{2}):(\d{2})\s([-+ ]\d{4}))\]
                             # request time :HH:mm:ss -0800
\s"(GET|POST)\s              # HTTP verb
([^\s]*)                     # HTTP URI
\sHTTP/1\.[01]"\s            # HTTP version

(\d{3})\s                    # HTTP status code
(\d+)\s                      # bytes returned
"([^"]+)"\s                  # referrer field

"                           # User agent parsing, always quoted.
"?                          # if the user spoofs the user_agent, they incorrectly quote
it.
(                           # The UA string
  [^"]*?                    # Uninteresting bits
  (?:
    (?:
    rv:                     # Beginning of the gecko engine version token
    (?=[^;)]{3,15}[;)])     # ensure version string size
    (                       # Whole gecko version
      (\d{1,2})             # version_component_major
      \.(\d{1,2}[^.;)]{0,8})    # version_component_minor
      (?:\.(\d{1,2}[^.;)]{0,8}))? # version_component_a
      (?:\.(\d{1,2}[^.;)]{0,8}))? # version_component_b
    )
    [^"]*                   # More uninteresting bits
  )
  |
  [^"]*                     # More uninteresting bits
  )
)                           # End of UA string
"?
"
```

● 捕获组（Capture Group）字段：如下所示，所有字段都是 String 类型。

```
client_ip
full_request_date
day
month
year
hour
minute
second
timezone
```

```
http_verb
uri
http_status_code
bytes_returned
referrer
user_agent
firefox_gecko_version
firefox_gecko_version_major
firefox_gecko_version_minor
firefox_gecko_version_a
firefox_gecko_version_b
```

（3）编辑"过滤记录"的步骤如下：

● 　发送 true 数据给步骤：选择"值映射"。

● 　发送 false 数据给步骤：选择"空操作（什么也不做）"。

● 　条件：选择"is_match = Y"。

（4）编辑"值映射"的步骤如下：

● 　使用的字段名：选择"month"。

● 　目标字段名（空=覆盖）：输入"month_num"。

● 　不匹配时的默认值：输入"00"。

● 　字段值：源值与目标值，输入如下内容。

```
Jan 01
Feb 02
Mar 03
Apr 04
May 05
Jun 06
Jul 07
Aug 08
Sep 09
Oct 10
Nov 11
Dec 12
```

（5）编辑"利用 Janino 计算 Java 表达式"的步骤如下：

● 　New field：输入"output_value"。

● 　Java expression：输入内容如下所示。

```
client_ip + '\t' + full_request_date + '\t' + day + '\t' + month + '\t' + month_num
+ '\t' + year + '\t' + hour + '\t' + minute + '\t' + second + '\t' + timezone +
'\t' + http_verb + '\t' + uri + '\t' + http_status_code + '\t' + bytes_returned
+ '\t' + referrer + '\t' + user_agent
```

- Value type：选择"String"。

（6）编辑"MapReduce output"的步骤如下：

- Key field：选择"key"。
- Value field：选择"output_value"。

将转换保存为 weblog_parse_mapper.ktr。

3. 建立一个调用 MapReduce 的作业（见图 3-16）

图 3-16　格式化文件的 MapReduce 作业

编辑"Pentaho MapReduce"作业项：

（1）Mapper 标签：

- Transformation：选择上一步建立的转换，这里为"/root/kettle_hadoop/3/weblogs_parse_mapper.ktr"。
- Input step name：输入"MapReduce input"。
- Output step name：输入"MapReduce output"。

（2）Job Setup 标签：

- Input path：输入"/user/root/raw"。
- Output path：输入"/user/root/parse1"。
- Remove output path before job：勾选。
- Input format：输入"org.apache.hadoop.mapred.TextInputFormat"。
- Output format：输入"org.apache.hadoop.mapred.TextOutputFormat"。

（3）Cluster 标签：

- Hadoop job name：输入"Web Log Parse"。
- Hadoop cluster：选择"CDH631"。
- Number of mapper tasks：2。
- Number of reduce tasks：0。
- Logging interval：60。
- Enable blocking：勾选。

将作业保存为 weblogs_parse_mr.kjb。

4. 执行作业并验证输出

作业成功执行后检查 HDFS 的输出文件，结果如下：

```
[hdfs@node3~]$hdfs dfs -ls /user/root/parse1
Found 3 items
-rw-r--r--   3 root supergroup          0 2020-08-31 10:59
/user/root/parse1/_SUCCESS
-rw-r--r--   3 root supergroup   42601640 2020-08-31 10:59
/user/root/parse1/part-00000
-rw-r--r--   3 root supergroup   42810160 2020-08-31 10:59
/user/root/parse1/part-00001
[hdfs@node3~]$hdfs dfs -get /user/root/parse1/part-00000
[hdfs@node3~]$head -5 part-00000
0   323.81.303.680 25/Oct/2011:01:41:00 -0500  25 Oct 10 2011  01 41 00 ...
193 668.667.44.3   25/Oct/2011:07:38:30 -0500 25 Oct 10 2011 07 38 30  ...
405 13.386.648.380 25/Oct/2011:17:06:00 -0500 25 Oct 10 2011  17 06 00  ...
651 06.670.03.40   26/Oct/2011:13:24:00 -0500 26 Oct 10 2011  13 24 00  ...
838 18.656.618.46  26/Oct/2011:17:15:30 -0500 26 Oct 10 2011  17 15 30  ...
[hdfs@node3~]$
```

可以看到，/user/root/parse1 目录下生成了名为 part-00000 和 part-00001 的两个输出文件（因为使用了两个 mapper），内容已经被格式化。

3.6　执行 Spark 作业

Kettle 不但支持 MapReduce 作业，还可以通过"Spark Submit"作业项向 CDH 5.3 以上、HDP 2.3 以上、Amazon EMR 3.10 以上的 Hadoop 平台提交 Spark 作业。在本示例中，我们将首先为 Kettle 配置 Spark，然后修改并执行 Kettle 安装包中自带的 Spark PI 作业例子，说明如何在 Kettle 中提交 Spark 作业。

3.6.1　在 Kettle 主机上安装 Spark 客户端

使用 Kettle 执行 Spark 作业，需要在 Kettle 主机上安装 Spark 客户端。只要将 CDH 中 Spark 的库文件复制到 Kettle 所在主机即可。

```
# 在 172.16.1.127 上执行
cd /opt/cloudera/parcels/CDH-6.3.1-1.cdh6.3.1.p0.1470567/lib
scp -r spark 172.16.1.101:/root/
```

3.6.2　为 Kettle 配置 Spark

以下操作均在 172.16.1.101 上以 root 用户执行。

（1）备份原始配置文件

```
cd /root/spark/conf/
cp spark-defaults.conf spark-defaults.conf.bak
cp spark-env.sh spark-env.sh.bak
```

（2）编辑 spark-defaults.conf 文件

```
vim /root/spark/conf/spark-defaults.conf

# 使用 spark.yarn.archive 减少任务启动时间
spark.yarn.archive=hdfs://nameservice1/user/spark/lib/spark_jars.zip
# 解决和 yarn 相关 Jersey 包的冲突问题，避免 spark on yarn 启动 spark-submit 时出现
java.lang.NoClassDefFoundError 错误
spark.hadoop.yarn.timeline-service.enabled=false
# 记录 Spark 事件，用于应用程序在完成后重构 WebUI
spark.eventLog.enabled=true
# 记录 Spark 事件的目录
spark.eventLog.dir=hdfs://nameservice1/user/spark/applicationHistory
# spark on yarn 的 history server 地址
spark.yarn.historyServer.address=http://node3:18088
```

（3）编辑 spark-env.sh 文件

```
vim /root/spark/conf/spark-env.sh

#!/usr/bin/env bash
# hadoop 配置文件所在的目录
HADOOP_CONF_DIR=/root/pdi-ce-8.3.0.0-371/plugins/pentaho-big-data-plugin/hadoop-configurations/cdh61
# spark 主目录
SPARK_HOME=/root/spark
```

（4）编辑 core-site.xml 文件

```
vim
/root/pdi-ce-8.3.0.0-371/plugins/pentaho-big-data-plugin/hadoop-configurations
/cdh61/core-site.xml

# 去掉下面这段的注释
<property>
  <name>net.topology.script.file.name</name>
  <value>/etc/hadoop/conf.cloudera.yarn/topology.py</value>
</property>
```

3.6.3　提交 Spark 作业

1. 修改 Kettle 自带的 Spark 例子

首先备份自带的作业文件：

```
cp /root/pdi-ce-8.3.0.0-371/samples/jobs/Spark\ Submit/Spark\ submit.kjb
/root/kettle_hadoop/3/spark_submit.kjb
```

然后在 Spoon 中打开/root/kettle_hadoop/spark_submit.kjb 文件，如图 3-17 所示。

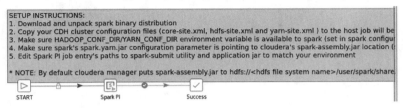

图 3-17　Kettle 自带的 Spark 例子

编辑 Spark PI 作业项：

- Spark Submit Utility：选择 Spark 提交程序，本例为 "/root/spark/bin/spark-submit"。
- Master URL：因为 yarn 运行在 CDH 集群而不是 Kettle 主机上，所以这里选择"yarn-cluster"。
- Files 标签的 Application Jar：选择 "/root/spark/examples/jars/spark-examples_2.11-2.4.0-cdh6.3.1.jar"。

2. 保存并执行作业

Spark History Server Web UI 如图 3-18 所示。

图 3-18　Spark UI 中看到的 Spark 作业

3.7　小　结

本章以 Kettle 8.3 和 CDH 6.3.1 为例介绍 Kettle 对 Hadoop 的支持。要使 Kettle 能够连接 Hadoop 集群，需要先设置一个 Active Shim。通过提交适当的参数，Kettle 可以连接 Hadoop 的 HDFS、MapReduce、Zookeeper、Oozie 和 Spark 服务。Kettle 的数据库连接类型支持 Hive、Hive 2/3 和 Impala。可以使用 Kettle 导出导入 Hadoop 集群（HDFS、Hive 等）中的数据，执行 Hive 的 HiveQL 语句。Kettle 支持在 Hadoop 中执行基于 MapReduce 的 Kettle 转换，还支持向 Spark 集群提交作业。这里演示的例子都是 Pentaho 官方提供的示例。从下一章开始，我们将建立一个模拟的 Hadoop 数据仓库，并使用 Kettle 完成其上的 ETL 操作。

第4章

建立 ETL 示例模型

从本章开始，我们将介绍使用 Kettle 实现 Hadoop 数据仓库的 ETL 过程。我们会引入一个典型的订单业务场景作为示例，说明多维模型及其相关 ETL 技术在 Kettle 上的具体实现。本章首先介绍一个小而典型的销售订单示例，描述业务场景，说明示例中包含的实体和关系，并在 MySQL 数据库上建立源数据库表并生成初始数据。我们要在 Hive 中创建源数据过渡区和数据仓库的表，因此，需要了解与 Hive 创建表相关的技术问题，包括使用 Hive 建立传统多维数据仓库时如何选择适当的文件格式、Hive 支持哪些表类型、向不同类型的表中装载数据时具有哪些不同特性等。我们将以实验的方式对这些问题加以说明。在此基础上就可以编写 Hive 的 HiveQL 脚本，建立过渡区和数据仓库中的表。本章最后会说明日期维度的数据装载方式及其 Kettle 实现。

4.1　业务场景

4.1.1　操作型数据源

示例的操作型系统是一个销售订单系统，初始时只有产品、客户、销售订单三个表，实体关系图如图 4-1 所示。

这个场景中的表及其属性都很简单。产品表和客户表属于基本信息表，分别存储产品和客户的信息。产品只有产品编号、产品名称、产品分类三个属性；产品编号是主键，唯一标识一个产品。客户有六个属性，除客户编号和客户名称外，还包含省、市、街道、邮编四个客户所在地区属性；客户编号是主键，唯一标识一个客户。在实际应用中，基本信息表通常由单独的后台系统维护。销售订单表有六个属性，订单号是主键，唯一标识一条销售订单记录；产品编号和客户编号是两个外键，分别引用产品表和客户表的主键；另外三个属性是订单时间、订单登记时间和订单金额。订单时间指的是客户下订单的时间，订单金额指的是该笔订单需要花费的金额，订单登记时间表示订单录入的时间，大多数情况下等同于订单时间。如果由于某种情况需要重新录入订单，就要同时记录原始订单时间和重新录入时间。出现某种问题时，订单登记时间会滞后于下订单的时间，这两个属性值就会不同（9.5 节"迟到的事实"部分会讨论这种情况）。

源系统采用关系模型设计，为了减少表的数量，这个系统只做到了第二范式（2NF）。地区信息依赖于邮编，所以这个模型中存在传递依赖。

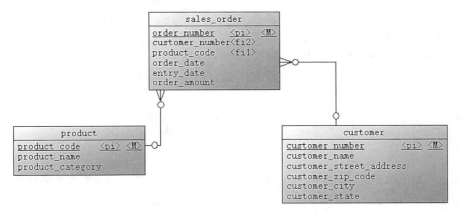

图 4-1　销售订单源系统

4.1.2　销售订单数据仓库模型设计

我们使用四步建模法设计星型数据仓库模型。

（1）选择业务流程。本示例中只涉及一个销售订单的业务流程。

（2）声明粒度。ETL 处理时间周期为每天一次，事实表中存储最细粒度的订单事务记录。

（3）确认维度。产品和客户是销售订单的维度。日期维度用于业务集成，并为数据仓库提供重要的历史视角，在每个数据仓库中都应该有一个。订单维度是特意设计的，用于在后面说明退化维度技术（在 8.5 节"退化维度"中会详细介绍）。

（4）确认事实。销售订单是当前场景中唯一的事实。

示例数据仓库的实体关系图如图 4-2 所示。

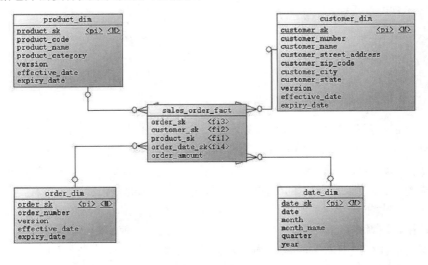

图 4-2　销售订单数据仓库

作为演示示例，上面实体关系图中的实体属性都很简单，看属性名字便可知其含义。除了日期维度外，其他三个维度都在源数据的基础上增加了代理键、版本号、生效日期、过期日期四个属性，用来描述维度变化的历史。当维度属性发生变化时，依据不同的策略，或生成一条新的维度记录，或直接修改原记录。日期维度有其特殊性，该维度数据一旦生成就不会改变，所以不需要版本号、生效日期和过期日期。代理键是维度表的主键。事实表引用维度表的代理键作为自己的外键，四个外键构成了事实表的联合主键。订单金额是当前事实表中的唯一度量。

4.2 Hive 相关配置

在 1.1.1 小节"数据仓库架构中的 ETL"曾经提到 Hive 可以用于原始数据和转换后的数据仓库数据存储。使用 Hive 作为多维数据仓库的主要挑战是处理渐变维（SCD）和生成代理键。处理渐变维需要配置 Hive 支持行级更新，并在建表时选择适当的文件格式。生成代理键在关系型数据库中一般都是用自增列（如 MySQL 的 auto_increment）或序列对象（如 Oracle 的 sequence），但 Hive 中没有这样的机制，必须用其他方法实现。在第 6 章"数据转换与装载"中将说明渐变维的概念和 Hive 中生成代理键的方法。

4.2.1 选择文件格式

Hive 是 Hadoop 上的数据仓库组件，便于查询和管理分布式存储上的大数据集。Hive 提供了一种称为 HiveQL 的语言，允许用户进行类似于 SQL 的查询。和普遍使用的所有 SQL 方言一样，它不完全遵守任何一种 SQL 标准，并对标准 SQL 进行了扩展。HiveQL 和 MySQL 的方言最为接近，但两者也存在显著差异。HiveQL 只处理结构化数据，并且不区分大小写。Hive 默认使用内建的 Derby 数据库存储元数据，也可以配置 Hive 使用 MySQL、Oracle 等关系型数据库存储元数据，生产环境建议使用外部数据库存储 Hive 元数据。Hive 里的数据最终存储在 HDFS 的文件中，常用的数据文件格式有以下四种：

- TEXTFILE
- SEQUENCEFILE
- RCFILE
- ORCFILE

在深入讨论各种类型的文件格式前，先看一下什么是文件格式。文件格式是一种信息被存储或编码成计算机文件的方式。在 Hive 中，文件格式指的是记录以怎样的编码格式存储到文件中。当我们处理结构化数据时，每条记录都有自己的结构。记录在文件中如何编码就定义了文件格式，不同文件格式的主要区别在于它们的数据编码、压缩率、使用的空间和磁盘 I/O。

当用户向传统数据库中增加数据时，系统会检查写入的数据与表结构是否匹配，如果不匹配就拒绝插入数据，这就是所谓的写时模式。Hive 与此不同，它使用的是读时模式，就是直到读取时再进行数据校验。在向 Hive 装载数据时，它并不验证数据与表结构是否匹配，但这时它会检查文件格式是否和表定义相匹配。

1. TEXTFILE

TEXTFILE 就是普通的文本文件，是 Hadoop 里最常用的输入输出格式，也是 Hive 的默认文件格式。如果表定义为 TEXTFILE，则可以向该表中装载以逗号、TAB 或空格作为分隔符的数据，也可以导入 JSON 格式的数据。文本文件中除了可以包含普通的字符串、数字、日期等简单数据类型外，还可以包含复杂的集合数据类型。Hive 支持 STRUCT、MAP 和 ARRAY 三种集合数据类型，如表 4-1 所示。

表4-1　Hive的集合数据类型

数据类型	描述	语法示例
STRUCT	结构类型可以通过"点"符号访问元素内容。例如，某个列的数据类型是 STRUCT{first STRING,last STRING}，那么第一个元素可以通过"字段名.first"来引用	columnname struct(first string, last string)
MAP	MAP 是一组键/值对元组集合，使用数组表示法可以访问元素。例如，某个列的数据类型是 MAP，其中键/值对是'first'/'John'和'last'/'Doe'，就可以通过"字段名'last']"获取最后一个元素的值	columnname map(string, string)
ARRAY	数组是一组具有相同类型和名称的变量集合。这些变量被称为数组的元素，每个数组元素都有一个编号，编号从 0 开始。例如，数组值为['John','Doe']，那么第 2 个元素可以通过"字段名[1]"进行引用	columnname array(string)

Hive 中默认的记录和字段分隔符如表 4-2 所示。TEXTFILE 格式默认每一行被认为是一条记录。

表4-2　Hive中默认的记录和字段分隔符

分隔符	描述
\n	对文本文件来说，每行都是一条记录，因此换行符可以分隔记录
^A（Ctrl+A）	用于分隔字段，在 CREATE TABLE 语句中可以使用八进制编码的\001 表示
^B（Ctrl+B）	用于分隔 ARRARY 或 STRUCT 中的元素，或用于 MAP 中键/值对之间的分隔，在 CREATE TABLE 语句中可以使用八进制编码的\002 表示
^C（Ctrl+C）	用于 MAP 中键和值之间的分隔，在 CREATE TABLE 语句中可以使用八进制编码的\003 表示

2. SEQUENCEFILE

我们知道 Hadoop 处理少量大文件比大量小文件的性能要好。文件的数量决定了 MapReduce 中 Mapper/Task 的数量，小文件越多，Mapper/Task 任务越多。每个 Mapper/Task 处理的数据很少，但个数很多，导致占用资源多，严重影响性能。另外，每个 HDFS 文件的元数据信息（位置、大小、分块等信息）大约占 150 个字节，会分别存储在内存和磁盘中，大量小文件会使元数据占用更多资源。

如果文件小于 Hadoop 里定义的块尺寸（Hadoop 2.x 默认是 128MB），可以认为是小文件。元数据的增长将转化为 NameNode 的开销。如果有大量小文件，那么 NameNode 可能会成为性能瓶颈。为了解决这个问题，Hadoop 引入了 sequence 文件，将 sequence 作为存储小文件的容器。sequence 文件是由二进制键/值对组成的平面文件。Hive 将查询转换成 MapReduce 作业时，决定一个给定记录的哪些键/值对被使用。sequence 文件是可分割的二进制格式，主要用途是联合多个小文件。

3. RCFILE

RCFILE 指的是 Record Columnar File，是一种高压缩率的二进制文件格式，被用于在一个时间点操作多行的场景。RCFILE 是由二进制键/值对组成的平面文件，与 SEQUENCEFILE 非常相似。RCFILE 以记录的形式存储表中的列，即列存储方式。它先分割行做水平分区，然后分割列做垂直分区。RCFILE 把一行的元数据作为键，把行数据作为值。这种面向列的存储在执行数据分析时更高效。

4. ORCFILE

ORC 指的是 Optimized Record Columnar，就是说相对于其他文件格式，它以更优化的方式存储数据。ORC 能将原始数据的大小缩减 75%，从而提升数据处理的速度。OCR 比 Text、Sequence 和 RC 文件格式有更好的性能，而且 ORC 是目前 Hive 中唯一支持事务的文件格式。

应该依据数据需求选择适当的文件格式，例如：

- 如果数据有参数化的分隔符，就可以选择 TEXTFILE 格式。
- 如果数据所在文件比块尺寸小，就可以选择 SEQUENCEFILE 格式。
- 如果想执行数据分析，并高效地存储数据，就可以选择 RCFILE 格式。
- 如果希望减小数据所需的存储空间并提升性能，就可以选择 ORCFILE 格式。

多维数据仓库需要处理渐变维（SCD），必然要用到行级更新，而当前的 Hive 只有 ORCFILE 文件格式可以支持此功能。因此，在我们的销售订单示例中，除日期维度表外，其他表都使用 ORCFILE 格式。日期维度表数据一旦生成就不会修改，所以使用 TEXTFILE 格式。原始数据存储里的表数据是从源数据库直接导入的，只有追加和覆盖两种导入方式，不存在数据更新问题，因此使用默认的 TEXTFILE 格式。

4.2.2 选择表类型

1. 管理表

管理表有时也被称为内部表，因为 Hive 会控制这些表中数据的生命周期。默认情况下，Hive 会将这些表的数据存储在由 hive-site.xml 文件中属性 hive.metastore.warehouse.dir 所定义目录的子目录下。当我们删除一个管理表时，Hive 也会删除这个表中的数据。

管理表的主要问题是只能用 Hive 访问，不方便和其他系统共享数据。假如有一份由 Pig 或其他工具创建并且主要由这一工具使用的数据，同时希望使用 Hive 在这份数据上执行一些查询，可是并没有给予 Hive 对数据的所有权，就不能使用管理表了。我们可以创建一个外部表指向这份数据，而并不需要对其具有所有权。

2. 外部表

下面来看一个 Hive 文档中外部表的例子。

```
create external table page_view(
viewtime int,
userid bigint,
    page_url string, referrer_url string,
    ip string comment 'ip address of the user',
    country string comment 'country of origination')
 comment 'this is the staging page view table'
 row format delimited fields terminated by '\054'
 stored as textfile
 location '<hdfs_location>';
```

上面的语句建立一个名为page_view 的外部表。EXTERNAL 关键字告诉 Hive 这是一个外部表，后面的 LOCATION 子句指示数据位于 HDFS 的哪个路径下，而不使用 hive.metastore.warehouse.dir 定义的默认位置。外部表方便对已有数据的集成。

因为表是外部的，所以 Hive 并不认为其完全拥有这个表的数据。在对外部表执行删除操作时，只是删除描述表的元数据信息，并不会删除表数据。

需要清楚的一点是，管理表和外部表之间的差异要比看起来的小得多。即使对于管理表，用户也可以指定数据是存储在哪个路径下的，因此用户也可以使用其他工具（如 hdfs 的 dfs 命令等）来修改甚至删除管理表所在路径下的数据。从严格意义上说，Hive 只是管理着这些目录和文件，并不具有对它们的完全控制权。Hive 实际上对于所存储的文件的完整性以及数据内容是否和表结构一致并没有支配能力，甚至管理表都没有给用户提供这些管理能力。

用户可以使用 DESCRIBE FORMATTED tablename 语句查看到表是管理表还是外部表。

```
-- 管理表
...
Table Type:            MANAGED_TABLE
...
-- 外部表
...
Table Type:            EXTERNAL_TABLE
...
```

3. 分区表

和其他数据库类似，Hive 中也有分区表的概念。分区表的优势体现在可维护性和性能两方面，而且分区表还可以将数据以一种符合业务逻辑的方式进行组织，因此是数据仓库中经常使用的一种技术。管理表和外部表都可以创建相应的分区表，分别称之为管理分区表和外部分区表。

下面看一个管理分区表的例子：

```
create table page_view(
viewtime int,
userid bigint,
```

```
      page_url string, referrer_url string,
      ip string comment 'ip address of the user')
  comment 'this is the page view table'
  partitioned by (dt string, country string)
  row format delimited fields terminated by '\001'
  stored as sequencefile;
```

CREATE TABLE 语句的 PARTITIONED BY 子句用于创建分区表。上面的语句创建一个名为 page_view 的分区表。这是一个常见的页面浏览记录表，包含浏览时间、浏览用户 ID、浏览页面的 URL、上一个访问的 URL 和用户的 IP 地址五个字段。该表以日期和国家作为分区字段，存储为 SEQUENCEFILE 文件格式。文件中的数据分别使用默认的 Ctrl+A 和换行符作为列和行的分隔符。

DESCRIBE FORMATTED 命令会显示出分区键：

```
hive> DESCRIBE FORMATTED page_view;
# col_name              data_type              comment

viewtime               int
userid                 bigint
page_url               string
referrer_url                 string
ip                     string                 IP Address of the User

# Partition Information
# col_name              data_type              comment

dt                     string
country                      string
```

输出信息中把表字段和分区字段分开显示。这两个分区键当前的注释都是空，我们也可以像给普通字段增加注释一样给分区字段增加注释。

分区表改变了 Hive 对数据存储的组织方式。如果是一个非分区表，那么只会有一个 page_view 目录与之对应；而对于分区表，当向表中装载数据后，Hive 将会创建好可以反映分区结构的子目录。分区字段一旦创建好，表现得就和普通字段一样了。事实上，除非需要优化查询性能，否则用户不需要关心字段是否是分区字段。需要注意的是，通常分区字段的值包含在目录名称中，而不在目录下的文件中，另外还有分区字段的值不包含在目录名称中的情况。

对数据进行分区，最重要的原因就是为了更快地查询。如果用户的查询包含"where dt = '...' and country = '...'"这样的条件，那么查询优化器只要扫描一个分区目录就能获得所需数据。即使有很多日期和国家的目录，除了一个分区目录，其他的都可以忽略不计，这就是所谓的"分区消除"。对于非常大的数据集，利用分区消除特性可以显著提高查询性能。当我们在 WHERE 子句中增加谓词来按照分区值进行过滤时，这些谓词被称为分区过滤器。

如果用户需要做一个查询，查询中不带分区过滤器，甚至查询的是表中的全部数据，那么 Hive 不得不读取表目录下的每个子目录，这种宽范围的磁盘扫描是应该尽量避免的。如果表中的数据以及分区个数都非常大，那么执行这种包含所有分区的查询可能会触发一个巨大的 MapReduce 任务。此时，强烈建议的安全措施是将 Hive 设置为严格 mapred 模式（set hive.mapred.mode=strict），如果对分区表进行查询而 WHERE 子句没有加分区过滤，就将会禁止提交这个查询。

外部表同样可以使用分区，事实上这是管理大型生产数据集最常见的情况。这种结合给用户提供了一个可以和其他工具共享数据的方式，同时也可以优化查询性能。由于用户能够自己定义目录结构，因此用户对于目录结构的使用具有更多的灵活性。日志文件分析非常适合这种场景。

假设有一个用户下载手机 APP 的日志文件，其中记录了手机操作系统、下载时间、下载渠道、下载的 APP、下载用户和其他杂项信息，杂项信息使用一个 JSON 字符串表示。应用程序每天会生成一个新的日志文件，可以按照如下方式来定义对应的 Hive 表：

```
create external table logs(
platform          string,
    createtime        string,
    channel           string,
    product           string,
    userid            string,
    content           map<string,string>)
partitioned by (dt int)
row format delimited fields terminated by '\t'
location 'hdfs://cdh2/logs';
```

执行上面的语句将建立一个外部分区表。其中，dt 是分区字段，是日期的整数表示。将日志数据按天进行分区，划分的数据量大小合适，而且按天进行查询也能满足需求。每天定时执行以下 shell 脚本，把前一天生成的日志文件装载进 Hive。脚本执行后，就可以使用 Hive 查询分析前一天的日志数据了。脚本中使用 hive 命令行工具的-e 参数执行 HiveQL 语句。

```
#!/bin/bash
# 设置环境变量
source /home/work/.bash_profile
# 取得前一天的日期，格式为 yyyymmdd，作为分区的目录名
dt=$(date -d last-day +%Y%m%d)
# 建立 HDFS 目录
hadoop fs -mkdir -p /logs/$dt
# 将前一天的日志文件上传到 HDFS 的相应目录中
hadoop fs -put /data/statsvr/tmp/logs_$dt /logs/$dt
# 给 Hive 表增加一个新的分区，指向刚建的目录
hive --database logs -e "alter table logs add partition(dt=$dt) location
'hdfs://cdh2/logs/$dt'"
```

Hive 并不关心一个分区对应的分区目录是否存在，或者分区目录下是否有文件。如果分区目录不存在或分区目录下没有文件，则对于这个分区的查询将没有返回结果。当用户想在另外一个进程开始往分区中写数据之前创建好分区，这样处理是很方便的。数据一旦存在，对它的查询就会有返回结果。

这个功能所具有的另一个好处是，可以将新数据写入到一个明显区别于其他目录中的数据的专用目录中。不管用户是将旧数据转移到一个归档位置还是直接删除，新数据被篡改和误删除的风险被降低，因为新数据位于不同的目录下。和非分区外部表一样，Hive 并不控制数据，即使删除了表，表中数据也不会被删除。

销售订单示例中的 Hive 表均为普通非分区管理表，这出于两点考虑：一是示例目的是说明 Hive 可以满足建设传统多维数据仓库的技术要求，而不是展示它的全部特性；二是该示例更像是一个 POC 验证，我们尽量简化用例，不过多涉及性能优化、缓存、安全或其他复杂主题。

4.2.3　支持行级更新

HDFS 是一个不可更新的文件系统，其中只能创建、删除文件或目录，文件一旦创建，就只能从它的末尾追加数据，已存在数据不能修改。Hive 以 HDFS 为基础，Hive 表里的数据最终会物理存储在 HDFS 上，因此原生的 Hive 是不支持 insert ... values、update、delete 等 DML 语句或行级更新的。这种情况直到 Hive 0.14 才有所改变，该版本具有一定的事务处理能力，在此基础上支持行级数据更新。

为了在 HDFS 上支持事务，Hive 将表或分区的数据存储在基础文件中，而将新增的、修改的、删除的记录存储在一种称为 delta 的文件中。每个事务都将产生一系列 delta 文件。在读取数据时，Hive 合并基础文件和 delta 文件，把更新或删除操作应用到基础文件中。

Hive 已经支持完整 ACID 特性的事务语义，因此功能得到了扩展，增加了以下使用场景：

- 获取数据流。很多用户在 Hadoop 集群中使用了诸如 Apache Flume、Apache Storm 或者 Apache Kafka 进行流数据处理。这些工具每秒可能写数百行甚至更多的数据。在支持事务以前，Hive 只能通过增加分区的方式接收流数据。通常每隔 15 分钟到 1 小时新建一个分区，快速的数据载入会导致表中产生大量的分区。这种方案有两个明显的问题：一是当前述的流数据处理工具向已存在的分区中装载数据时，可能会对正在读取数据的用户产生脏读，也就是说，用户可能读取到他们在开始查询时间点后写入的数据；二是会在表目录中遗留大量的小数据文件，这将给 NameNode 造成很大压力。支持事务功能后，应用就可以向 Hive 表中持续插入数据行，以避免产生太多的文件，并且向用户提供数据的一致性读。

- 处理渐变维（SCD）。在一个典型的星型模式数据仓库中，维度表随时间的变化很缓慢。例如，一个零售商开了一家新商店，需要将新店数据加到商店表，或者一个已有商店的营业面积或其他需要跟踪的特性改变了。这些改变会导致插入或修改个别记录（依赖于选择的策略）。从 0.14 版开始，Hive 支持事务及行级更新，从而能够处理各种 SCD 类型。

- 数据修正。有时候我们需要修改已有的数据，比如，先前收集到的数据是错误的，或者第一次得到的可能只是部分数据（例如 90%的服务器报告），而完整的数据会在后面提供，或者业务规则可能要求某些事务因为后续事务而重新启动（例如，一个客户购买了商品后又购买了一张会员卡，因此获得了包括之前所购买商品在内的折扣价格），或者在合作关系结束后依据合同需要删除客户的数据等。这些数据处理都需要执行 insert、update 或 delete 操作。

Hive 0.14 后开始支持事务，但默认是不支持的，需要一些附加的配置。本示例环境 CDH 6.3.1 包含的 Hive 版本是 2.1.1，该版本可以支持事务及行级更新。

要让 Hive 支持行级更新，在建表时必须指定存储格式为 ORC，并且必须分桶，而且在表属性中必须指定 transaction=true。下面演示如何设置 Hive 表支持 insert、update、delete 操作。

首先在 Hive 配置文件中增加两个属性：一是 hive.txn.manager，值为 org.apache.hadoop.hive.ql. lockmgr.DbTxnManager；二是 hive.input.format，值为 org.apache.hadoop.hive.ql.io.HiveInputFormat。在 Cloudera Manager 中，选择 Hive 服务，在"配置"标签页搜索"hive-site.xml"，然后在"hive-site.xml 的 Hive 服务高级配置代码段（安全阀）"和"hive-site.xml 的 Hive 客户端高级配置代码段（安全阀）"中添加如图 4-3 所示的属性值。保存修改后，重启 Hive 服务。

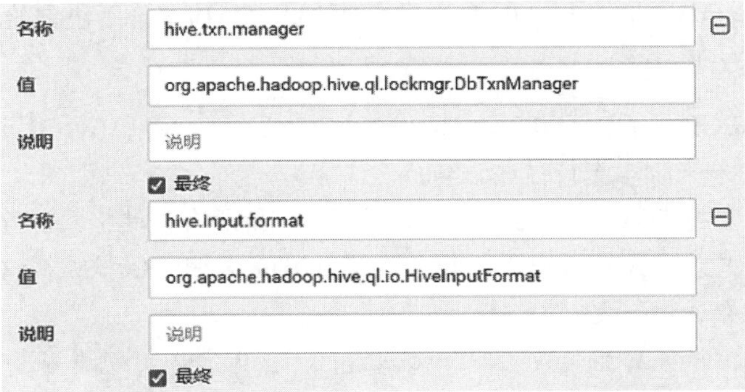

图 4-3　增加 hive.txn.manager 和 hive.input.format 属性

hive.txn.manager 的默认值为 org.apache.hadoop.hive.ql.lockmgr.DummyTxnManager，有 org.apache.hadoop.hive.ql.lockmgr.DummyTxnManager 和 org.apache.hadoop.hive.ql.lockmgr.DbTxnManager 两种取值。前者是 Hive 0.13 之前版本的锁管理器，不提供事务支持。后者是 Hive 0.13.0 版本为了支持事务新加的属性值。在 Hive 服务器和客户端进行 hive.input.format 设置是必要的，否则在执行某些查询（如 select count(*)）时会报 java.io.IOException: [Error 30022]: Must use HiveInputFormat to read ACID tables 错误。

最后测试 Hive 的行级更新。下面这些 SQL 语句都可以正常执行。

```
use test;

create table t_update(id int, name string)
clustered by (id) into 8 buckets
stored as orc tblproperties ('transactional'='true');

insert into t_update values (1,'aaa'), (2,'bbb');

update t_update set name='ccc' where id=1;

delete from t_update where id=2;

select * from t_update;
```

建表语句说明：

- 必须存储为 ORC 格式。
- 建表语句必须带有 into buckets 子句和 stored as orc tblproperties ('transactional'='true') 子句，并且不能带有 sorted by 子句。

- 关键字 clustered 声明划分桶的列和桶的个数，这里以 id 来划分桶，划分为 8 个桶。Hive 会计算 id 列的 hash 值，再以桶的个数取模来计算某条记录属于哪个桶。

4.2.4　Hive 事务支持的限制

现在的 Hive 虽然已经支持了事务，但是并不完善，存在很多限制。我们还不能像使用关系型数据库那样来操作 Hive，这是由 MapReduce 计算框架和 CAP 理论所决定的。Hive 事务处理的局限性体现在以下几个方面。

- 暂不支持 BEGIN、COMMIT 和 ROLLBACK 语句，所有 HiveQL 语句都是自动提交的。Hive 计划在未来版本支持这些语句。
- 现有版本只支持 ORC 文件格式，未来可能会支持所有存储格式。Hive 计划给表中的每行记录增加显式或隐式的 row id，用于行级 update 或 delete 操作。这项功能很值得期待，不过目前来看进展不大。
- 默认配置下，事务功能是关闭的，必须进行一些配置才能使用事务，易用性不理想。
- 使用事务的表必须分桶，而相同系统上不使用事务和 ACID 特性的表则没有此限制。
- 外部表的事务特性有可能失效。
- 不允许从一个非 ACID 的会话读写事务表。换句话说，会话中的锁管理器变量必须设置成 org.apache.hadoop.hive.ql.lockmgr.DbTxnManager 才能与事务表一起工作。
- 当前版本只支持快照级别的事务隔离。当一个查询开始执行后，Hive 提供给它一个查询开始时间点的数据一致性快照。传统事务的脏读、读提交、可重复读或串行化隔离级别都不支持。计划引入的 BEGIN 语句，目的就是在事务执行期间支持快照隔离级别，而不仅仅是面向单一语句。Hive 官方称会依赖用户需求增加其他隔离级别。
- ZooKeeper 和内存锁管理器与事务不兼容。

4.3　建立数据库表

现在我们已经清楚了 Hive 支持的文件格式和表类型，以及如何支持事务和装载数据等问题，下面将创建本章开头说明的销售订单数据仓库中的表。在这个场景中，源数据库表就是操作型系统的模拟，在 MySQL 中建立源数据库表。RDS 存储原始数据，作为源数据到数据仓库的过渡区，在 Hive 中创建 RDS 库表。TDS 即为转化后的多维数据仓库，在 Hive 中创建 TDS 库表。

4.3.1　源数据库表

执行下面的 SQL 语句在 MySQL 中建立源数据库表。

```
-- 建立源数据库
drop database if exists source;
create database source;
use source;
```

```sql
-- 建立客户表
create table customer (
    customer_number int not null auto_increment primary key comment '客户编号,
主键',
    customer_name varchar(50) comment '客户名称',
    customer_street_address varchar(50) comment '客户住址',
    customer_zip_code int comment '邮编',
    customer_city varchar(30) comment '所在城市',
customer_state varchar(2) comment '所在省份');

-- 建立产品表
create table product (
    product_code int not null auto_increment primary key comment '产品编码,
主键',
    product_name varchar(30) comment '产品名称',
product_category varchar(30) comment '产品类型');

-- 建立销售订单表
create table sales_order (
    order_number int not null auto_increment primary key comment '订单号, 主
键',
    customer_number int comment '客户编号',
    product_code int comment '产品编码',
    order_date datetime comment '订单日期',
    entry_date datetime comment '登记日期',
    order_amount decimal(10 , 2 ) comment '销售金额',
    foreign key (customer_number)
        references customer (customer_number)
        on delete cascade on update cascade,
    foreign key (product_code)
        references product (product_code)
        on delete cascade on update cascade
);
```

执行下面的 SQL 语句生成源库测试数据。

```sql
use source;

-- 生成客户表测试数据
insert into customer
(customer_name,customer_street_address,customer_zip_code,customer_city,cus
tomer_state)
values
('really large customers', '7500 louise dr.',17050, 'mechanicsburg','pa'),
('small stores', '2500 woodland st.',17055, 'pittsburgh','pa'),
('medium retailers','1111 ritter rd.',17055,'pittsburgh','pa'),
('good companies','9500 scott st.',17050,'mechanicsburg','pa'),
```

```
    ('wonderful shops','3333 rossmoyne rd.',17050,'mechanicsburg','pa'),
    ('loyal clients','7070 ritter rd.',17055,'pittsburgh','pa'),
    ('distinguished partners','9999 scott st.',17050,'mechanicsburg','pa');

    -- 生成产品表测试数据
    insert into product (product_name,product_category)
    values
    ('hard disk drive', 'storage'),
    ('floppy drive', 'storage'),
    ('lcd panel', 'monitor');

    -- 生成 100 条销售订单表测试数据
    drop procedure if exists generate_sales_order_data;
    delimiter //
    create procedure generate_sales_order_data()
    begin
        drop table if exists temp_sales_order_data;
        create table temp_sales_order_data as select * from sales_order where 1=0;

        set @start_date := unix_timestamp('2020-03-01');
        set @end_date := unix_timestamp('2020-09-01');
        set @i := 1;

        while @i<=100 do
         set @customer_number := floor(1 + rand() * 6);
         set @product_code := floor(1 + rand() * 2);
         set @order_date := from_unixtime(@start_date + rand() * (@end_date -
@start_date));
         set @amount := floor(1000 + rand() * 9000);

          insert into temp_sales_order_data
    values
    (@i,@customer_number,@product_code,@order_date,@order_date,@amount);
         set @i:=@i+1;

        end while;

        truncate table sales_order;
        insert into sales_order
         select
null,customer_number,product_code,order_date,entry_date,order_amount
    from temp_sales_order_data order by order_date;
        commit;

    end
    //
```

```
delimiter ;

call generate_sales_order_data();
```

说明：

- 客户表和产品表的测试数据取自 *Dimensional Data Warehousing with MySQL* 一书。
- 创建一个 MySQL 存储过程，生成 100 条销售订单测试数据。为了模拟实际订单的情况，订单表中的客户编号、产品编号、订单时间和订单金额都取一个范围内的随机值，订单时间与登记时间相同。订单表的主键是自增的，为了保持主键值和订单时间字段的值顺序保持一致，引入了一个名为 temp_sales_order_data 的表，存储中间临时数据。本书后面的相关示例都是使用此方案生成销售订单表（sales_order）测试数据。

4.3.2 RDS 库表

执行下面的 HiveQL 语句在 Hive 中建立 RDS 库表。

```
-- 建立 RDS 数据库
drop database if exists rds cascade;
create database rds;

use rds;
-- 建立客户过渡表
create table customer (
customer_number int comment '客户编号',
customer_name varchar(30) comment '客户名称',
customer_street_address varchar(30) comment '客户住址',
customer_zip_code int comment '邮编',
customer_city varchar(30) comment '所在城市',
customer_state varchar(2) comment '所在省份')
row format delimited fields terminated by ','
stored as textfile;

-- 建立产品过渡表
create table product (
product_code int comment '产品编码',
product_name varchar(30) comment '产品名称',
product_category varchar(30) comment '产品类型')
row format delimited fields terminated by ','
stored as textfile;

-- 建立销售订单过渡表
create table sales_order (
order_number int comment '订单号',
customer_number int comment '客户编号',
product_code int comment '产品编码',
order_date timestamp comment '订单日期',
```

```
entry_date timestamp comment '登记日期',
order_amount decimal(10 , 2 ) comment '销售金额')
row format delimited fields terminated by ','
stored as textfile;
```

说明：

- RDS 库中的表与 MySQL 里的源表完全对应，其字段与源表相同。
- 使用 CSV 文件格式。
- 为了使 Hive 能够正常显示中文注释，需要修改存储 Hive 元数据相关列的字符集。本例使用 MySQL 作为 Hive 元数据存储数据库，因此执行下面的 SQL 语句，修改三个 Hive 元数据表列的字符集，由原来的 latin1 改为 utf8 再建表。

```
alter table COLUMNS_V2 modify column COMMENT varchar(256) character set utf8;
alter table TABLE_PARAMS modify column PARAM_VALUE varchar(4000) character set
utf8;
alter table PARTITION_KEYS modify column PKEY_COMMENT varchar(4000) character
set utf8;
```

4.3.3 TDS 库表

执行下面的 HiveQL 语句在 Hive 中建立 TDS 库表。

```
-- 建立数据仓库数据库
drop database if exists dw cascade;
create database dw;

use dw;
-- 建立日期维度表
create table date_dim (
    date_sk int comment '日期代理键',
    dt date comment '日期，格式为 yyyy-mm-dd',
    month tinyint comment '月份',
    month_name varchar(9) comment '月名称',
    quarter tinyint comment '季度',
    year smallint comment '年份')
comment '日期维度表'
row format delimited fields terminated by ','
stored as textfile;

-- 建立客户维度表
create table customer_dim (
    customer_sk int comment '代理键',
    customer_number int comment '客户编号，业务主键',
    customer_name varchar(50) comment '客户名称',
    customer_street_address varchar(50) comment '客户住址',
    customer_zip_code int comment '邮编',
```

```
        customer_city varchar(30) comment '所在城市',
        customer_state varchar(2) comment '所在省份',
        version int comment '版本号',
        effective_date date comment '生效日期',
        expiry_date date comment '到期日期')
clustered by (customer_sk) into 8 buckets
stored as orc tblproperties ('transactional'='true');

-- 建立产品维度表
create table product_dim (
        product_sk int comment '代理键',
        product_code int comment '产品编码, 业务主键',
        product_name varchar(30) comment '产品名称',
        product_category varchar(30) comment '产品类型',
        version int comment '版本号',
        effective_date date comment '生效日期',
        expiry_date date comment '到期日期')
clustered by (product_sk) into 8 buckets
stored as orc tblproperties ('transactional'='true');

-- 建立订单维度表
create table order_dim (
        order_sk int comment '代理键',
        order_number int comment '订单号, 业务主键',
        version int comment '版本号',
        effective_date date comment '生效日期',
        expiry_date date comment '到期日期')
clustered by (order_sk) into 8 buckets
stored as orc tblproperties ('transactional'='true');

-- 建立销售订单事实表
create table sales_order_fact (
        order_sk int comment '订单维度代理键',
        customer_sk int comment '客户维度代理键',
        product_sk int comment '产品维度代理键',
        order_date_sk int comment '日期维度代理键',
        order_amount decimal(10 , 2 ) comment '销售金额')
clustered by (order_sk) into 8 buckets
stored as orc tblproperties ('transactional'='true');
```

说明：

- 按照图 4-2 所示的实体关系，建立多维数据仓库中的维度表和事实表。
- 除日期维度表外，其他表都使用 ORC 文件格式，并设置表属性支持事务。
- 日期维度表只会追加数据，从不更新，所以使用 CSV 文本文件格式。
- 维度表虽然使用了代理键，但是不能将它设置为主键，在数据库级也不能确保其唯一性。

Hive 中并没有主键、外键、唯一性约束、非空约束这些关系型数据库的概念。

4.4 装载日期维度数据

日期维度在数据仓库中是一个特殊角色。日期维度包含时间概念，而时间是最重要的，因为数据仓库的主要功能之一就是存储历史数据，所以每个数据仓库里的数据都具有时间特征。装载日期数据有三个常用方法：预装载、每日装载一天、从源数据装载日期。

在上述三种方法中，预装载最常见、也最容易实现，本示例就采用此方法生成一个时间段里的所有日期。我们预装载五年的日期维度数据，从 2018 年 1 月 1 日到 2022 年 12 月 31 日。使用这个方法，在数据仓库生命周期中，只需要预装载日期维度一次即可。预装载的缺点是：提早消耗磁盘空间（这点空间占用通常是可以忽略的），可能不需要所有的日期（稀疏使用）。

下面新建一个如图 4-4 所示的 Kettle 转换，用于生成日期维度表数据。该转换包括以下四个步骤。

图 4-4　生成日期维度表数据的转换

第一个步骤是"生成日期记录"。编辑该步骤的属性如下：

- 限制：1826。该属性决定生成的记录数。我们要生成从 2018 年 1 月 1 日到 2022 年 12 月 31 日五年的日期，共 1826 天，所以这里输入 1826。
- 字段：如表 4-3 所示。

表4-3　生成记录字段

名称	类型	格式	值
language_code	String		en
country_code	String		ca
initial_date	Date	yyyy-MM-dd	2018-01-01

language_code 定义语言编码，country_code 定义国家编码，这两个字段在"JavaScript 代码"步骤中要用到。initial_date 字段定义初始日期值。该步骤的输出是 1826 个同样的行：

```
en    ca    2018-01-01
```

第二个步骤是"增加序列"。编辑该步骤的属性如下：

- 值的名称：输入"DaySequence"。
- 使用计数器计算 sequence：勾选。

该步骤为前一步骤输出的每行生成序号列，输出如下的 1826 行 4 列，第 4 列的列名是"DaySequence"。

```
en      ca      2018-01-01      1
en      ca      2018-01-01      2
...
en      ca      2018-01-01      1825
en      ca      2018-01-01      1826
```

第三个步骤是"JavaScript 代码"。编辑该步骤的属性如下：

- Java Script 代码：

```
//Create a Locale according to the specified language code
var locale = new java.util.Locale(
    language_code.getString(),
    country_code.getString()
);

//Create a calendar, use the specified initial date
var calendar = new java.util.GregorianCalendar(locale);
calendar.setTime(initial_date.getDate());

//set the calendar to the current date by adding DaySequence days
calendar.add(calendar.DAY_OF_MONTH,DaySequence.getInteger() - 1);

var simpleDateFormat = java.text.SimpleDateFormat("D",locale);

//get the calendar date
var dt = new java.util.Date(calendar.getTimeInMillis());
simpleDateFormat.applyPattern("MM");
var month_number = simpleDateFormat.format(dt);
simpleDateFormat.applyPattern("MMMM");
var month_name = simpleDateFormat.format(dt);
simpleDateFormat.applyPattern("yyyy");
var year4 = "" + simpleDateFormat.format(dt);
var quarter_number;
switch(parseInt(month_number)){
    case 1: case 2: case 3: quarter_number = "1"; break;
    case 4: case 5: case 6: quarter_number = "2"; break;
    case 7: case 8: case 9: quarter_number = "3"; break;
    case 10: case 11: case 12: quarter_number = "4"; break;
}
var date_key = DaySequence;
```

- 兼容模式：勾选。
- 字段：如表 4-4 所示。

表4-4 JavaScript步骤输出的字段

字段名称	类型
date_key	Integer
dt	Date
month_number	Integer
month_name	String
quarter_number	Integer
year4	Integer

JavaScript 代码输出日期代理键、日期、月份、月份名称、季度、年份六个字段。代理键取的就是前一步骤输出的 DaySequence 字段的值。日期以 initial_date 的值加上（DaySequence-1）天生成。用 simpleDateFormat 生成月份、月份名称、季度、年份的值。

第四个步骤是"Hadoop file output"。编辑该步骤的属性如下。

① "文件"标签页

● Hadoop Cluster：选择"CDH631"。
● Folder/File：输入"/user/hive/warehouse/dw.db/date_dim/date_dim.csv"。该路径是 date_dim 表所对应的 HDFS 路径。
● 其他属性：都为空。

② "内容"标签页

● 分隔符：输入"，"，这是我们在创建 date_dim 表时选择的文本文件列分隔符。
● 封闭符：空。
● 头部：去掉。
● 格式：选择"LF terminated(Unix)"。
● 编码：选择"UTF-8"。

③ "字段"标签页

相关内容如表 4-5 所示。

表4-5 date_dim.csv文件对应的字段

名 称	类 型	格 式	精 度
date_key	Integer		0
dt	Date	yyyy-MM-dd	
month_number	Integer		0
month_name	String		
quarter_number	Integer		0
year4	Integer		0

该步骤将前面步骤的输出传输到 HDFS 的 date_dim.csv 文件中。这里不要使用"表输出"步骤

向 Hive 表插入数据。虽然我们配置了 Hive 支持行级插入，但逐行向 Hive 表 insert 数据的速度慢到令人无法忍受。保存并执行转换，HDFS 上生成的文件如下：

```
[root@node3~]#hdfs dfs -ls /user/hive/warehouse/dw.db/date_dim/
Found 1 items
-rw-r--r--   3 root hive       58057 2020-09-04 17:24
/user/hive/warehouse/dw.db/date_dim/date_dim.csv
[root@node3~]#
```

查询 date_dim 表结果：

```
hive> select count(*) from dw.date_dim;
...

OK
1826

hive> select * from dw.date_dim order by dt;
...
OK
1       2018-01-01    1     January     1    2018
2       2018-01-02    1     January     1    2018
3       2018-01-03    1     January     1    2018
4       2018-01-04    1     January     1    2018
5       2018-01-05    1     January     1    2018
...
1822    2022-12-27    12    December    4    2022
1823    2022-12-28    12    December    4    2022
1824    2022-12-29    12    December    4    2022
1825    2022-12-30    12    December    4    2022
1826    2022-12-31    12    December    4    2022
```

该转换可以重复执行多次，每次执行结果都是相同的，即实现了所谓的"幂等操作"。至此，我们的示例数据仓库模型搭建完成，后面将在其上实现 ETL。

4.5　小　结

本章我们使用一个简单而典型的销售订单示例建立数据仓库模型。操作型源系统库表在 MySQL 中建立，过渡区数据存储 RDS 与数据仓库 TDS 库表使用 Hive。

Hive 常用的四种文件格式为 TEXTFILE、SEQUENCEFILE、RCFILE、ORCFILE。其中只有 ORCFILE 支持事务和行级更新，因此是多维数据仓库 Hive 存储类型的唯一选择。Hive 中的表分为管理表和外部表，两者都可以进行分区。为简单起见，本章均采用非分区管理表类型。配置 Hive 支持事务需要在 hive-site.xml 文件中设置属性 hive.txn.manager 的值为 org.apache.hadoop.hive.ql.lockmgr.DbTxnManager。日期维度表的数据生成后就不再更新，因此使用普通文本存储格式。最后用一个 Kettle 转换预装载日期维度表数据。

第 5 章

数据抽取

本章将介绍如何利用 Kettle 提供的转换步骤和作业项实现 Hadoop 数据仓库的数据抽取，即 ETL 过程中的 Extract 部分。首先简述 Kettle 中几种抽取数据的组件，然后讲述变化数据捕获 CDC，以及 Kettle 如何支持不同的 CDC 技术。Hadoop 生态圈中的 Sqoop 工具可以直接在关系数据库和 HDFS 或 Hive 之间互导数据，而 Kettle 支持 Sqoop 输入、输出作业项。最后我们使用 Kettle 里的 Sqoop 作业项以及基于时间戳的 CDC 转换，实现销售订单示例的数据抽取过程，将 MySQL 中的源数据抽取到 Hive 的 RDS 数据库中。

数据抽取是一项艰难的工作，因为数据源是多样和复杂的。在传统数据仓库环境下，数据通常来源于事务类应用系统，大部分这类系统都是把数据存储在 MySQL、Oracle 或 SQLServer 等关系型数据库中。一般要从业务角度进行抽取，这也是一个挑战，从技术上来看最好能使用 JDBC 直连数据库。如果数据库不是关系型或者没有可用的驱动，一般就需要使用具有固定分隔符的文本文件来获取数据。还有一种情况是数据属于外部系统，不能直连，使用文本文件交换数据是唯一选择。此外，Kettle 还提供了几种方法来访问互联网数据，如通过 RSS 或者 Salesforce.com 网站直连、调用 Web Service 等。

5.1　Kettle 数据抽取概览

Kettle 大部分数据抽取类的步骤都放在 "输入" 类别下。输入类的步骤就是从外部数据源抽取数据，把数据输入到 Kettle 的数据流中。Kettle 8.3 的输入类下有 37 个步骤，其中最常用的是 "文本文件输入" 和 "表输入"。一般来说，准备要读取数据（尤其是文件类数据）的功能往往是在作业里完成的，实际读取数据才在转换这一层。各个步骤和作业项的功能选项大都能直接从选项名称了解其含义。详细说明可查看 Kettle 在线帮助文档。在菜单条上选择 "帮助" → "显示欢迎屏幕" → "Documentation"，可以打开在线帮助文档。

5.1.1　文件抽取

Kettle 在转换里提供了文件基本的读写操作步骤，对于文件的其他操作（移动、复制、创建、删除、比较、压缩、解压缩等）都在"文件管理"类作业项中。使用"文本文件输出"步骤前，不必先创建一个文件。如果文件不存在，该步骤就会自动创建一个。下面介绍两种常用的处理场景，即从文本文件或 XML 文件抽取数据。

1. 处理文本文件

文本文件可能是使用 ETL 工具处理最简单的一种数据源，读写文本文件没有太多技巧。文本文件易于交换，压缩比高，任何文本编辑器都可以用于打开文本文件。总体来说有以下两类文本文件：

- 固定分隔符文件：在这种文件里，每列都由特定字符分隔。通常这类文件也称为 CSV（逗号分隔值）文件或 TSV（制表符分隔值）文件。
- 固定宽度文件：每列都有指定的长度。尽管固定宽度文件的格式非常明确，但是也需要一些时间来定义。Kettle 在"固定宽度文件输入"的"获取字段"选项里提供了一些辅助工具，如果要在分隔符文件和固定宽度文件之间选择，最好还是选择分隔符文件。

对于这两种文件，都可以选择文件编码。UTF-8 是通常情况下的标准编码格式，其他编码格式（如 ANSI 或 UTF-8-BOM）其实也在广泛使用。为了正常读取文件内容，必须设置正确的文件编码。利用文件编辑软件能够查看文件编码，比如使用 Notepad++打开文件，选择"编码"菜单即可查看或修改当前文件编码。

CSV 文件是一种具有固定列分隔符的文本文件，在处理这种文件之前要确定分隔符和字段。"CSV 文件输入"是基本的文本文件输入步骤，它和与之相似的"固定宽度文件输入"步骤都不太适合一次处理多个文件，这两个步骤其实都是"文本文件输入"步骤的简化版。"文本文件输入"步骤是一个功能强大的步骤，也是处理文本文件的首选步骤，主要功能如下：

- 从前一个步骤读取文件名。
- 一次运行读取多个文件。
- 从.zip 或.gzip 压缩文件中读取文件。
- 不用指定文件结构就可以显示文件内容。注意，需要指定文件格式（DOS、UNIX 或 Mixed），因为 Kettle 需要知道文件的换行符。DOS 中用\r\n 代表换行，UNIX 中用\n 代表换行。
- 指定转义字符，用来读取字段数据里包含分隔符的字段。通常的转义字符是反斜线（\）。
- 错误处理。
- 过滤。
- 指定本地化的日期格式。

使用"文本文件输入"是有代价的，它比"CSV 文件输入"步骤和"固定宽度文件输入"步骤需要占用更多内存和 CPU 处理能力。

下面看一个 Kettle 处理的常见场景。假设有一组 zip 压缩文件，每个 zip 文件中包含若干文本文件，所有文本文件都具有相同格式。需求是将文本文件中的记录抽取到数据库表中，并且标明每条记录所属的文本文件和 zip 文件。在 1.3.8 小节介绍 Kettle 虚拟文件系统时，我们知道了 Kettle 使用 Apache 的通用 VFS 作为文件处理接口，能够直接读取 zip 压缩包中的多个文件，本例将使用这一特性。

这里用的例子文件是 a.zip 和 b.zip，a.zip 中包含 1.txt 和 2.txt 两个文件，b.zip 中包含 3.txt 和 4.txt 两个文件。文本文件具有三个字段，以逗号作为列分隔符。四个文本文件的内容如下，反斜杠是转义字符：

```
# 1.txt
11,1a\,aa,2020-01-01 01:01:01
12,1b\,bb,2020-01-01 02:02:02
13,1c\,cc,2020-01-01 03:03:03


# 2.txt
21,2a\,aa,2020-02-02 01:01:01
22,2b\,bb,2020-02-02 02:02:02
23,2c\,cc,2020-02-02 03:03:03


# 3.txt
31,3a\,aa,2020-03-03 01:01:01
32,3b\,bb,2020-03-03 02:02:02
33,3c\,cc,2020-03-03 03:03:03


# 4.txt
41,4a\,aa,2020-04-04 01:01:01
42,4b\,bb,2020-04-04 02:02:02
43,4c\,cc,2020-04-04 03:03:03
```

创建的目标表如下，c1、c2、c3 三个字段分别对应文本文件中的三列，c4 字段存储记录所属的文件名：

```
create table t_txt (
  c1 int(11) default null,
  c2 varchar(20) default null,
  c3 datetime default null,
  c4 varchar(100) default null);
```

创建的 Kettle 转换如图 5-1 所示，包含"自定义常量数据""获取文件名""文本文件输入""表输出"四个步骤。

图 5-1　从文本文件抽取数据

"自定义常量数据"步骤用于定义 zip 和 txt 的文件名。当然也可以直接在"获取文件名"步骤的"文件或目录"属性中写好所要读取的文件名。这里使用"自定义常量数据"步骤的目的是使输入的文件名参数化。当需要从不同的文件抽取时，只需修改这个步骤，后面的步骤不用变更。

在"自定义常量数据"步骤里的"元数据"标签页中，创建两个字符串类型的字段 zip 和 txt，然后在"数据"标签页中给这两个字段赋值，如图 5-2 所示。注意这两个字段值的写法。zip 字段以 zip 协议开头，后面是 zip 文件的绝对路径，以 '!/' 结尾。txt 字段值为正则表达式，表示 zip 包中所有 '.txt' 后缀的文件。

图 5-2　在"自定义常量数据"步骤中设置文件名

"获取文件名"步骤的设置如图 5-3 所示。选中"文件名定义在字段里"选项，"从字段获取文件名"选择"zip"，"从字段获取通配符"选择"txt"。这两个字段的值从前一步骤传递过来。

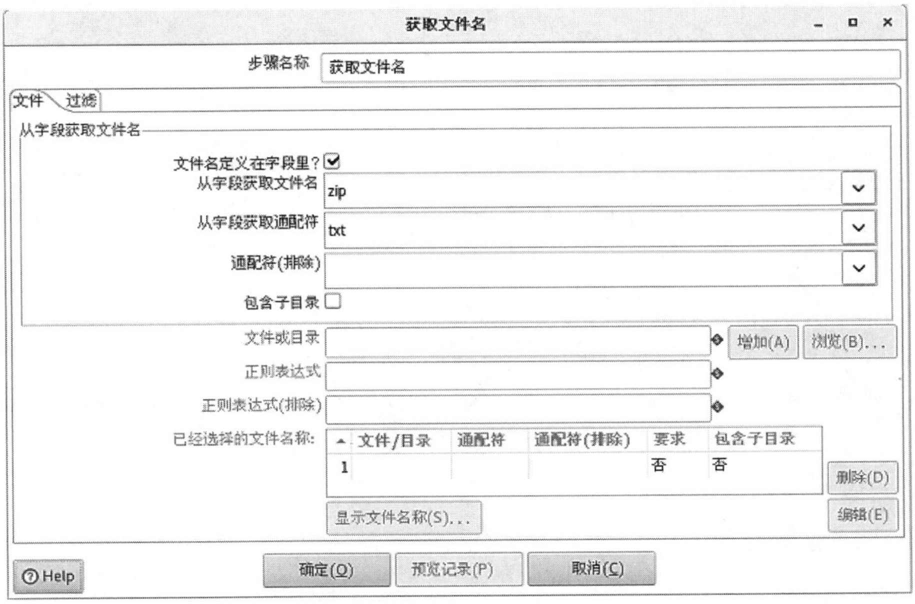

图 5-3　"获取文件名"步骤

下一步骤是"文本文件输入"步骤。首先要确定文件的结构，打开"文本文件输入"步骤设置对话框，在"文件"标签页中单击"浏览"按钮，找到其中一个 zip 文件，然后单击"增加"按钮，把这个文件添加到"选中的文件"列表中，如"zip:/root/kettle_hadoop/5/a.zip!/"。单击"文件"标签页中的"显示文件内容"按钮打开这个文件，可以看到这个文件的列分隔符、是否带有表头和封闭符等信息。我们可以使用这些信息来设置"内容"标签页里的选项，具体如图 5-4 所示。

定义完文件格式后，再选择"字段"标签页并单击"获取字段"按钮。Kettle 会尽量判断出每个字段的数据类型，如图 5-5 所示。

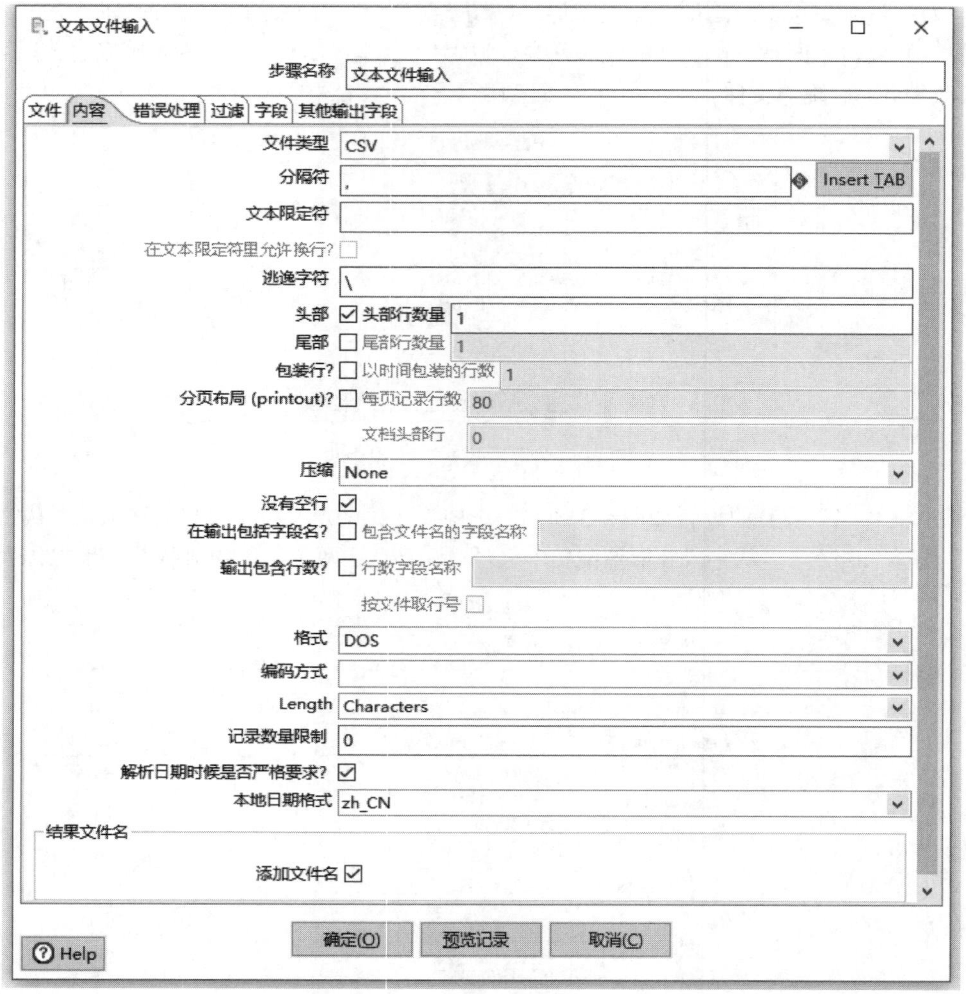

图 5-4　在"内容"标签页中定义文本文件格式

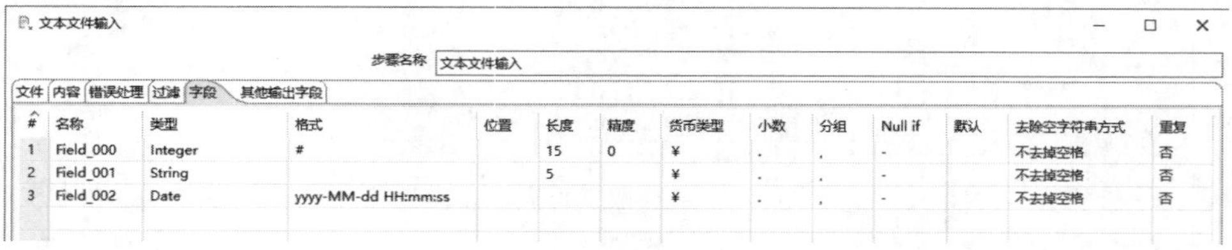

图 5-5　自动获取文本文件字段

为了验证设置的正确性，单击"预览记录"按钮，如果出现预览的数据，就说明设置正确。下一步需要把"获取文件名"步骤和"文本文件输入"步骤连接起来。回到"文本文件输入"步骤的"文件"标签页，选中"从以前的步骤接受文件名"和"从以前的步骤接受字段名"，并选中"获取文件名"步骤作为文件名的来源，选中 filename 字段作为文件名的字段，该字段由"获取文件名"

步骤所生成。注意，不能再使用"预览记录"选项，只能在该步骤上选择转换里的预览。

在"文本文件输入"步骤里也有路径和文件名正则表达式选项，但最好把选择文件的过程单独放在"获取文件名"步骤里。因为"获取文件名"步骤可以从前面的步骤获得路径名和文件名的正则表达式，这样比较灵活，而且"文本文件输入"步骤本身不能获取到文件名。

最后一个步骤是"表输出"，将文件内容装载到数据库表中。在该步骤中勾选"指定数据库字段"选项，然后在"数据库字段"标签页中单击"获取字段"按钮，在"插入的字段"列表中将会出现前面步骤数据流中的所有字段。只需要保留表字段及其对应的流字段，本例中为：

```
c1      Field_000
c2      Field_001
c3      Field_002
c4      filename
```

保存并执行该转换后，t_txt 表中的数据如下：

```
mysql> select * from t_txt;
+-------+-------+---------------------+------------------------------------
------------+
| c1    | c2    | c3                  | c4                                  |
+-------+-------+---------------------+------------------------------------
------------+
|    11 | 1a,aa | 2020-01-01 01:01:01 |
zip:file:///root/kettle_hadoop/5/a.zip!/1.txt |
|    12 | 1b,bb | 2020-01-01 02:02:02 |
zip:file:///root/kettle_hadoop/5/a.zip!/1.txt |
|    13 | 1c,cc | 2020-01-01 03:03:03 |
zip:file:///root/kettle_hadoop/5/a.zip!/1.txt |
|    21 | 2a,aa | 2020-02-02 01:01:01 |
zip:file:///root/kettle_hadoop/5/a.zip!/2.txt |
|    22 | 2b,bb | 2020-02-02 02:02:02 |
zip:file:///root/kettle_hadoop/5/a.zip!/2.txt |
|    23 | 2c,cc | 2020-02-02 03:03:03 |
zip:file:///root/kettle_hadoop/5/a.zip!/2.txt |
|    31 | 3a,aa | 2020-03-03 01:01:01 |
zip:file:///root/kettle_hadoop/5/b.zip!/3.txt |
|    32 | 3b,bb | 2020-03-03 02:02:02 |
zip:file:///root/kettle_hadoop/5/b.zip!/3.txt |
|    33 | 3c,cc | 2020-03-03 03:03:03 |
zip:file:///root/kettle_hadoop/5/b.zip!/3.txt |
|    41 | 4a,aa | 2020-04-04 01:01:01 |
zip:file:///root/kettle_hadoop/5/b.zip!/4.txt |
|    42 | 4b,bb | 2020-04-04 02:02:02 |
zip:file:///root/kettle_hadoop/5/b.zip!/4.txt |
|    43 | 4c,cc | 2020-04-04 03:03:03 |
zip:file:///root/kettle_hadoop/5/b.zip!/4.txt |
+------+-------+---------------------+------------------------------------
```

```
-----------+
12 rows in set (0.00 sec)
```

2. 处理 XML 文件

XML（eXtensible Markup Language，扩展标识语言）是一种在平面文件中定义数据结构和内容的开放标准。XML 格式非常流行，很多系统都使用这种格式交换数据。XML 实际是一种遵照规范的半结构化文本文件，可以使用文本编辑器打开。Kettle 里有四种验证 XML 数据是否有效的方法。

- 验证 XML 文件是否有效：只验证 XML 是否有完整的开始和结束标签，以及各层嵌套的结构是否完整。
- DTD 验证：检查 XML 文件的结构是否符合 DTD（Data Type Definition）文件的要求。DTD 可以是一个独立的文件，也可以包含在 XML 文件中。
- XSD 验证（作业）：检查 XML 文件的结构是否符合 XML Schema 定义文件的要求。
- XSD 验证（转换）：和上面相同，但 XML 是在数据流的字段里（如数据库的列里包含 XML 格式数据）。

可以使用"Get data from XML"步骤读取 XML 文件。读取 XML 文件的主要障碍就是分析嵌套的文件结构。从这个步骤输出的数据流是平面化的、没有嵌套的数据结构，可以存储在关系型数据库中。与之相反，"Add XML"步骤用来把平面数据构造成嵌套形式的 XML 格式数据。

如果想把 XML 转成其他格式，如另一种格式的 XML 文件、平面文件或 HTML 文件，就要使用"XSL transformation"步骤。XSL（eXtensible Stylesheet Language，扩展样式语言）是一种用来转换 XML 文档的 XML 语言。转换里的"XSD validator"步骤验证数据流中 XML 格式的数据，作业里的"XSD validator"作业项用于验证一个完整的 XML 文件。

XML 是一种非常灵活的格式，可以用来表达很多种数据结构。下面看一个简单的示例。首先准备一个 XML 文档，然后创建一个转换，从该文档抽取数据，并把数据保存在一个 MySQL 表中。最后创建一个功能相反的转换，从 MySQL 表中抽取数据并保存成 XML 文件。

示例 XML 文档 sample.xml 的内容如下：

```xml
<rows>
  <info>
    <infodata user="user1">
      <data>data1</data>
    </infodata>
    <infodata user="user2">
      <data>data2</data>
    </infodata>
  </info>

  <row>
    <parameter>
      <user>user1</user>
      <password>pass1</password>
```

```
    </parameter>
    <parameter>
      <user>user2</user>
      <password>pass2</password>
    </parameter>
    <parameter>
      <user>user3</user>
      <password>pass3</password>
    </parameter>
  </row>
</rows>
```

<rows>节点下包括了一个<info>节点和一个<row>节点。这两个节点分别包含一组<infodata>节点和一组<parameter>节点。<infodata>节点具有属性 user。<parameter>节点下的<user>节点包括了某个<infodata>节点的 user 属性值。

对应 MySQL 表的 t_xml 结构如下：

```
mysql> desc t_xml;
+-----------+-------------+------+-----+---------+-------+
| Field     | Type        | Null | Key | Default | Extra |
+-----------+-------------+------+-----+---------+-------+
| rn        | int(11)     | YES  |     | NULL    |       |
| username  | varchar(20) | YES  |     | NULL    |       |
| pass      | varchar(20) | YES  |     | NULL    |       |
| info      | varchar(20) | YES  |     | NULL    |       |
| xmlfile   | varchar(50) | YES  |     | NULL    |       |
+-----------+-------------+------+-----+---------+-------+
5 rows in set (0.01 sec)
```

rn 存储记录行号，username 和 pass 字段分别存储 XML 文档中<user>和<password>节点的值，info 字段保存<data>节点的值，xmlfile 保存 XML 文件名。

图 5-6 所示的转换从 sample.xml 文件抽取数据并装载到数据库表中。

图 5-6　抽取 XML 文件数据

这个转换只有"Get data from XML"和"表输出"两个步骤。"Get data from XML"步骤从静态 XML 文件读取数据，并输出 XML 节点值，本质上是将一个层次结构平面化展开的过程。

在该步骤的"文件"标签页中选择要读取的 XML 文件。单击"浏览"按钮，选择本地的 sample.xml 文件，然后单击"增加"按钮，/root/kettle_hadoop/5/sample.xml 将出现在"选中的文件和目录"列表中。"内容"标签页定义 XML 文件格式，如图 5-7 所示。

标签页里最重要的属性是"循环读取路径"，这里需要设置一个 XPath 表达式。XPath 表达式将从 XML 文档中过滤出一个节点集，就是 XML 节点的一个集合。集合里的每一个节点都将被解析为一行记录，并放到输出流中。本例中设置为/rows/row/parameter。如果已经在"文件"标签页中指定了一个 XML 文件，可以单击"获取 XML 文档的所有路径"按钮帮助设置 XPath 属性。这个按钮获取了 XML 文档里的全部路径，如图 5-8 所示。

图 5-7 定义 XML 文件格式

图 5-8 获取全部路径的选择列表

"内容"标签页里还包括以下属性。

● 编码：用来定义 XML 文档的编码。如果 XML 文档本身没有指定编码，就要用到这个选项。通常情况下，XML 文档的编码在文件头定义，例如：<?xml version="1.0" encoding="UTF-8"?>。

● 考虑命名空间：如果文档使用了命名空间，就需要选中该选项。

- 忽略注释：通常情况下，XML 注释也被看作是节点。如果要忽略注释节点，就要选中该选项。
- 验证 XML：如果想在抽取数据前使用 DTD 验证，就要选中该选项。
- 使用标记：该选项用于"字段"标签页的设置，在后面讨论。
- 忽略空文件：选中该选项后，如果指定的文件是空，就不会抛出异常。
- 如果没有文件不要报告错误：选中该选项后，如果指定的文件不存在，就不会抛出异常。
- 限制：限制生成的最大记录行数，默认值为 0，意味着对每一个抽取到的 XML 节点都生成一条记录。
- 用于截取数据的 XML 路径（大文件）：一般情况下，XML 文档被一次性读入内存，读取路径 XPath 表达式可以应用于整个文档。如果 XML 文档非常大，XPath 表达式匹配到的所有 XML 节点不能一次放入内存中，此时就需要指定另一个 XPath 表达式把 XML 文档分成多块，就是这里的 XML 截取路径。这个用于把 XML 文档分块的 XPath 路径不支持全部的 XPath 语法，只能使用斜线分隔的节点名这种语法格式，不支持命名空间和谓词表达式。另外，截取路径 XPath 必须是读取路径的上一级或同级目录。
- 输出中包括文件名/文件名字段：如果使用 XML 文件作为源，该选项可以在输出流中增加一个字段保存 XML 文件名。"文件名字段"选项设置新增字段的名称。
- 输出中包括行号/行数字段：该选项可以为每一个数据行生成一个序列号。"行数字段"选项设置行号字段的名称。
- 将文件增加到结果文件中：如果使用了 XML 文件，那么选中该选项会把文件添加到结果文件列表中。在父作业中可以再处理这个文件。

在"内容"标签页中，已经使用 XPath 表达式匹配了 XML 节点集。"字段"标签页用来从XML 节点抽取字段，如图 5-9 所示。

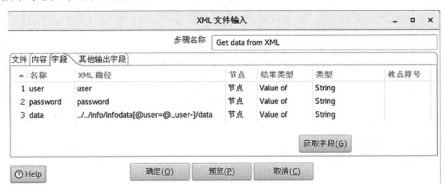

图 5-9　定义抽取的字段

列表中的前两行是单击"获取字段"自动得到的。"名称"列用来设置要抽取的字段名。"XML路径"列使用 XPath 表达式指定从哪里获得字段的值。XPath 表达式用来匹配 XML 数据行里的字段。下面详细说一下第三行 data 字段值如何获取。

"字段"标签页里的 XPath 表达式支持一种非标准化的、称为 token 的扩展形式。token 用来参数化 XPath 表达式，可以把字段值绑定到 XPath 表达式里。在本例中，data 字段的 XPath

是../../info/infodata[@user=@_user-]/data。其中,../表示返回上一层,当前路径是/rows/row/parameter,因此对应的绝对路经为/rows/info。infodata[@user=@_user-]这一段指的是 infodata 目录下满足条件的用户,也就是 token 的作用所在。@user 所引用的是 infodata 节点的 user 属性值,表达式@_user-就是 token,这个 token 包括一个@符号、一条下划线,然后是字段名 user,最后是一个短横线。可以看到 token 的功能和数据库中的表 join 相似,user1 的用户名、密码等属性没有和 data 数据在一个读取路径下,那么通过 token 就可以像表一样给它们连接起来,得到 user1 的数值 data1。

如果要使用 token,就需要选中"内容"标签页里的"使用标记"复选框。另外,使用 token 有以下几个限制:

- XML 文档中被引用的节点(<infodata>)必须出现在引用它的节点(<user>)之前。
- token 里使用的字段(本例的 user)必须出现在使用 token 的字段(本例的 data)之前。
- token 语法只对"字段"标签页中 XPath 表达式有效,不能用于"内容"标签页中的 XPath 表达式。

本例中的第二个步骤是"表输出"。连接到目标数据库表,勾选"指定数据库字段"选项,然后在"数据库字段"标签页定义表字段与流字段的关系如下:

```
username      user
pass          password
info          data
xmlfile       filename
rn            rn
```

保存并成功执行转换后,表 t_xml 数据如下:

```
mysql> select * from test.t_xml;
+--------+----------+-------+-------+---------------------------------+
| rn     | username | pass  | info  | xmlfile                         |
+--------+----------+-------+-------+---------------------------------+
|     1  | user1    | pass1 | data1 | /root/kettle_hadoop/5/sample.xml |
|     2  | user2    | pass2 | data2 | /root/kettle_hadoop/5/sample.xml |
|     3  | user3    | pass3 | NULL  | /root/kettle_hadoop/5/sample.xml |
+--------+----------+-------+-------+---------------------------------+
3 rows in set (0.00 sec)
```

图 5-10 所示的转换执行一个反向过程,读取数据库表数据,然后用数据生成 XML 节点。"表输入"步骤连接的数据库表就是上个转换所装载的 t_xml 表。

图 5-10　生成 XML 节点

"Add XML"步骤用于生成 XML 节点。对输入流里的每一行,该步骤会添加一个包含 XML 字符串的新字段,并把这一行发送到下一步骤中。配置对话框里有"内容"和"字段"两个标签页,可以设置生成的 XML 节点的名称、属性、内容等。本例中的内容标签页选项值如下:

- 编码：UTF-8。
- Output Value：xmlvaluename。
- 根 XML 元素：ROW。
- Omit XML header：勾选。
- Omit null values from XML result：去掉。

"内容"这个标签名字有一点令人迷惑，它实际用于设置生成的 XML 节点的属性，而不是它的内容。"编码"下拉列表用来指定一个编码，默认为 UTF-8。"Output Value"属性设置保存 XML 节点的字段名。"根 XML 元素"属性设置 XML 节点的名称。注意，节点名称目前是一个字符串常量，不能指定一个字段来动态设置节点名称。"Omit XML header"复选框用来只生成 XML 片段，以后合并到其他 XML 文档中。对于最外层的节点来说，一定要清除这个选项，以便生成带有 XML 定义的文档。"Omit null values from XML result"复选框可以用来控制对 NULL 的展现，是对文档内容的设置。

"字段"标签页用来控制如何使用输入流字段生成 XML 文档的内容或属性。可以通过单击"获取字段"按钮自动得到从前面的步骤输出的字段，本例中为表 t_xml 的 rn、username、pass、info 四个字段，如图 5-11 所示。

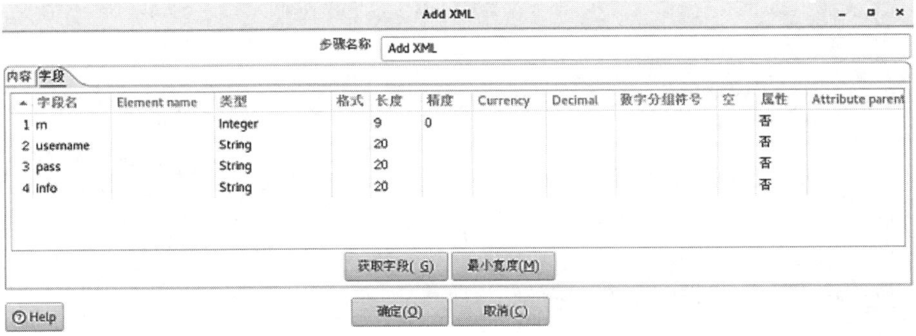

图 5-11 "Add XML"步骤的"字段"标签页

输入流字段可以通过四种方式来构成 XML 文档。

（1）生成"根 XML 元素"的子节点，把字段内容作为子节点的内容。表格中的"Element name"用来设置节点名。

（2）生成"根 XML 元素"的属性，把字段内容作为属性的内容。这种方式需要把表格里的"属性"列设置为 Y，并把"Attribute parent name"列留空。

（3）把字段内容作为"根 XML 元素"的文本内容。这种方式的配置和（1）中的配置非常类似。唯一的不同之处是必须使用"根 XML 元素"的名字作为节点的名字。尽管配置变化不大，最后效果相差却很大：不会生成子节点，字段的值作为"根 XML 元素"节点的内容。

（4）生成"根 XML 元素"的子节点，把字段内容作为子节点的属性。这种方式的配置和（2）类似，不同之处就是需要在"Attribute parent name"列中输入要设置的节点名字。

如果字段中有 NULL 值，那么默认情况下会产生一个空节点或属性值。可以选中"内容"标签页中的"Omit null values from XML result"选项来忽略这样的节点或属性值。

执行转换后，xmlvaluename 字段的值如下，可以利用"Add XML"步骤右键快捷菜单中的 Preview 菜单项来查看：

```
<Row><rn>1</rn><username>user1</username><pass>pass1</pass><info>data1</in
fo></Row>
<Row><rn>2</rn><username>user2</username><pass>pass2</pass><info>data2</in
fo></Row>
<Row><rn>3</rn><username>user3</username><pass>pass3</pass><info></info></
Row>
```

5.1.2　数据库抽取

本小节讨论如何从传统关系型数据库抽取数据，从"表输入"步骤开始，用示例解释这个步骤里的参数和变量如何工作。源数据表就用上一小节处理文本文件时创建的 t_txt 表。"表输入"步骤的功能实际上是向所连接的数据库发送 select 查询语句，并将查询结果返回到输出流中。

可以有两种参数化的查询方法：使用参数和使用变量替换。使用参数的方法需要在"表输入"步骤前面有一个步骤，用来给"表输入"步骤提供一个或多个参数，这些参数替换"表输入"步骤中 SQL 语句里的问号。该方法的配置窗口如图 5-12 所示。

图 5-12　参数化查询

这个例子中的"自定义常量数据"步骤定义了两个常量 a 和 b，数据类型分别是 String 和 Date，这两个常量值就是后面"表输入"步骤查询语句中替换两个问号的数据。例如，在"自定义常量数据"步骤的"数据"标签页中，给常量 a 和 b 分别赋值'a'和'2020-02-02'，则转换执行时"表输入"步骤的查询语句实际为：

```
select c1, c2, c3, c4 from t_txt
 where c2 like concat('%','a','%') and c3 >='2020-02-02';
```

单击"表输入"步骤右键快捷菜单中的 Preview 菜单项预览数据，显示如下：

```
21 2a,aa 2020/02/02
```

```
01:01:01.000000000 zip:file:///root/kettle_hadoop/5/a.zip!/2.txt
    31 3a,aa 2020/03/03
01:01:01.000000000 zip:file:///root/kettle_hadoop/5/b.zip!/3.txt
    41 4a,aa 2020/04/04
01:01:01.000000000 zip:file:///root/kettle_hadoop/5/b.zip!/4.txt
```

"表输入"步骤中的主要选项含义如下：

- 允许简易转换：选中此选项后，在可能情况下避免进行不必要的数据类型转换，可以显著提高性能。
- 替换 SQL 语句里的变量：选择此选项可替换脚本中的变量。此特性提供了使用变量替换的测试功能。
- 从步骤插入数据：选择提供替换 SQL 语句中问号参数数据的步骤。
- 执行每一行：选择此选项可对每一个输入行执行查询。
- 记录数量限制：指定要从数据库中读取的行数，默认值 0 表示读取所有行。

本例的"自定义常量数据"步骤只用来演示，在实际使用中最好用其他步骤替换，在本章后面的 CDC 部分能看到一个类似的例子。

第二种参数化查询方法是使用变量，变量要在使用变量的转换之前的转换中进行设置。设置变量的转换如图 5-13 所示，它往往是作业里的第一个转换。

图 5-13　设置变量的转换

两个变量 var_c2 和 var_c3 的值来自前面的"自定义常量数据"步骤里 a 和 b 定义的值。在后面转换的"表输入"步骤中可以使用这些变量，查询里的变量名被变量的值替换。使用变量的表输入步骤如图 5-14 所示。

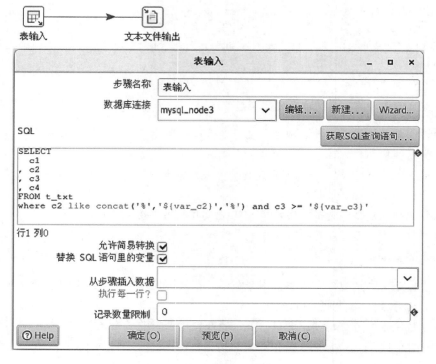

图 5-14　使用变量的表输入步骤

为了查看转换的执行结果，使用"文本文件输出"步骤将表输入步骤的查询结果写入一个文本文件。上面两个转换都在一个作业里（见图 5-15），第一个转换是"设置变量"，第二个转换是"使用变量的表输入步骤"。

图 5-15　使用变量的作业

本例中常量 a 和 b 的值分别为 'b' 和 '2020-01-01'。执行作业后，生成的文本文件内容如下：

```
[root@localhost 5]# more file.txt
  12  1b,bb  2020-01-01
02:02:02  zip:file:///root/kettle_hadoop/5/a.zip!/1.txt
  22  2b,bb  2020-02-02
02:02:02  zip:file:///root/kettle_hadoop/5/a.zip!/2.txt
  32  3b,bb  2020-03-03
02:02:02  zip:file:///root/kettle_hadoop/5/b.zip!/3.txt
  42  4b,bb  2020-04-04
02:02:02  zip:file:///root/kettle_hadoop/5/b.zip!/4.txt
```

5.2　变化数据捕获

　　抽取数据是 ETL 处理过程的第一个步骤，也是数据仓库中最重要和最具有挑战性的部分。适当的数据抽取是成功建立数据仓库的关键。从源抽取数据导入数据仓库或过渡区有两种方式，既可以从源把数据抓取出来（拉），也可以请求源把数据发送（推）到数据仓库。影响选择数据抽取方式的一个重要因素是操作型系统的可用性和数据量，这是抽取整个数据还是仅仅抽取自最后一次抽取以来的变化数据的判断依据。考虑以下两个问题：

- 需要抽取哪部分源数据加载到数据仓库？有两种可选方式：完全抽取和变化数据捕获。
- 数据抽取的方向是什么？有两种方式：拉模式，即数据仓库主动去源系统拉取数据；推模式，由源系统将自己的数据推送给数据仓库。

　　对于第二个问题，通常要改变或增加操作型业务系统的功能是非常困难的，这种困难不仅是技术上的，还有来自于业务系统用户及其开发者的阻力。理论上讲，数据仓库不应该要求对源系统做任何改造，实际上也很少有源系统推数据给数据仓库。因此，对这个问题的答案比较明确，大都采用拉数据模式。下面我们着重讨论第一个问题。

　　如果数据量很小并且易处理，一般来说采取完全源数据抽取，就是将所有的文件记录或所有的表数据抽取至数据仓库。这种方式适合基础编码类型的源数据，比如邮政编码、学历、民族等。基础编码型源数据通常是维度表的数据来源。如果源数据量很大，抽取全部数据不可行，那么只能抽取变化的源数据，即最后一次抽取以来发生了变化的数据。这种数据抽取模式称为变化数据捕获，简称 CDC，常被用于抽取操作型系统的事务数据，比如销售订单、用户注册或各种类型的应用日志记录等。

　　CDC 大体上可以分为两种：一种是侵入式的，另一种是非侵入式的。所谓侵入式的，是指 CDC 操作会给源系统带来性能的影响。只要 CDC 操作以任何一种方式对源库执行了 SQL 语句，就可以认为是侵入式的 CDC。常用的四种 CDC 方法是：基于源数据的 CDC、基于触发器的 CDC、基于快照的 CDC、基于日志的 CDC，其中前三种是侵入性的。表 5-1 总结了四种 CDC 方案的特点。

表5-1　四种CDC方案比较

	源数据	触发器	快照	日志
能区分插入/更新	否	是	是	是
周期内，检测到多次更新	否	是	否	是
能检测到删除	否	是	是	是
不具有侵入性	否	否	否	是
支持实时	否	是	否	是
不依赖数据库	是	否	是	否

5.2.1　基于源数据的 CDC

　　基于源数据的 CDC 要求源数据里有相关的属性字段，抽取过程可以利用这些属性字段来判断哪些数据是增量数据。最常见的属性字段有以下两种：

- 时间戳：这种方法至少需要一个更新时间戳，但最好有两个（一个插入时间戳，表示记录何时创建：一个更新时间戳，表示记录最后一次更新的时间）。
- 序列：大多数数据库系统都提供自增功能。如果表列被定义成自增的，就可以很容易地根据该列识别出新插入的数据。

这种方法的实现较为简单，假设表 t1 中有一个时间戳字段 last_inserted、表 t2 中有一个自增序列字段 id，则下面 SQL 语句的查询结果就是新增的数据，其中{last_load_time}和{last_load_id}分别表示 ETL 系统中记录的最后一次数据装载时间和最大自增序列号。

```
select * from t1 where last_inserted > {last_load_time};
select * from t2 where id > {last_load_id};
```

通常需要建立一个额外的数据库表，以存储上一次更新时间或上一次抽取的最后一个序列号。实践中，一般是在一个独立模式下或在数据过渡区里创建这个参数表。下面来看 Kettle 里使用时间戳方式 CDC 的例子。在上一章建立的 ETL 示例模型中，source.sales_order 表的 entry_date 字段表示订单录入的时间。我们需要把上一次装载时间存储在属性文件或参数表里，先使用下面的脚本在 Hive 里的 rds 库中建立一个名为 cdc_time 的时间戳表，并设置初始数据。

```
use rds;

drop table if exists cdc_time;
create table cdc_time
(id int, last_load date, current_load date)
clustered by (id) into 1 buckets stored as orc tblproperties
('transactional'='true');

insert into table cdc_time select 1, '1971-01-01', '1971-01-01';
```

后面的 Kettle 转换中需要对 cdc_time 执行行级更新，因此该表必须分桶、使用 ORC 格式、设置支持事务。id 字段用于分桶，不做更新操作。时间戳有 last_load 和 current_load 两个字段。之所以需要两个字段，是因为抽取到的数据可能会多于本次需要处理的数据。比如，两点执行 ETL 过程，则零点到两点这两个小时的数据不会在本次处理。为了确定这个截止时间点，需要给时间戳设定一个上限条件，即这里的 current_load 字段值。本示例的时间粒度为每天，时间戳只要保留日期部分即可，因此数据类型选为 date。最开始这两个时间戳都设置成一个早于所有业务数据的时间，当开始装载时，current_load 时间戳就设置为当前时间。

该表的逻辑描述如下。

（1）装载作业开始后，要先把 current_load 设置成作业的开始日期，可以通过如图 5-16 所示的"设置系统日期"转换实现。

在"获取系统信息"步骤里创建一个当前日期的字段 cur_date，以及一个前一天的日期 pre_date 字段，然后将两个字段的数据复制分发到"插入/更新"步骤和"字段选择"步骤。"插入/更新"步骤的"更新字段"部分用流里的字段"cur_date"去更新表里的字段"current_load"。另外，还要设置"用来查询的关键字"部分，把表的"current_load"条件设置为"IS NOT NULL"，其含义是当"current_load"为空时执行插入，否则执行更新操作。

在"字段选择"步骤的"元数据"标签页中，修改 pre_date 字段的类型为"Date"、格式为"yyyy-MM-dd"。将格式化的前一天日期值传递给"设置变量"步骤，该步骤将 pre_date 字段值定义为一个变量 PRE_DATE，用于将日期拼接到上传至 HDFS 的文件名中。变量活动类型（作用域）为"Valid in the root job"，即调用该转换的所有作业均可使用该变量。

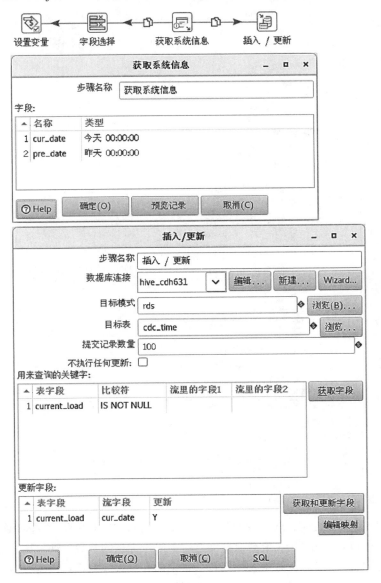

图 5-16　"设置系统日期"转换

（2）从 sales_order 表里抽取数据的查询使用开始日期和结束日期，"装载销售订单表"转换如图 5-17 所示。

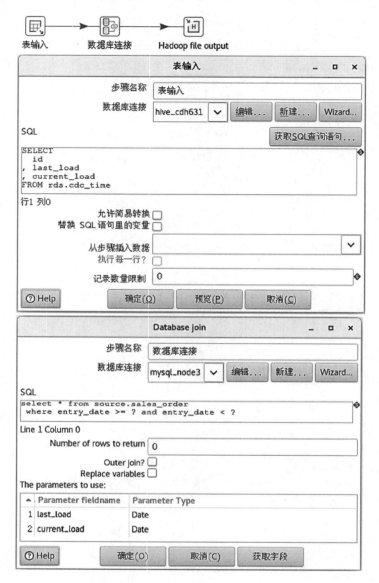

图 5-17 "装载销售订单表"转换

"表输入"步骤获取到 cdc_time 表的 last_load 和 current_load 日期。数据库连接步骤用前一步骤获得的 last_load 和 current_load 值替换查询语句中问号标识的参数。通过比较表字段 entry_date 的值判断新增的数据。这里假设源系统中销售订单记录一旦入库就不再改变，或者可以忽略改变。也就是说销售订单是一个随时间变化单向追加数据的表。sales_order 表中有两个关于时间的字段，order_date 表示订单时间，entry_date 表示订单数据实际插入表里的时间，在 9.5 节讨论"迟到的事实"时就会看到两个时间可能不同。那么用哪个字段作为 CDC 的时间戳呢？设想这样的情况，一个销售订单的订单时间是 2020 年 1 月 1 日，实际插入表里的时间是 2020 年 1 月 2 日，ETL 每天 0 点执行，抽取前一天的数据。如果按 order_date 抽取数据，条件为 where order_date >= '2020-01-02' AND order_date < '2020-01-03'，则 2020 年 1 月 3 日 0 点执行的 ETL 不会捕获到这个新增的订单数

据，所以应该以 entry_date 作为 CDC 的时间戳。

最后将新增数据通过"Hadoop file output"步骤上传到 rds.sales_order 表对应的 HDFS 目录下。"文件"标签页中的"Hadoop Cluster"选择 CDH631，"Folder/File"输入"/user/hive/warehouse/rds.db/sales_order/sales_order_${PRE_DATE}"，其中${PRE_DATE}引用的就是图 5-16 中所示的"设置变量"步骤定义的变量。"内容"标签页指定分隔符为逗号，格式选择 UNIX，编码为 UTF-8。"字段"标签页选择 sales_order 表中的全部六个字段。

（3）如果转换中没有发生任何错误，就要把 current_load 字段里的值复制到 last_load 字段里，用如图 5-18 所示的"SQL"作业项实现。如果转换中发生了错误，时间戳需要保持不变，以便后面再次执行。

图 5-18　更新 last_load 的"SQL"作业项

将上述转换和作业项放到一个作业中，如图 5-19 所示。

图 5-19　基于时间戳的 CDC 作业

首次作业成功执行后，Hive 表 sales_order 所对应的 HDFS 目录下生成了一个带有前一天日期的文件：

```
[root@manager~]#hdfs dfs -ls /user/hive/warehouse/rds.db/sales_order/
Found 1 items
-rw-r--r--   3 root hive  5892 2020-09-28 13:38
/user/hive/warehouse/rds.db/sales_order/sales_order_2020-09-24.txt
[root@manager~]#
```

rds.sales_order 装载全部 100 条销售订单记录，rds.cdc_time 的 last_load 和 current_load 均更新为当前日期：

```
hive> use rds;
OK
hive> select * from sales_order;
OK
```

```
1    6    2    2020-03-01 20:13:34    2020-03-01 20:13:34    3777.00
2    4    2    2020-03-03 19:07:07    2020-03-03 19:07:07    9227.00
...
99   3    1    2020-08-29 01:20:11    2020-08-29 01:20:11    9058.00
100  1    2    2020-08-31 09:43:38    2020-08-31 09:43:38    5607.00
Time taken: 2.41 seconds, Fetched: 100 row(s)
hive> select * from cdc_time;
OK
1    2020-09-25    2020-09-25
hive>
```

基于时间戳和自增序列的方法是实现 CDC 最简单的实现方式，也是最常用的方法，但它的缺点也很明显，主要如下：

- 不能区分插入和更新操作。只有当源系统包含了插入时间戳和更新时间戳两个字段，才能区别插入和更新，否则不能区分。
- 不能记录删除记录的操作。不能捕获到删除操作，除非是逻辑删除，即记录没有被真的删除，只是做了逻辑上的删除标志。
- 无法识别多次更新。如果在一次同步周期内数据被更新了多次，只能同步最后一次更新操作，中间的更新操作将会丢失。
- 不具有实时能力。时间戳和基于序列的数据抽取一般适用于批量操作，不适合于实时场景下的数据抽取。

这种方法是具有侵入性的，如果操作型系统中没有时间戳或时间戳信息不可用，那么不得不通过修改源系统把时间戳包含进去，要求修改操作型系统的表包含一个新的时间戳字段。有些数据库系统可以自动维护 timestamp 类型的值。例如，在 MySQL 中只要如下定义，当执行 insert 或 update 操作时所影响数据行的 ts 字段就会自动更新为当前时间：

```
alter table t1 add column ts timestamp default current_timestamp on update
current_timestamp;
```

有些数据库系统需要建立一个触发器，在修改一行时更新时间戳字段的值。下面是一个 Oracle 数据库的例子。当 t1 表上执行了 insert 或 update 操作时，触发器会将 last_updated 字段更新为当前系统时间。

```
alter table t1 add last_updated date;

create or replace trigger trigger_on_t1_change
   before insert or update
   on t1
   for each row
begin
   :new.last_updated := sysdate;
end;
/
```

在实施这些操作前必须被源系统的拥有者所接受，并且要仔细评估对源系统产生的影响。

5.2.2　基于触发器的 CDC

当执行 INSERT、UPDATE、DELETE 这些 SQL 语句时，可以激活数据库里的触发器，并执行一些动作，就是说触发器可以用来捕获变更的数据，并把数据保存到中间临时表里。然后将这些变更的数据从临时表中取出，抽取到数据仓库的过渡区。大多数场合下，不允许向操作型数据库里添加触发器（业务数据库的变动通常都异常慎重），而且这种方法会降低系统性能，所以用得并不是很多。

作为直接在源数据库上建立触发器的替代方案，可以使用源数据库的复制功能把源数据库上的数据复制到从库上，在从库上建立触发器以提供 CDC 功能。尽管这种方法看上去过程冗余，且需要额外的存储空间，但实际上这种方法非常有效，而且对主库没有侵入性。复制是大部分数据库系统的标准功能，如 MySQL、Oracle 和 SQL Server 等都有各自的数据复制方案。

一个类似于内部触发器的例子是 Oracle 的物化视图日志。这种日志被物化视图用来识别改变的数据，并且这种日志对象能够被最终用户访问。一个物化视图日志可以建立在每一个需要捕获变化数据的源表上。之后任何时间在源表上对任何数据行做修改时都有一条记录插入到物化视图日志中，表示这一行被修改了。如果想使用基于触发器的 CDC 机制，并且源数据库是 Oracle，那么使用这种物化视图日志方案是很方便的。物化视图日志虽然依赖于触发器，但是它们提供了一个益处，即建立和维护这个变化数据捕获系统已经由 Oracle 自动管理。我们甚至可以在物化视图上建立自己的触发器，每次物化视图刷新时，触发器基于刷新时间点的物化视图日志归并结果，在一些场景下（只要记录两次刷新时间点数据的差异，不需要记录两次刷新之间的历史变化）可以简化应用处理。下面是一个 Oracle 物化视图的例子。每条数据的变化可以查询物化视图日志表 mlog$_tbl1，两个刷新时间点之间的数据差异可以查询 mv_tbl1_tri 表。

```
-- 建立 mv 测试表
create table tbl1(a number,b varchar2 (20));
create unique index tbl1_pk on tbl1 (a);
alter table tbl1 add (constraint tbl1_pl primary key(a));

-- 建立 mv 日志，单一表聚合视图的快速刷新需要指定 including new values 子句
create materialized view log on tbl1 including new values;

-- 建立 mv
create materialized view mv_tbl1 build immediate refresh fast
start with to_date('2019-06-01 08:00:00','yyyy-mm-dd hh24:mi:ss')
next sysdate + 1/24
as select * from tbl1;

-- 建立 trigger 测试表
create table mv_tbl1_tri (a number,b varchar (20),c varchar (20));
-- 建立 trigger
create or replace trigger tri_mv
   after delete or insert or update
   on mv_tbl1
   referencing new as new old as old
   for each row
begin
   case
      when inserting then
```

```
            insert into mv_tbl1_tri values (:new.a, :new.b, 'insert');
        when updating then
            insert into mv_tbl1_tri values (:new.a, :new.b, 'update');
        when deleting then
            insert into mv_tbl1_tri values (:old.a, :old.b, 'delete');
      end case;
exception
    when others then
        raise;
end tri_mv;
/

-- 对表 tbl1 进行一系列增删改操作

...

-- 手工刷新 mv
exec dbms_mview.refresh('mv_tbl1');

-- 查看物化视图日志
select * from mlog$_tbl1;

-- 检查 trigger 测试表
select * from mv_tbl1_tri;
```

5.2.3 基于快照的 CDC

如果没有时间戳，也不允许使用触发器，可能就要考虑快照表了。可以通过比较源表和快照表来获得数据变化。快照就是一次性抽取源系统中的全部数据，把这些数据装载到数据仓库的过渡区中。下次需要同步时，再从源系统中抽取全部数据，并把全部数据放到数据仓库的过渡区中，作为这个表的第二个版本，然后比较这两个版本的数据，从而找到变化。

有多个方法可以获得这两个版本数据的差异。假设表有两个列 id 和 name，id 是主键列。该表的第一、二个版本的快照表名为 snapshot_1、snapshot_2。下面的 SQL 语句在主键 id 列上做全外链接，并根据主键比较的结果增加一个标志字段，I 表示新增，U 表示更新，D 表示删除，N 表示没有变化。外层查询过滤掉没有变化的记录。

```
select * from
(select case when t2.id is null then 'D'
        when t1.id is null then 'I'
        when t1.name <> t2.name then 'U'
        else 'N'
      end as flag,
      case when t2.id is null then t1.id else t2.id end as id, t2.name
  from snapshot_1 t1 full outer join snapshot_2 t2 on t1.id = t2.id) a
 where flag <> 'N';
```

当然，这样的 SQL 语句需要数据库支持全外链接，对于 MySQL 这样不支持全外链接的数据库，可以使用类似下面的 SQL 查询语句：

```
select 'U' as flag, t2.id as id, t2.name as name
 from snapshot_1 t1 inner join snapshot_2 t2 on t1.id = t2.id
where t1.name != t2.name
```

```
union all
select 'D' as flag, t1.id as id, t1.name as name
 from snapshot_1 t1 left join snapshot_2 t2 on t1.id = t2.id
where t2.id is null
union all
select 'I' as flag, t2.id as id, t2.name as name
 from snapshot_2 t2 left join snapshot_1 t1 on t2.id = t1.id
where t1.id is null;
```

Kettle 里的"合并记录"步骤能够比较两个表的差异。该步骤读取两个使用关键字排序的输入数据流，并基于数据流里的关键字比较其他字段。可以选择要比较的字段，并设置一个标志字段，作为比较结果输出字段。我们用示例模型里的 source.sales_order 表做一个例子。

（1）先把 source.sales_order 表复制到另一个数据库中。

```
create table test.sales_order select * from source.sales_order;
```

（2）创建一个用于快照 CDC 的转换，如图 5-20 所示。

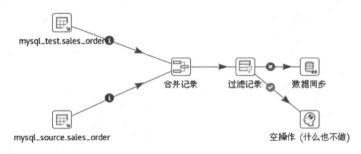

图 5-20　用于快照 CDC 的转换

创建两个"表输入"步骤，一个连接 source.sales_order，另一个连接 test.sales_order，SQL 查询语句如下：

```
select order_number, customer_number,
product_code, order_date, entry_date,
order_amount
  from sales_order
order by order_number;
```

然后添加一个"合并记录"步骤，如图 5-21 所示。把两个表输入步骤都连接到"合并记录"步骤，在步骤中再选择新旧数据源，设置标志字段名，该字段的值为 new、changed、deleted 或 identical，分别标识新增、修改、删除和没有变化的记录。另外，设置主键字段和需要比较的字段。

为了过滤没有发生变化的数据，在后面加一个"过滤记录"步骤，过滤条件是"flagfield=identical"，把所有没有变化的数据发送到"空操作"步骤，把变化数据发送到"数据同步"步骤，该步骤可以根据标志字段自

图 5-21　"合并记录"步骤设置

动进行新增、修改、删除操作。"一般"和"高级"标签页的配置如图 5-22 所示。

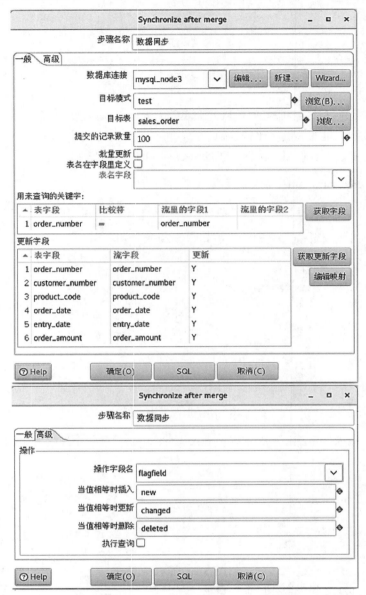

图 5-22 "数据同步"步骤设置

根据数据流中 flagfield 字段的值，决定要执行的插入、更新或删除操作。当目标表 test.sales_order 中的 order_number 与数据流 order_number 相同时，更新目标表的全部六个字段。

（3）验证转换。

初始 source.sales_order 和 test.sales_order 两个表数据相同：

```
    +--------+--------+---------+--------------------+---------------------+-----
-----------+
```

```
   | o_num | c_num | p_code | order_date          | entry_date          | order_amount
|
   +-------+-------+--------+---------------------+---------------------+----
----------+
   ...
   |    98 |     2 |      1 | 2020-08-27 14:02:35 | 2020-08-27 14:02:35 |      8144.00
|
   |    99 |     3 |      1 | 2020-08-29 01:20:11 | 2020-08-29 01:20:11 |      9058.00
|
   |   100 |     1 |      2 | 2020-08-31 09:43:38 | 2020-08-31 09:43:38 |      5607.00
|
   +-------+-------+--------+---------------------+---------------------+----
----------+
   100 rows in set (0.00 sec)
```

对 source.sales_order 数据做一些修改：

```
insert into source.sales_order values (101,1,1,now(),now(),100);
delete from source.sales_order where order_number=99;
update source.sales_order set order_amount=5606 where order_number=100;
```

预览"合并记录"步骤的数据：

```
   ...
   98  2 1 2020/08/27 14:02:35.000000000 2020/08/27
14:02:35.000000000 8144.0 identical
   99  3 1 2020/08/29 01:20:11.000000000 2020/08/29
01:20:11.000000000 9058.0 deleted
   100 1 2 2020/08/31 09:43:38.000000000 2020/08/31
09:43:38.000000000 5606.0 changed
   101 1 1 2020/09/24 16:53:56.000000000 2020/09/24
16:53:56.000000000 100.0  new
```

成功执行转换后，test.sales_order 的数据已经和 source.sales_order 同步：

```
   +-------+-------+--------+---------------------+---------------------+----
----------+
   | o_num | c_num | p_code | order_date          | entry_date          | order_amount
|
   +-------+-------+--------+---------------------+---------------------+----
----------+
   ...
   |    98 |     2 |      1 | 2020-08-27 14:02:35 | 2020-08-27 14:02:35 |      8144.00
|
   |   100 |     1 |      2 | 2020-08-31 09:43:38 | 2020-08-31 09:43:38 |      5606.00
|
   |   101 |     1 |      1 | 2020-09-24 16:53:56 | 2020-09-24 16:53:56 |       100.00
|
   +-------+-------+--------+---------------------+---------------------+----
```

```
---------+
100 rows in set (0.00 sec)
```

（4）恢复原数据。

```
insert into source.sales_order
values (99,3,1,'2020-08-29 01:20:11','2020-08-29 01:20:11',9058);
update source.sales_order set order_amount=5607 where order_number=100;
delete from source.sales_order where order_number=101;
```

基于快照的 CDC 可以检测到插入、更新和删除的数据，这是相对于基于时间戳 CDC 方案的优点。它的缺点是需要大量存储空间来保存快照，因为比较的是两个全量数据集合。同样的原因，当表很大时，这种查询会有比较严重的性能问题。

5.2.4 基于日志的 CDC

最复杂的和最没有侵入性的 CDC 是基于日志的方式。数据库会把每个插入、更新、删除操作记录到日志里。例如，使用 MySQL 数据库，只要在数据库服务器中启用二进制日志（设置 log_bin 服务器系统变量），之后就可以实时从数据库日志中读取到所有数据库写操作，并使用这些操作来更新数据仓库中的数据。现在十分流行的 canal 工具就是基于这个原理的，将自己模拟成一个从库，接收主库的二进制日志，从而捕获数据变化。

也可以手工解析二进制日志，将其转为可以理解的格式，然后把里面的操作按照顺序读取出来。MySQL 提供了一个叫作 mysqlbinlog 的日志读取工具。这个工具可以把二进制的日志格式转换为可读格式，然后把这种格式的输出保存到文本文件里，或者直接把这种格式的日志应用到 MySQL 客户端以用于数据还原操作。mysqlbinlog 工具有很多命令行参数，其中最重要的一组参数是设置开始/截止时间戳，这样能够只从日志里截取一段时间的日志。另外，日志里的每个日志项都有一个序列号，可用作偏移操作。MySQL 的二进制日志提供了上述两种方式来防止 CDC 过程发生重复或丢失数据的情况。下面是使用 mysqlbinlog 的两个例子。

```
mysqlbinlog --start-position=120 jbms_binlog.000002 | mysql -u root -p123456
mysqlbinlog --start-date="2020-02-27 13:10:12" --stop-date="2020-02-27
13:47:21" jbms_binlog.000002 > temp/002.txt
```

第一条命令将 jbms_binlog.000002 文件中从 120 偏移量以后的操作应用到一个 MySQL 数据库中。第二条命令将 jbms_binlog.000002 文件中一段时间的操作格式化输出到一个文本文件中。

其他数据库也有类似的方法，下面再来看一个使用 Oracle 日志分析的实例。有个项目提出的需求是这样的：部署两个相同的 Oracle 数据库 A、B，两个库之间没有网络连接，要定期把 A 库里的数据复制到 B 库。要求是：① 应用程序不做修改；② 实现增量数据更新，并且不允许重复数据导入。

Oracle 提供的 DBMS_LOGMNR 系统包可以分析归档日志。我们只要将 A 库的归档日志文件通过离线介质复制到 B 库中，再在 B 库上使用 DBMS_LOGMNR 解析归档日志，最后将格式化后的输出应用于 B 库。使用 DBMS_LOGMNR 分析归档日志并重放变化的方案如下：

（1）A 库上线前数据库需要启用归档日志。

（2）每次同步数据时先对 A 库执行一次日志切换，然后复制归档日志文件到 B 库，复制后删除 A 库的归档日志。

（3）在 B 库上使用 DBMS_LOGMNR 分析归档日志文件并重做变化。

因为网不通，手工复制文件的工作不可避免，所以可以认为上述步骤均为手工操作。第（1）步为上线前的数据库准备，是一次性工作；第（2）、（3）步为周期性工作。对于第（3）步，可以用 PL/SQL 脚本实现。首先在 B 库机器上规划好目录，本例中 D:\logmine 为主目录，D:\logmine\redo_log 存放从 A 库复制来的归档日志文件。然后在 B 库上执行一次初始化对象脚本，建立一个外部表，以存储归档日志文件名称。

```
create or replace directory logfilename_dir as 'D:\logmine\';
grant read, write on directory logfilename_dir to u1;

conn user1/password1

begin
   excute immediate
'create table logname_ext (logfile_name varchar2(300))
organization external (type oracle_loader default directory data_dir
logfilename_dir location (''log_file_name.txt''))';
exception when others then
   if sqlcode = -955 then  -- 名称已由现有对象使用
     null;
   else
     raise;
   end if;
end;
/
```

每次数据同步时要做的工作是：

（1）复制 A 库归档日志文件到 B 的 D:\logmine\redo_log 目录。

（2）执行 D:\logmine\create_ext_table.bat。

（3）前面步骤成功执行后，删除第（1）步复制的归档日志文件。

create_ext_table.bat 脚本文件内容如下：

```
echo off
dir /a-d /b /s D:\logmine\redo_log\*.log > D:\logmine\log_file_name.txt
sqlplus user1/password1 @D:\logmine\create_ext_table.sql
```

create_ext_table.sql 脚本文件内容如下：

```
begin
   for x in (select logfile_name from logname_ext) loop
      dbms_logmnr.add_logfile(x.logfile_name);
   end loop;
end;
```

```
    /

    execute dbms_logmnr.start_logmnr(options =>
dbms_logmnr.committed_data_only);

    begin
        for x in (select sql_redo
                from v$logmnr_contents
                -- 只应用 U1 用户模式的数据变化，一定要按提交的 SCN 排序
                where table_space != 'SYSTEM' and instr(sql_redo,'"U1".') > 0
                order by commit_scn)
        loop
            execute immediate x.sql_redo;
        end loop;
    end;
    /

    exit;
```

使用基于数据库的日志工具也有缺陷，即只能用来处理一种特定的数据库，如果要在异构的数据库环境下使用基于日志的 CDC 方法，可能需要使用 Oracle GoldenGate 之类的商业软件。

5.3 使用 Sqoop 抽取数据

有了前面的讨论和实验，现在就可以处理从源系统获取数据的各种情况了。回想上一章建立的销售订单示例，源系统的 MySQL 数据库中已经添加好测试数据，Hive 中建立了 rds 数据库作为过渡区、dw 库存储维度表和事实表。本节将使用一种新的工具将 MySQL 数据抽取到 Hive 的 rds 库中，它就是 Sqoop。

5.3.1 Sqoop 简介

Sqoop 是一个在 Hadoop 与结构化数据存储（如关系型数据库）之间高效传输大批量数据的工具。它在 2012 年 3 月被成功孵化，现在已是 Apache 的顶级项目。Sqoop 有 Sqoop1 和 Sqoop2 两代，Sqoop1 最后的稳定版本是 1.4.7，Sqoop2 最后的版本是 1.99.6。需要注意的是，1.99.6 与 1.4.7 并不兼容，而且 1.99.6 并不完善，不推荐在生产环境中部署。

第一代 Sqoop 的设计目标很简单：

- 在企业级数据仓库、关系型数据库、文档系统和 HDFS、HBase 或 Hive 之间导入导出数据。
- 基于客户端的模型。
- 连接器使用厂商提供的驱动。
- 没有集中的元数据存储。
- 只有 Map 任务，没有 Reduce 任务，数据传输和转化都由 Mappers 提供。

● 可以使用 Oozie 调度和管理 Sqoop 作业。

Sqoop1 是用 Java 开发的，完全客户端驱动，严重依赖于 JDBC，可以使用简单的命令行导入导出数据。例如：

```
# 把 MySQL 中 testdb.PERSON 表的数据导入 HDFS
sqoop import --connect jdbc:mysql://localhost/testdb --table PERSON --username
test --password 123456
```

上面这条命令可形成一系列任务：

（1）生成 MySQL 的 SQL 代码。
（2）执行 MySQL 的 SQL 代码。
（3）生成 Map 作业。
（4）执行 Map 作业。
（5）将数据传输到 HDFS。

```
# 将 HDFS 上 /user/localadmin/CLIENTS 目录下的文件导出到 MySQL 的 testdb.CLIENTS_INTG
表中
sqoop export --connect jdbc:mysql://localhost/testdb --table CLIENTS_INTG
--username test --password 123456 --export-dir /user/localadmin/CLIENTS
```

上面这条命令形成一系列任务：

（1）生成 Map 作业。
（2）执行 Map 作业。
（3）从 HDFS 的 /user/localadmin/CLIENTS 路径传输数据。
（4）生成 MySQL 的 SQL 代码。
（5）向 MySQL 的 testdb.CLIENTS_INTG 表插入数据。

Sqoop1 有许多简单易用的特性，如可以在命令行指定直接导入至 Hive 或 HDFS。其连接器可以连接 Oracle、SQL Server、MySQL、Teradata、PostgreSQL 等大部分流行的数据库。Sqoop1 的主要问题包括：繁多的命令行参数；不安全的连接方式，如直接在命令行写密码等；没有元数据存储，只能本地配置和管理，使复用受到限制。

Sqoop2 体系结构比 Sqoop1 复杂得多，它被设计用来解决 Sqoop1 的问题，主要体现在易用性、可扩展性和安全性三个方面。

● 易用性。Sqoop1 需要客户端的安装和配置，而 Sqoop2 是在服务器端安装和配置的。这意味着连接器只在一个地方统一配置，由管理员角色管理、操作员角色使用。类似地，只需要在一台服务器上配置 JDBC 驱动和数据库连接。Sqoop2 还有一个基于 Web 的服务：前端是命令行接口（CLI）和浏览器，后端是一个元数据知识库。用户可以通过交互式的 Web 接口进行导入导出，避免了错误选项和烦冗步骤。Sqoop2 还在服务器端整合了 Hive 和 HBase。Oozie 通过 REST API 管理 Sqoop 任务，这样当安装一个新的 Sqoop 连接器后无须在 Oozie 中安装它。

● 可扩展性。在 Sqoop2 中，连接器不再受限于 JDBC 的 SQL 语法，如不必指定 database、

table 等，甚至可以定义自己使用的 SQL 方言。例如，Couchbase 不需要指定表名，只需在填充或卸载操作时重载它。通用的功能将从连接器中抽取出来，使之只负责数据传输。在 Reduce 阶段实现通用功能，确保连接器可以从将来的功能性开发中受益。连接器不再需要提供与其他系统整合等下游功能，因此连接器的开发者不再需要了解所有 Sqoop 支持的特性。

- 安全性。Sqoop1 用户通过执行 sqoop 命令运行 Sqoop。Sqoop 作业的安全性主要由是否对执行 Sqoop 的用户信任所决定。Sqoop2 将作为基于应用的服务，通过按不同角色连接对象，支持对外部系统的安全访问。为了进一步安全，Sqoop2 不再允许生成代码、请求直接访问 Hive 或 HBase，也不对运行的作业开放访问所有客户端的权限。Sqoop2 将连接作为一级对象，包含证书的连接一旦生成，可以被不同的导入导出作业多次使用。连接由管理员生成，被操作员使用，因此避免了最终用户的权限泛滥。此外，连接可以被限制为只能进行某些基本操作，如导入导出，还可以通过限制同一时间打开连接的总数和一个禁止连接的选项来管理资源。

当前的 Sqoop2 还缺少 Sqoop1 的某些特性，因此 Cloudera 的建议是，只有当 Sqoop2 完全满足需要的特性时才使用它，否则继续使用 Sqoop1。CDH 6.3.1 中只包含 Sqoop1，版本为 1.4.7。

5.3.2 使用 Sqoop 抽取数据

在销售订单示例中使用 Sqoop1 进行数据抽取。表 5-2 汇总了示例中维度表和事实表用到的源数据表及其抽取模式。

表5-2 销售订单抽取模式

源数据表	rds 库中的表	dw 库中的表	抽取模式
customer	customer	customer_dim	整体、拉取
product	product	product_dim	整体、拉取
sales_order	sales_order	order_dim、sales_order_fact	基于时间戳的 CDC、拉取

对于 customer、product 这两个表采用整体拉取的方式抽取数据。ETL 通常是按一个固定的时间间隔周期性定时执行的，因此对于整体拉取方式而言，每次导入的数据需要覆盖上次导入的数据。Kettle 作业中的"Sqoop import"作业项可以调用 Sqoop 命令，从关系型数据库抽取数据到 HDFS 或 Hive 表。我们使用该作业项将源库中的 customer、product 两表数据，全量覆盖导入 Hive 表所对应的 HDFS 目录，从而调用图 5-19 所示的作业，实现对 sales_order 表的增量数据导入。整体作业如图 5-23 所示。

图 5-23 将数据从 source 库抽取到 rds 库的作业

"Sqoop import customer"作业项选项设置如图 5-24 所示。

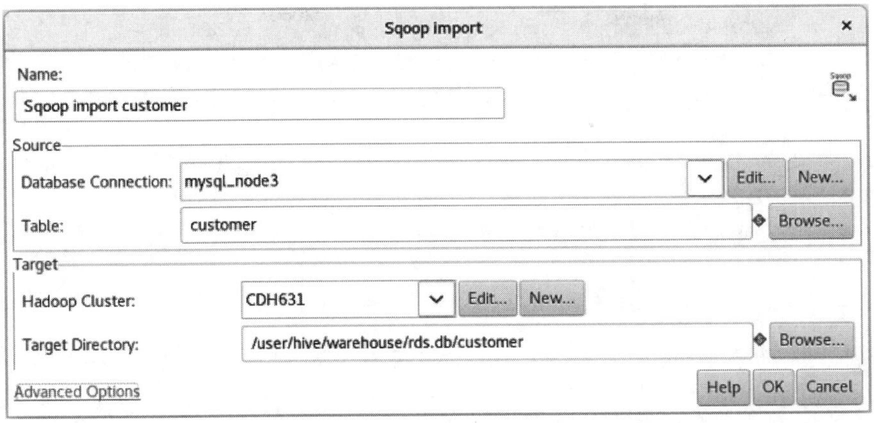

图 5-24　"Sqoop import customer"作业项设置

源库表为 MySQL 的 customer 表，目标为 CDH631 集群中，Hive 库表 rds.customer 所对应的 HDFS 目录为/user/hive/warehouse/rds.db/customer。单击"Advanced Options"，将显示所有 Sqoop 支持的命令行参数。单击"List View"或"Command Line View"图标，参数将分别以列表或命令行形式展现。这里只需设置"delete-target-dir"参数的值为 true。Sqoop import 要求目标 HDFS 的目录为空，为了能够幂等执行作业，需要设置 delete-target-dir 参数。所谓幂等操作，指的是其执行任意多次所产生的影响均与一次执行的影响相同。这样就能在导入失败或修复 bug 后再次执行该操作，而不用担心重复执行会对系统造成数据混乱。定义好的作业项等价于以下 sqoop 命令：

```
sqoop import --connect jdbc:mysql://node3:3306/source --delete-target-dir
--password 123456 --table customer --target-dir
/user/hive/warehouse/rds.db/customer --username root
```

"Sqoop import product"作业项只是将源和目标表换成了 product，其他都与"Sqoop import customer"相同。"load_sales_order"子作业调用图 5-19 所示的基于时间戳的 CDC 作业，向 rds.sales_order 表增量装载数据。

下面测试增量导入。前面介绍基于时间戳的 CDC 时，我们已经首次执行过装载 sales_order 表的作业，cdc_time 表的日期为'2020-09-25'。现在向 MySQL 源库增加两条数据：

```
use source;
set @customer_number := floor(1 + rand() * 6);
set @product_code := floor(1 + rand() * 2);
set @order_date := from_unixtime(unix_timestamp('2020-09-26')+ rand()
* (unix_timestamp('2020-09-27') - unix_timestamp('2020-09-26')));
set @amount := floor(1000 + rand() * 9000);

insert into sales_order
values
(101,@customer_number,@product_code,@order_date,@order_date,@amount);

set @customer_number := floor(1 + rand() * 6);
set @product_code := floor(1 + rand() * 2);
```

```
set @order_date := from_unixtime(unix_timestamp('2020-09-27') + rand()
* (unix_timestamp('2020-09-28') - unix_timestamp('2020-09-27')));
set @amount := floor(1000 + rand() * 9000);

insert into sales_order
values
(102,@customer_number,@product_code,@order_date,@order_date,@amount);

commit;
```

上面的语句向 sales_order 插入了两条记录，一条是 9 月 26 日的，另一条是 9 月 27 日的：

```
...
|      101 |   4 |    1 | 2020-09-26 21:51:18 | 2020-09-26 21:51:18 |      3402.00
|
|      102 |   4 |    1 | 2020-09-27 06:15:43 | 2020-09-27 06:15:43 |      6963.00
|
+----------+-----+------+---------------------+---------------------+----
----------+
102 rows in set (0.01 sec)
```

下面执行图 5-23 所示的 Kettle 作业。customer、product 重新全量覆盖装载数据，sales_order 表只装载最新的两条数据。作业成功执行后，HDFS 目录/user/hive/warehouse/rds.db/sales_order/下有两个文件：

```
[root@manager~]#hdfs dfs -ls /user/hive/warehouse/rds.db/sales_order/
Found 2 items
-rw-r--r--   3 root hive        5892 2020-09-28 13:38
/user/hive/warehouse/rds.db/sales_order/sales_order_2020-09-24.txt
-rw-r--r--   3 root hive         120 2020-09-28 15:32
/user/hive/warehouse/rds.db/sales_order/sales_order_2020-09-27.txt
[root@manager~]#
```

rds.sales_order 表数据如下：

```
hive> select * from rds.sales_order;
OK
1    6    2    2020-03-01 20:13:34    2020-03-01 20:13:34    3777.00
2    4    2    2020-03-03 19:07:07    2020-03-03 19:07:07    9227.00
...
101  4    1    2020-09-26 21:51:18    2020-09-26 21:51:18    3402.00
102  4    1    2020-09-27 06:15:43    2020-09-27 06:15:43    6963.00
Time taken: 3.168 seconds, Fetched: 102 row(s)
hive>
```

时间戳表 rds.cdc_time 数据也已经更新为当前日期：

```
hive> select * from rds.cdc_time;
OK
```

```
1    2020-09-28    2020-09-28
Time taken: 1.369 seconds, Fetched: 1 row(s)
hive>
```

5.3.3　Sqoop 优化

使用 Sqoop 在关系型数据库和 HDFS 之间传输数据时，有多个因素影响其性能。可以通过调整 Sqoop 命令行参数或数据库参数优化 Sqoop 的性能。本小节将简要描述这两种优化方法。

1. 调整 Sqoop 命令行参数

可以调整下面的 Sqoop 参数优化性能。

- batch: 该参数的语法是--batch，指示使用批处理模式执行底层的 SQL 语句。在导出数据时，该参数能够将相关的 SQL 语句组合在一起批量执行。也可以使用有效的 API 在 JDBC 接口中配置批处理参数。
- boundary-query: 指定导入数据的范围值。当仅使用 split-by 参数指定的分隔列不是最优时，可以使用 boundary-query 参数指定任意返回两个数字列的查询。它的语法是：--boundary-query select min(id), max(id) from <tablename>。在配置 boundary-query 参数时，查询语句中必须连同表名一起指定 min(id) 和 max(id)。如果没有配置该参数，默认 Sqoop 使用 select min(<split-by>), max(<split-by>) from <tablename> 查询找出分隔列的边界值。
- direct: 该参数的语法是--direct，指示导入数据时使用关系型数据库自带的工具（存在的话），如 MySQL 的 mysqlimport。这样可以比 JDBC 连接方式更为高效地将数据导入到关系型数据库中。
- Dsqoop.export.records.per.statement: 在导出数据时，可以将 Dsqoop.export.records.per.statement 参数与批处理参数结合在一起使用。该参数指示在一条 insert 语句中插入的行数。当指定了这个参数时，Sqoop 可运行插入语句 "INSERT INTO table VALUES (...), (...), (...),...;"，在某些情况下这可以提升近一倍的性能。
- fetch-size: 导入数据时，指示每次从数据库读取的记录数。语法是：--fetch-size=<n>。其中，<n>表示 Sqoop 每次必须取回的记录数，默认值为 1000。可以基于读取的数据量、可用的内存和带宽大小适当增加 fetch-size 的值。某些情况下，这可以提升 25% 的性能。
- num-mappers: 该参数的语法为--num-mappers <number of map tasks>，用于指定并行数据导入的 map 任务数，默认值为 4。应该将该值设置成低于数据库所支持的最大连接数。
- split-by: 该参数的语法为--split-by <column name>，指定用于 Sqoop 分隔工作单元的列名，不能与--autoreset-to-one-mapper 选项一起使用。如果不指定列名，则 Sqoop 基于主键列分隔工作单元。

2. 调整数据库

为了优化关系型数据库的性能，可执行下面的任务：

- 可以精确调整查询，以分析数据库统计信息。
- 将不同的表空间存储到不同的物理硬盘。

- 预判数据库的增长。
- 使用 explain plan 类似的语句调整查询语句。
- 导入导出数据时禁用外键约束。
- 导入数据前删除索引，导入完成后再重建。
- 优化 JDBC URL 连接参数。
- 确定使用最好的连接接口。

5.4 小 结

本章介绍了如何使用 Kettle 完成数据抽取任务。通常，需要从文件或数据库抽取数据，包括两种常用的从文件抽取数据的场景，即把文本文件或 XML 文件作为输入。除了基本的表输入步骤，我们还介绍了 Kettle 中两种参数化数据库查询的方法，即使用参数或变量。变化数据捕获（CDC）是一项具有挑战性的工作，时间戳、触发器、快照表、日志是四种常用的变化数据捕获方法，Kettle 对这些方法提供了一定的支持。Sqoop 是一个在 Hadoop 与结构化数据存储（如关系型数据库）之间高效传输大批量数据的工具，支持全量和增量数据抽取。Kettle 中包含了 Sqoop import 和 Sqoop export 作业项，用于从 Kettle 执行 Sqoop 命令。下一章将介绍在 Kettle 中处理 ETL 的数据转换与装载部分，主要使用 Hadoop 的数据仓库组件 Hive。

第6章

数据转换与装载

本章的重点是针对销售订单示例，创建并测试数据装载的 Kettle 作业和转换。在此之前，先简要介绍数据清洗的概念，并说明如何使用 Kettle 完成常见的数据清洗工作。由于本示例中 Kettle 在 Hadoop 上的 ETL 实现依赖于 Hive，因此还将对 Hive 做一个概括的介绍，包括它的体系结构、工作流程和优化。最后用完整的 Kettle 作业演示如何实现销售订单数据仓库的数据转换与装载。

6.1　数据清洗

对大多数用户来说，ETL 的核心价值是"T"所代表的转换部分。这个阶段要做很多工作，数据清洗就是其中重要的一项。数据清洗是对数据进行重新审查和校验的过程，目的在于删除重复信息、纠正存在的错误，并提供数据一致性。

6.1.1　处理"脏数据"

数据仓库中的数据是面向某一主题数据的集合，这些数据从多个业务系统中抽取而来，并且包含历史变化，因此不可避免地会出现某些数据错误或者数据相互之间存在冲突的情况。这些错误的或有冲突的数据显然不是我们想要的，被称为"脏数据"。按照一定的规则处理脏数据，该过程就是数据清洗。数据清洗的任务是过滤那些不符合要求的数据，将过滤结果交给业务部门，确认是直接删除还是修正之后再进行抽取。不符合要求的数据主要包括不完整的数据、错误的数据、重复的数据、不一致的数据四大类。

- 残缺数据。这类数据主要是一些应该有的信息缺失了，如产品名称、客户名称、客户的区域信息，还有业务系统中由于缺少外键约束所导致的主表与明细表不匹配等。
- 错误数据。这类错误产生的原因多是业务系统不够健全，在接收输入后没有进行合法性检查或检查不够严格，将有问题的数据直接写入后台数据库所造成的，比如用字符串类型存储数字、超出合法的取值范围、日期格式不正确、日期越界等。

- 重复数据。源系统中相同的数据存在多份。
- 差异数据。本来具有同一业务含义的数据，因为来自不同操作型数据源，造成数据不一致，这时需要将非标准的数据转化为在一定程度上的标准化数据。

对于来自操作型数据源的数据，如果含有不洁成分或不规范的格式，会对数据仓库的建立和维护，特别是对联机分析处理的使用，造成很多问题和麻烦。这时必须在 ETL 过程中加以处理。不同类型的数据，处理的方式也不尽相同。对于残缺数据，ETL 将这类数据过滤出来，按缺失内容向业务数据的所有者提交，要求在规定的时间内补全，之后才写入数据仓库。对于错误数据，一般的处理方式是通过数据库查询的方式找出来，并将脏数据反馈给业务系统用户，由业务用户确定是抛弃这些数据还是修改后再次进行抽取，修改的工作可以是业务系统相关人员配合 ETL 开发者来完成。对于重复数据的处理，ETL 系统本身应该具有自动查重、去重的功能。差异数据则需要协调 ETL 开发者与来自多个不同业务系统的人员共同确认参照标准，然后在 ETL 系统中建立一系列必要的方法和手段，来实现数据的一致性和标准化。

6.1.2 数据清洗原则

保障数据清洗处理顺利进行的原则是优先对数据清洗处理流程进行分析和系统化设计，针对数据的主要问题和特征，设计一系列数据对照表和数据清洗程序库的有效组合，以便面对不断变化、形形色色的数据清洗问题。数据清洗流程通常包括如下内容：

- 预处理。对于大的数据加载文件，特别是新的文件和数据集合，要进行预先诊断和检测，不能贸然加载。有时需要临时编写程序进行数据清洁检查。
- 标准化处理。应用建于数据仓库内部的标准字典，对地区名、人名、公司名、产品名、分类名以及各种编码信息进行标准化处理。
- 查重。应用各种数据库查询技术和手段，避免引入重复数据。
- 出错处理和修正。将出错的记录和数据写入日志文件，留待进一步处理。

6.1.3 数据清洗实例

1. 身份证号码格式检查

身份证号码格式校验是很多系统在数据集成时的一个常见需求，这里以 18 位身份证为例，使用一个 Kettle 转换实现身份证号码的合法性验证。该转换执行的结果是将所有合规与不合规的身份证号码写入相应的输出文件。按以下身份证号码的定义规则建立转换。

身份证 18 位从左到右分别表示的含义为：

- 1~2：省级行政区代码。
- 3~4：地级行政区代码。
- 5~6：县区行政区代码。
- 7~10、11~12、13~14：出生年、月、日。
- 15~17：顺序码，同一地区、同年、同月、同日出生人的编号，奇数表示男性，偶数表示女性。

● 18：校验码，如果是 0~9 则用 0~9 表示，如果是 10 则用 X（罗马数字 10）表示。

身份证校验码的计算方法为：

● 将身份证号码前 17 位数分别乘以不同的系数。从第 1 位到第 17 位的系数分别为 7、9、10、5、8、4、2、1、6、3、7、9、10、5、8、4、2。

● 将这 17 位数字和系数相乘的结果相加。

● 用相加和除以 11，看余数是多少。

● 余数只可能是 0、1、2、3、4、5、6、7、8、9、10 这 11 个数字之一，分别对应最后一位身份证号码的 1、0、X、9、8、7、6、5、4、3、2。

总的 Kettle 转换如图 6-1 所示。

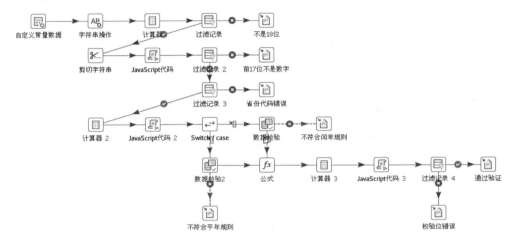

图 6-1　校验身份证号码的 Kettle 转换

这是本书到目前为止步骤最多的一个转换。虽然有些复杂，但是条理还比较清晰。下面具体说明每个步骤的定义和作用。

"自定义常量数据"步骤定义 8 条身份证号码模拟数据（作为输入），其中包括各种不合规的情况及一条完全合规的号码：

```
cardid
110102197203270816
110102197203270816l
110102197203270811
a00102197203270816
000102197203270816
110102197302290816
110102197202290816
110102197202300816
```

第一层的另外四个步骤负责校验号码位数，18 位的数据流向第二层，其他数据输出到一个错误文件。"字符串操作"步骤的作用是去除字符串两边的空格（Trim type 选择 both），并将字符串转为大写（Lower/Upper 选择 Upper）。"计算器"步骤返回一个表示字符串长度的新字段 length

（“计算”选择“Return the length of a string A”，“字段 A”选择“cardid”，“值类型”选择“String”）。“过滤记录”步骤中的“条件”为“length = 18”，为真时流向下面的步骤，为假时输出错误文件。

第二层的四个步骤用于校验号码的前 17 位是否均为数字，合规的数据流向第三层，其他数据输出到一个错误文件。“剪切字符串”步骤将 18 位字符串分隔成 21 个字段，字符串下标从 0 开始，如图 6-2 所示。province 取前两位，用于后面验证省份代码。year 取第 7~10 位，用于后面的闰年计算。p17 取前 17 位，用于判断是否纯数字。s1~s18 表示每一位，用于后面计算检验位。

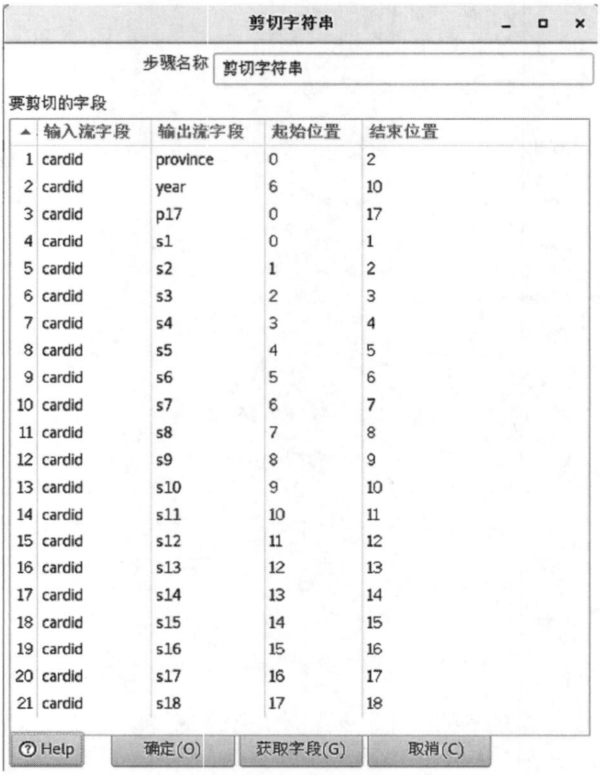

	输入流字段	输出流字段	起始位置	结束位置
1	cardid	province	0	2
2	cardid	year	6	10
3	cardid	p17	0	17
4	cardid	s1	0	1
5	cardid	s2	1	2
6	cardid	s3	2	3
7	cardid	s4	3	4
8	cardid	s5	4	5
9	cardid	s6	5	6
10	cardid	s7	6	7
11	cardid	s8	7	8
12	cardid	s9	8	9
13	cardid	s10	9	10
14	cardid	s11	10	11
15	cardid	s12	11	12
16	cardid	s13	12	13
17	cardid	s14	13	14
18	cardid	s15	14	15
19	cardid	s16	15	16
20	cardid	s17	16	17
21	cardid	s18	17	18

图 6-2 剪切字符串

“JavaScript 代码”步骤中只有一行脚本，用 isNaN 函数判断前 17 位的字符串是否为纯数字，并返回 Boolean 类型的字段“notnumber”：

```
notnumber=isNaN(p17)
```

“过滤记录 2”步骤中的“条件”为“notnumber = N”，为真时流向下面的步骤，为假时输出错误文件。

第三层的两个步骤校验两位省份代码，合规的数据流向第四层，其他数据输出到一个错误文件。“过滤记录 3”步骤中的“条件”为：

```
    province IN LIST
11;12;13;14;15;21;22;23;31;32;33;34;35;36;37;41;42;43;44;45;46;50;51;52;53;54;
61;62;63;64;65;71;81;82;91
```

"计算器 2"步骤定义如图 6-3 所示，先定义三个常数 400、100、4，然后计算 year 除以这三个常数的余数，用于后面判断是否为闰年。

图 6-3　计算闰年

"JavaScript 代码 2"步骤中的脚本如下，按闰年定义进行判断，返回 Boolean 类型的字段 isleapyear 表示 year 是否为闰年。

```
var isleapyear;

if( y1==0 || y2>0 && y3==0 )
{isleapyear = true;}
else
{isleapyear = false;}
```

"Switch / case"定义如图 6-4 所示，根据 isleapyear 的值让闰年与平年执行不同数据校验分支。

"数据校验"步骤验证闰年的日期规则，"要检验的字段名"选择 cardid，在"合法数据的正则表达式"中填写：

```
^[1-9][0-9]{5}19[0-9]{2}((01|03|05|07|08|10|12)(0[1-9]|[1-2][0-9]|3[0-1])|
(04|06|09|11)(0[1-9]|[1-2][0-9]|30)|02(0[1-9]|[1-2][0-9]))[0-9]{3}[0-9X]$
```

"数据校验 2"步骤验证平年的日期规则，"要检验的字段名"选择 cardid，在"合法数据的正则表达式"中填写：

```
([s1]*7+[s2]*9+[s3]*10+[s4]*5+[s5]*8+[s6]*4+[s7]*2+[s8]*1+[s9]*6+[s10]*3+[
s11]*7+[s12]*9+[s13]*10+[s14]*5+[s15]*8+[s16]*4+[s17]*2)
```

图 6-4　闰年与平年执行不同的分支

"计算器 3"步骤定义如图 6-5 所示，计算 s 除以 11 的余数。

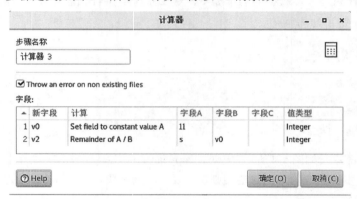

图 6-5　计算余数

"JavaScript 代码 3"步骤中的脚本如下，计算校验位，返回 Boolean 类型的字段 valid，表示校验位是否正确。

```
var v_str='10X98765432'.substring(v2,v2+1);

if(s18==v_str)
{valid=true}
else
{valid=false}
```

"过滤记录 4"步骤中的"条件"为"valid = Y"，为真时将通过验证的数据输出到文件，为假时输出错误文件。

执行转换后，各错误文件和正确输出文件内容如下：

```
[root@localhost 6]# cat err1.txt
cardid;length
```

```
11010219720327081;19
1101021972032708161;17
[root@localhost 6]# cat err2.txt
cardid;p17
A0010219720327081;A00102197203270816
[root@localhost 6]# cat err3.txt
cardid;province
000102197203270816;00
[root@localhost 6]# cat err4.txt
cardid
110102197202300816
[root@localhost 6]# cat err5.txt
cardid
110102197302290816
[root@localhost 6]# cat err6.txt
cardid
110102197202290816
[root@localhost 6]# cat valid.txt
cardid
110102197203270816
[root@localhost 6]#
```

2. 去除重复数据

有两种意义上的重复记录：一是完全重复的记录，即所有字段均重复；二是部分字段重复的记录。发生第一种重复的原因主要是表设计不周全，通过给表增加主键或唯一索引列即可避免。对于第二类重复问题，通常要求保留重复记录中的任一条记录。Kettle 转换中的"去除重复记录"和"唯一行（哈希值）"两个步骤都能用于实现去重操作。"去除重复记录"步骤前，应该按照去重列进行排序，否则可能返回错误的结果。"唯一行（哈希值）"步骤则不需要事先对数据进行排序。图 6-6 所示为一个 Kettle 去重的例子。

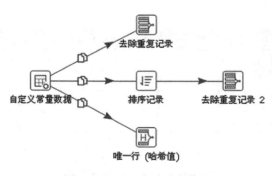

图 6-6　Kettle 去除重复数据

"自定义常量数据"步骤定义 5 条记录，字段名为 id 和 name，值为（1，a）、（2，b）、（1，b）、（3，a）、（3，b）。

"去除重复记录"步骤中"用于比较的字段"选择 id，即按 id 字段去重。因为没有排序，所以该步骤输出为 4 条记录，id=1 仍然有两条记录：（1，a）、（2，b）、（1，b）、（3，a）。

"去除重复记录 2"步骤的定义与"去除重复记录"步骤相同，但前置了一个"排序记录"步骤，在其中定义按 id 和 name 字段排序，因此去重输出为：（1，a）、（2，b）、（3，a）。

"唯一行（哈希值）"步骤的输出与"去除重复记录 2"步骤相同，但无须先排序即可按预期去重。

3. 建立标准数据对照表

这是一个真实数据仓库项目中的案例。某公司要建立一个员工数据仓库，需要从多个业务系统集成员工的相关信息。由于历史原因，该公司现存的四个业务系统中都包含员工数据，这四个业务系统是 HR、OA、考勤和绩效考核系统。这些系统是彼此独立的，有些是采购的商业软件，有些是公司自己开发的。每个系统中都有员工和组织机构表，存储员工编号、姓名、所在部门等属性。各个系统的员工数据并不一致。例如，员工入职或离职时，HR 系统会更新员工数据，但 OA 系统的更新可能会滞后很长时间。项目的目标是建立一个全公司唯一、一致的人员信息库。

我们的思路是利用一系列经过仔细定义的参照表或转换表，取代那些所谓硬编码的转换程序。其优点很明显：转换功能动态化，并能适应多变的环境。对于建立在许多不同数据源之上的数据仓库来说，这是一项非常重要的基础工作，具体方案如下：

- 建立标准码表，用以辅助数据转换处理。
- 建立与标准值转化有关的函数或子程序。
- 建立非标准值与标准值对照的映像表或者别名与标准名的对照表。

下面的问题是确定标准值来源。从业务角度看，HR 系统的数据相对来说是最准确的，因为员工或组织机构变化，最先反映到该系统的数据更新中。以 HR 系统中的员工表数据为标准是比较合适的选择。有了标准值后，还要建立一个映像表，把其他系统的员工数据和标准值对应起来。比如有一个员工的编号在 HR 系统中为 101，在其他三个系统中的编号分别是 102、103、104，所建立的映像表应该与表 6-1 类似。

表6-1　标准值映像表

DW 条目名称	DW 标准值	业务系统	数据来源	源值
员工编号	101	HR	HR 库.表名.列名	101
员工编号	101	OA	OA 库.表名.列名	102
员工编号	101	考勤	考勤库.表名.列名	103
员工编号	101	绩效	绩效库.表名.列名	104

这张表建立在数据仓库模式中，人员数据从各个系统抽取来以后与标准值映像表关联，从而形成统一的标准数据。映像表被其他源数据引用，是数据一致性的关键，其维护应该与 HR 系统同步。因此，在 ETL 过程中应该首先处理 HR 表和映像表。

数据清洗在实际 ETL 开发中是不可缺少的重要一步。这里，为了降低复杂度在我们的销售订单示例中并没有涉及数据清洗，但是读者也应该了解相关内容，这会对实际工作有所帮助。

6.2　Hive 简介

在第 4 章"建立 ETL 示例模型"中我们建立了 Hive 库表以存储销售订单示例的过渡区和数据仓库数据，并介绍了 Hive 支持的文件格式、表类型以及如何支持事务处理。Kettle 处理 Hadoop ETL 依赖于 Hive，因此有必要系统地了解一下 Hive 的基本概念及其体系结构。

Hive 是 Hadoop 生态圈的数据仓库软件，使用类似于 SQL 的语言读、写、管理分布式存储上的大数据集。它建立在 Hadoop 之上，具有以下功能和特点：

- 通过 HiveQL 方便地访问数据，适合执行 ETL、报表查询、数据分析等数据仓库任务。
- 提供一种机制，给各种各样的数据格式添加结构。
- 直接访问 HDFS 文件，或者访问如 HBase 的其他数据存储。
- 可以通过 MapReduce、Spark 或 Tez 等多种计算框架执行查询。

Hive 提供标准的 SQL 功能，包括 2003 以后的标准和 2011 标准中的分析特性。Hive 中的 SQL 还可以通过用户定义的函数（UDFs）、用户定义的聚合函数（UDAFs）、用户定义的表函数（UDTFs）进行扩展。Hive 内建连接器支持 CSV 文本文件、Parquet、ORC 等多种数据格式，用户也可以扩展支持其他格式的连接器。Hive 被设计成一个可扩展、高性能、容错、与输入数据格式松耦合的系统，适合于数据仓库中的汇总、分析、批处理查询等任务，而不适合联机事务处理的工作场景。Hive 包括 HCatalog 和 WebHCat 两个组件。HCatalog 是 Hadoop 的表和存储管理层，允许使用 Pig 或 MapReduce 等数据处理工具的用户更容易读写集群中的数据。WebHCat 提供了一个服务，可以使用 HTTP 接口执行 MapReduce、YARN、Pig、Hive 作业或元数据操作。

6.2.1　Hive 体系结构

Hive 的体系结构如图 6-7 所示。

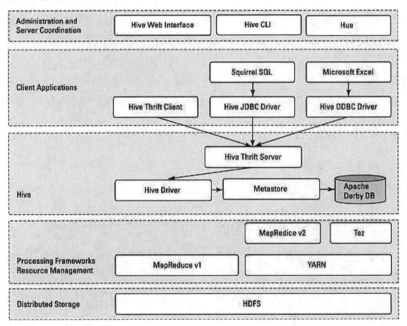

图 6-7　Hive 体系结构

Hive 建立在 Hadoop 的分布式文件系统 HDFS 和 MapReduce 之上。图 6-7 中显示了 Hadoop 1 和 Hadoop 2 中的两种 MapReduce 组件。在 Hadoop 1 中，Hive 查询被转化成 MapReduce 代码，并且使用第一版的 MapReduce 框架执行，如 JobTracker 和 TaskTracker。在 Hadoop 2 中，YARN 将资源管理和调度从 MapReduce 框架中解耦。Hive 查询仍然被转化为 MapReduce 代码并执行，但使用的是 YARN 框架和第二版的 MapReduce。

为了更好地理解 Hive 如何与 Hadoop 的基本组件一起协同工作，可以把 Hadoop 看作一个操作系统，HDFS 和 MapReduce 是这个操作系统的组成部分，Hive、HBase 等组件则是操作系统的上层应用。Hadoop 生态圈的通用底层架构是，HDFS 提供分布式存储，MapReduce 为上层功能提供并行处理能力。

在 HDFS 和 MapReduce 之上是 Hive 驱动程序和元数据存储。Hive 驱动程序及其编译器负责编译、优化和执行 HiveQL。依赖于具体情况，Hive 驱动程序可能选择在本地执行 Hive 语句或命令，也可能产生一个 MapReduce 作业。Hive 驱动程序把元数据存储在数据库中。

默认配置下，Hive 在内建的 Derby 关系数据库系统中存储元数据，这种方式被称为嵌入模式。在该模式下，Hive 驱动程序、元数据存储和 Derby 全部运行在同一个 Java 虚拟机中（JVM）。这种配置适合于学习目的，它只支持单一的 Hive 会话，所以不能用于多用户的生产环境。Hive 还允许将元数据存储于本地或远程的外部数据库中，这种设置可以更好地支持 Hive 的多会话生产环境，并且可以配置任何与 JDBC API 兼容的关系型数据库系统来存储 Hive 元数据，如 MySQL、Oracle 等。

对应用支持的关键组件是 Hive Thrift 服务，它允许一个富客户端集访问 Hive，开源的 SQuirreL SQL 客户端被作为示例包含其中。任何与 JDBC 兼容的应用都可以通过绑定的 JDBC 驱动访问 Hive。与 ODBC 兼容的客户端（如 Linux 下典型的 unixODBC 和 isql 应用程序）可以从远程 Linux 客户端访问 Hive。如果客户端安装了相应的 ODBC 驱动，甚至可以从微软的 Excel 访问 Hive。通过 Thrift 还可以用 Java 以外的程序语言（如 PHP 或 Python）访问 Hive。就像 JDBC、ODBC 一样，Thrift 客户端通过 Thrift 服务器访问 Hive。

架构图的最上面包括一个命令行接口（CLI），可以在 Linux 终端窗口向 Hive 驱动程序直接发出查询或管理命令。还有一个简单的 Web 界面，通过它可以从浏览器访问 Hive 管理表及其数据。

6.2.2　Hive 工作流程

从接收到发自命令行或是应用程序的查询命令到把结果返回给用户，Hive 的工作流程（第一版的 MapReduce）如图 6-8 所示。

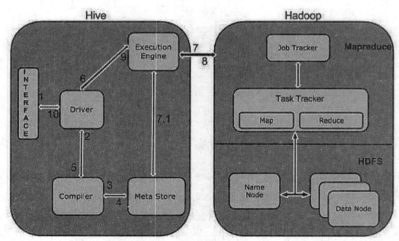

图 6-8　Hive 工作流程

下面用表 6-2 说明 Hive 如何与 Hadoop 的基本组件进行交互，从中不难看出 Hive 的执行过程与关系型数据库非常相似，只不过是使用分布式计算框架来实现的。

表6-2　Hive执行流程

步骤	操作
1	执行查询：从 Hive 的 CLI 或 Web UI 发查询命令给驱动程序（任何 JDBC、ODBC 数据库驱动）执行
2	获得计划：驱动程序请求查询编译器解析查询、检查语法、生成查询计划或者查询所需要的资源
3	获取元数据：编译器向元数据存储数据库发送元数据请求
4	发送元数据：作为响应，元数据存储向编译器发送元数据
5	发送计划：编译器检查需要的资源，并把查询计划发给驱动程序。至此，查询解析完成
6	执行计划：驱动程序向执行引擎发送执行计划
7	执行作业：执行计划处理的是一个 MapReduce 作业。执行引擎向 Name node 上的 JobTracker 进程发送作业，JobTracker 把作业分配给 Data node 上的 TaskTracker 进程。此时，查询执行 MapReduce 作业
7.1	操作元数据：执行作业的同时，执行引擎可能会执行元数据操作，如 DDL 语句等
8	取回结果：执行引擎从 Data node 接收结果
9	发送结果：执行引擎向驱动程序发送合成的结果值
10	发送结果：驱动程序向 Hive 接口（CLI 或 Web UI）发送结果

6.2.3　Hive 服务器

我们在 3.2.2 小节"连接 Hive"中已经提到过 Hive 有 HiveServer 和 HiveServer2 两版服务器，并指出了两个版本的主要区别。这里再对 HiveServer2 做一些深入的补充说明。

HiveServer2（后面简称 HS2）是从 Hive 0.11 版本开始引入的，提供了一个服务器接口，允许客户端在 Hive 中执行查询并取回查询结果。当前实现的是一个 HiveServer 的改进版本，它基于 Thrift RPC，支持多客户端身份认证和并发操作，对 JDBC、ODBC 等开放 API 客户端提供了很好的支持。

HS2 使用单一进程提供两种服务，分别是基于 Thrift 的 Hive 服务和一个 Jetty Web 服务。基于 Thrift 的 Hive 服务是 HS2 的核心，对 Hive 进行查询，例如，对从 Beeline 里发出的查询语句做出响应。Hive 通过 Thrift 提供 Hive 元数据存储服务。通常来说，用户应该通过只读方式获取表的元数据信息，不应该调用元数据存储方法直接对元数据进行修改，而要通过 HiveQL 语言让 Hive 执行这样的操作。

1. 配置 HS2

不同版本的 HS2 配置属性可能会有所不同，最基本的配置是在 hive-site.xml 文件中设置如下属性：

● hive.server2.thrift.min.worker.threads：最小工作线程数，默认值是 5。
● hive.server2.thrift.max.worker.threads：最大工作线程数，默认值是 500。
● hive.server2.thrift.port：监听的 TCP 端口号，默认值是 10000。
● hive.server2.thrift.bind.host：TCP 接口绑定的主机。

除了在 hive-site.xml 配置文件中设置属性外，还可以使用环境变量设置相关信息。环境变量的优先级别要高于配置文件，相同的属性如果在环境变量和配置文件中都有设置，则会使用环境变量的设置，也就是说环境变量将覆盖配置文件里的设置。可以配置如下环境变量：

- HIVE_SERVER2_THRIFT_BIND_HOST：用于指定 TCP 接口绑定的主机。
- HIVE_SERVER2_THRIFT_PORT：指定监听的 TCP 端口号，默认值是 10000。

HS2 支持通过 HTTP 协议传输 Thrift RPC 消息（Hive 0.13 以后的版本），这种方式特别适合用于支持客户端和服务器之间存在代理层的情况。当前 HS2 可以运行在 TCP 模式或 HTTP 模式下，但是不能同时使用两种模式。使用下面的属性设置启用 HTTP 模式：

- hive.server2.transport.mode：设置为 HTTP 启用 HTTP 传输模式，默认值是 binary。
- hive.server2.thrift.http.port：监听的 HTTP 端口号，默认值是 10001。
- hive.server2.thrift.http.max.worker.threads：服务器池中的最大工作线程数，默认值是 500。
- hive.server2.thrift.http.min.worker.threads：服务器池中的最小工作线程数，默认值是 5。

可以配置 hive.server2.global.init.file.location 属性，指定一个全局初始化文件的位置（Hive 0.14 以后版本），它或者是初始化文件本身的路径，或者是一个名为 ".hiverc" 的文件所在的目录。在这个初始化文件中可以包含一系列命令，这些命令会在 HS2 实例中运行，例如注册标准的 JAR 包或函数等。

如下参数配置 HS2 的操作日志：

- hive.server2.logging.operation.enabled：当设置为 true 时（默认），HS2 会保存对客户端的操作日志。
- hive.server2.logging.operation.log.location：指定存储操作日志的顶级目录，默认值是 ${java.io.tmpdir}/${user.name}/operation_logs。
- hive.server2.logging.operation.verbose：如果设置为 true，HS2 客户端将会打印详细信息，默认值是 false。
- hive.server2.logging.operation.level：该值指定日志级别，允许在客户端的会话级进行设置。有四种日志级别：①NONE，忽略任何日志；②EXECUTION，记录完整的任务日志；③PERFORMANCE，在 EXECUTION 加上性能日志；④VERBOSE，记录全部日志。默认值是 EXECUTION。

默认情况下，HS2 以连接服务器的用户身份处理查询，如果将下面的属性设置为 false，那么查询将以运行 HS2 进程的用户身份执行。当遇到无法创建临时表一类的错误时，可以尝试设置此属性。

- hive.server2.enable.doAs：作为连接用户的身份，默认值为 true。

为了避免不安全的内存溢出，可以通过将以下参数设置为 true，禁用文件系统缓存。

- fs.hdfs.impl.disable.cache：禁用 HDFS 缓存，默认值为 false。
- fs.file.impl.disable.cache：禁用本地文件系统缓存，默认值为 false。

2. 临时目录管理

HS2 允许配置临时目录，这些目录被 Hive 用于存储中间临时输出。临时目录相关的配置属性如下。

- hive.scratchdir.lock：如果设置为 true，那么临时目录中会持有一个锁文件。如果一个 Hive 进程异常挂掉，就可能会遗留下挂起的临时目录。使用 cleardanglingscratchdir 工具能够删除挂起的临时目录。如果此参数为 false（默认值），就不会建立锁文件，cleardanglingscratchdir 工具也不能删除任何挂起的临时目录。
- hive.exec.scratchdir：指定 Hive 作业使用的临时空间目录。该目录用于存储为查询产生的不同 map/reduce 阶段计划，也存储这些阶段的中间输出。
- hive.scratch.dir.permission：指定特定用户对根临时目录的权限，默认值是 700。
- hive.start.cleanup.scratchdir：指定是否在启动 HS2 时清除临时目录，默认值是 false。在多用户环境下不应设置该属性，因为可能会删除正在使用的临时目录。

3. HS2 的 Web 用户界面（Hive 2.0.0 引入）

HS2 的 Web 界面提供配置、日志、度量和活跃会话等信息，其使用的默认端口是 10002。可以设置 hive-site.xml 文件中的 hive.server2.webui.host、hive.server2.webui.port、hive.server2.webui.max.threads 等属性配置 Web 接口。Web 界面如图 6-9 所示。

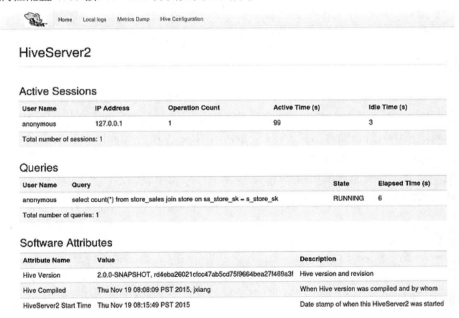

图 6-9 HS2 的 Web 界面

4. 查看 Hive 版本

可以使用两种方法查看 Hive 版本。

● 使用 version()函数。

```
hive> select version();
OK
2.1.1-cdh6.3.1 re8d55f408b4f9aa2648bc9e34a8f802d53d6aab3
```

● 查询元数据存储数据库的 version 表。

```
mysql> select * from hive.VERSION;
+--------+----------------+----------------------------+
| VER_ID | SCHEMA_VERSION | VERSION_COMMENT            |
+--------+----------------+----------------------------+
|      1 | 2.1.1          | Hive release version 2.1.1 |
+--------+----------------+----------------------------+
1 row in set (0.00 sec)
```

6.2.4　Hive 优化

Hive 的执行依赖于底层 MapReduce 作业，因此对 Hadoop 作业的优化或者对 MapReduce 作业的调整是提高 Hive 性能的基础。大多数情况下，用户不需要了解 Hive 内部如何工作。但是，当对 Hive 具有越来越多的经验后，学习一些 Hive 的底层实现细节和优化知识，会让用户更加高效地使用 Hive。如果没有适当的调整，那么即使查询 Hive 中的一个小表，有时也会耗时数分钟才能得到结果。也正是因为这个原因，Hive 对于 OLAP 类型的应用有很大的局限性，它不适合需要立即返回查询结果的场景。通过实施下面一系列的调优方法，Hive 查询的性能会有大幅提高。

1. 启用压缩

压缩可以使磁盘上存储的数据量变小，例如文本文件格式能够压缩 40%甚至更高比例，这样可以通过降低 I/O 来提高查询速度。除非产生的数据用于外部系统或者存在格式兼容性问题，建议总是启用压缩。压缩与解压缩会消耗 CPU 资源，但 Hive 产生的 MadReduce 作业往往是 I/O 密集型的，因此 CPU 开销通常不是问题。

为了启用压缩，需要查出所使用的 Hive 版本支持的压缩编码方式，下面的 set 命令列出可用的编解码器（CDH 6.3.1 中的 Hive）。

```
hive> set io.compression.codecs;
io.compression.codecs=org.apache.hadoop.io.compress.DefaultCodec,org.apach
e.hadoop.io.compress.GzipCodec,org.apache.hadoop.io.compress.BZip2Codec,org.ap
ache.hadoop.io.compress.DeflateCodec,org.apache.hadoop.io.compress.SnappyCodec
,org.apache.hadoop.io.compress.Lz4Codec
hive>
```

一个复杂的 Hive 查询在提交后通常被转换为一系列中间阶段的 MapReduce 作业，Hive 引擎将这些作业串联起来完成整个查询。可以将这些中间数据进行压缩。这里所说的中间数据是指上一个 MapReduce 作业的输出，这些输出将被下一个 MapReduce 作业作为输入数据使用。可以在 hive-site.xml 文件中设置 hive.exec.compress.intermediate 属性以启用中间数据压缩。

```
<property>
```

```
    <name>hive.exec.compress.intermediate</name>
    <value>true</value>
    <description/>
</property>
<property>
    <name>hive.intermediate.compression.codec</name>
    <value>org.apache.hadoop.io.compress.SnappyCodec</value>
    <description/>
</property>
<property>
    <name>hive.intermediate.compression.type</name>
    <value>BLOCK</value>
    <description/>
</property>
```

也可以在 Hive 客户端中使用 set 命令设置这些属性。

```
hive> set hive.exec.compress.intermediate=true;
hive> set
hive.intermediate.compression.codec=org.apache.hadoop.io.compress.SnappyCodec;
hive> set hive.intermediate.compression.type=BLOCK;
```

当 Hive 将输出写入表中时,输出内容同样可以进行压缩。可以设置 hive.exec.compress.output 属性启用最终输出压缩:

```
<property>
    <name>hive.exec.compress.output</name>
    <value>true</value>
    <description/>
</property>
```

或者

```
hive> set hive.exec.compress.output=true;
hive> set mapreduce.output.fileoutputformat.compress=true;
hive> set
mapreduce.output.fileoutputformat.compress.codec=org.apache.hadoop.io.compress
.SnappyCodec;
hive> set mapreduce.output.fileoutputformat.compress.type=BLOCK;
```

2. 优化连接

可以通过配置 Map 连接和倾斜连接的相关属性提升连接查询性能。

（1）自动 Map 连接

当连接一个大表和一个小表时,自动 Map 连接是一个非常有用的特性。如果启用了该特性,小表将保存在每个节点的本地缓存中,并在 Map 阶段与大表进行连接。开启自动 Map 连接提供了两个好处。首先,将小表装进缓存将减少在每个数据节点上的读取时间。其次,它避免了 Hive 查询中的倾斜连接,因为每个数据块的连接操作已经在 Map 阶段完成了。设置下面的属性启用自动

Map 连接属性。

```
<property>
    <name>hive.auto.convert.join</name>
    <value>true</value>
</property>
<property>
    <name>hive.auto.convert.join.noconditionaltask</name>
    <value>true</value>
</property>
<property>
    <name>hive.auto.convert.join.noconditionaltask.size</name>
    <value>10000000</value>
</property>
<property>
    <name>hive.auto.convert.join.use.nonstaged</name>
    <value>true</value>
</property>
```

属性说明：

- hive.auto.convert.join：是否启用基于输入文件的大小，将普通连接转化为 Map 连接的优化机制。

- hive.auto.convert.join.noconditionaltask：是否启用基于输入文件的大小，将普通连接转化为 Map 连接的优化机制。假设参与连接的表（或分区）有 N 个，如果打开这个参数，并且有 N-1 个表（或分区）的大小总和小于 hive.auto.convert.join.noconditionaltask.size 参数指定的值，那么会直接将连接转为 Map 连接。

- hive.auto.convert.join.noconditionaltask.size：如果 hive.auto.convert.join.noconditionaltask 是关闭的，则本参数不起作用；否则，如果参与连接的 N 个表（或分区）中的 N-1 个的总大小小于这个参数的值，就直接将连接转为 Map 连接。默认值为 10MB。

- hive.auto.convert.join.use.nonstaged：对于条件连接，如果从一个小的输入流可以直接应用于 join 操作而不需要过滤或者投影，那么不需要通过 MapReduce 的本地任务在分布式缓存中预存。当前该参数在 vectorization 或 tez 执行引擎中不工作。

（2）倾斜连接

两个大表连接时，会先基于连接键分别对两个表进行排序，然后连接它们。Mapper 将特定键值的所有行发送给同一个 Reducer。例如，表 A 的 id 列有 1、2、3、4 四个值，表 B 的 id 列有 1、2、3 三个值。查询语句为：

```
select A.id from A join B on A.id = B.id;
```

一系列 Mapper 读取表中的数据，并基于键值发送给 Reducer，比如 id=1 的行进入 Reducer R1、id=2 的行进入 Reducer R2 等。这些 Reducer 产生 A、B 的交集并输出。Reducer R4 只从 A 获取行，不会产生查询结果。

假设 id=1 的数据行是高度倾斜的，则 R2 和 R3 会很快完成，而 R1 需要很长时间，将成为整个查询的瓶颈。配置倾斜连接的相关属性可以有效优化倾斜连接。

```
<property>
    <name>hive.optimize.skewjoin</name>
    <value>true</value>
</property>
<property>
    <name>hive.skewjoin.key</name>
    <value>100000</value>
</property>
<property>
    <name>hive.skewjoin.mapjoin.map.tasks</name>
    <value>10000</value>
</property>
<property>
    <name>hive.skewjoin.mapjoin.min.split</name>
    <value>33554432</value>
</property>
```

属性说明：

- hive.optimize.skewjoin：是否为连接表中的倾斜键创建单独的执行计划。它基于存储在元数据中的倾斜键。在编译时，Hive 为倾斜键和其他键值生成各自的查询计划。
- hive.skewjoin.key：决定如何确定连接中的倾斜键。在连接操作中，如果同一键值所对应的数据行数超过该参数值，则认为该键是一个倾斜连接键。
- hive.skewjoin.mapjoin.map.tasks：指定倾斜连接中用于 Map 连接作业的任务数。该参数应该与 hive.skewjoin.mapjoin.min.split 一起使用，执行细粒度控制。
- hive.skewjoin.mapjoin.min.split：通过指定最小 split 大小确定 Map 连接作业的任务数。该参数应该与 hive.skewjoin.mapjoin.map.tasks 一起使用，执行细粒度控制。

（3）桶 Map 连接

如果连接中使用的表是按特定列分桶的，可以开启桶 Map 连接提升性能。

```
<property>
    <name>hive.optimize.bucketmapjoin</name>
    <value>true</value>
</property>
<property>
    <name>hive.optimize.bucketmapjoin.sortedmerge</name>
    <value>true</value>
</property>
```

属性说明：

- hive.optimize.bucketmapjoin：是否尝试桶 Map 连接。
- hive.optimize.bucketmapjoin.sortedmerge：是否尝试在 Map 连接中使用归并排序。

3. 避免使用 order by 全局排序

Hive 中使用 order by 子句实现全局排序。order by 只用一个 Reducer 产生结果，对于大数据集，这种做法效率很低。如果不需要全局有序，则可以使用 sort by 子句，该子句为每个 reducer 生成一个排好序的文件。如果需要控制一个特定数据行流向哪个 reducer，可以使用 distribute by 子句，例如：

```
select id, name, salary, dept
from employee
distribute by dept sort by id asc, name desc;
```

属于一个 dept 的数据会分配到同一个 reducer 进行处理，同一个 dept 的所有记录按照 id、name 列排序。最终的结果集是全局有序的。

4. 启用 Tez 执行引擎

使用 Tez 执行引擎代替传统的 MapReduce 引擎，会大幅提升 Hive 查询的性能。在安装好 Tez 后，配置 hive.execution.engine 属性指定执行引擎。

```
<property>
    <name>hive.execution.engine</name>
    <value>tez</value>
    <description/>
</property>
```

5. 优化 limit 操作

默认 limit 操作会执行整个查询，然后返回限定的行数。在有些情况下，这种处理方式很浪费，这时可以通过设置下面的属性避免此行为。

```
<property>
    <name>hive.limit.optimize.enable</name>
    <value>true</value>
</property>
<property>
    <name>hive.limit.row.max.size</name>
    <value>100000</value>
</property>
<property>
    <name>hive.limit.optimize.limit.file</name>
    <value>10</value>
</property>
<property>
    <name>hive.limit.optimize.fetch.max</name>
    <value>50000</value>
</property>
```

属性说明：

- hive.limit.optimize.enable：是否启用 limit 优化。当使用 limit 语句时，对原数据进行抽样。
- hive.limit.row.max.size： 在使用 limit 做数据子集查询时保证的最小行数据量。
- hive.limit.optimize.limit.file：在使用 limit 做数据子集查询时，采样的最大文件数。
- hive.limit.optimize.fetch.max：使用简单 limit 数据抽样时允许的最大行数。

6. 启用并行执行

每条 HiveQL 语句都被转化成一个或多个执行阶段，可能是一个 MapReduce 阶段、采样阶段、归并阶段、限制阶段等。默认时，Hive 在任意时刻只能执行其中一个阶段。如果组成一个特定作业的多个执行阶段彼此独立，那么可以并行执行，从而使整个作业得以更快完成。通过设置下面的属性启用并行执行。

```
<property>
    <name>hive.exec.parallel</name>
    <value>true</value>
</property>
<property>
    <name>hive.exec.parallel.thread.number</name>
    <value>8</value>
</property>
```

属性说明：

- hive.exec.parallel： 是否并行执行作业。
- hive.exec.parallel.thread.number： 最多可以并行执行的作业数。

7. 启用 MapReduce 严格模式

Hive 提供了一个严格模式，可以防止用户执行那些可能产生负面影响的查询。通过设置下面的属性启用 MapReduce 严格模式。

```
<property>
    <name>hive.mapred.mode</name>
    <value>strict</value>
</property>
```

严格模式禁止以下三种类型的查询：

- 对于分区表，where 子句中不包含分区字段过滤条件的查询语句不允许执行。
- 对于使用了 order by 子句的查询，要求必须使用 limit 子句，否则不允许执行。
- 限制笛卡儿积查询。

8. 使用单一 reduce 执行多个 group by 操作

通过为 group by 操作开启单一 reduce 任务属性，可以将一个查询中的多个 group by 操作联合在一起发送给单一 MapReduce 作业。

```
<property>
```

```
    <name>hive.multigroupby.singlereducer</name>
    <value>true</value>
    <description/>
</property>
```

9. 控制并行 reduce 任务

Hive 通过将查询划分成一个或多个 MapReduce 任务达到并行的目的。确定最佳的 mapper 个数和 reducer 个数取决于多个变量，例如输入的数据量以及对这些数据执行的操作类型等。如果有太多的 mapper 或 reducer 任务，就会导致启动、调度和运行作业过程中产生过多的开销；如果设置的数量太少，就可能没有充分利用好集群内在的并行性。对于一个 Hive 查询，可以设置下面的属性来控制并行 reduce 任务的个数。

```
<property>
    <name>hive.exec.reducers.bytes.per.reducer</name>
    <value>256000000</value>
</property>
<property>
    <name>hive.exec.reducers.max</name>
    <value>1009</value>
</property>
```

属性说明：

- hive.exec.reducers.bytes.per.reducer: 每个 reducer 的字节数，默认值为 256MB。Hive 按照输入数据量大小确定 reducer 个数。例如，输入的数据是 1GB，将使用 4 个 reducer。
- hive.exec.reducers.max: 将会使用的最大 reducer 个数。

10. 启用向量化

向量化特性在 Hive 0.13.1 版本中被首次引入。通过查询执行向量化，使 Hive 从单行处理数据改为批量处理方式，具体来说就是一次处理 1024 行而不是原来的每次只处理一行，这大大提升了指令流水线和缓存的利用率，从而提高了表扫描、聚合、过滤和连接等操作的性能。可以设置下面的属性启用查询执行向量化。

```
<property>
    <name>hive.vectorized.execution.enabled</name>
    <value>true</value>
</property>
<property>
    <name>hive.vectorized.execution.reduce.enabled</name>
    <value>true</value>
</property>
<property>
    <name>hive.vectorized.execution.reduce.groupby.enabled</name>
    <value>true</value>
</property>
```

属性说明：

- hive.vectorized.execution.enabled：如果该标志设置为 true，则开启查询执行的向量模式，默认值为 false。
- hive.vectorized.execution.reduce.enabled：如果该标志设置为 true，则开启查询执行 reduce 端的向量模式，默认值为 true。
- hive.vectorized.execution.reduce.groupby.enabled：如果该标志设置为 true，则开启查询执行 reduce 端 group by 操作的向量模式，默认值为 true。

11. 启用基于成本的优化器

Hive 0.14 版本开始提供基于成本优化器（CBO）特性。使用过 Oracle 数据库的读者对 CBO 一定不会陌生。与 Oracle 类似，Hive 的 CBO 也可以根据查询成本制定执行计划，例如确定表连接的顺序、以何种方式执行连接、使用的并行度等。设置下面的属性启用基于成本优化器。

```
<property>
    <name>hive.cbo.enable</name>
    <value>true</value>
</property>
<property>
    <name>hive.compute.query.using.stats</name>
    <value>true</value>
</property>
<property>
    <name>hive.stats.fetch.partition.stats</name>
    <value>true</value>
</property>
<property>
    <name>hive.stats.fetch.column.stats</name>
    <value>true</value>
</property>
```

属性说明：

- hive.cbo.enable：控制是否启用基于成本的优化器，默认值是 true。Hive 的 CBO 使用 Apache Calcite 框架实现。
- hive.compute.query.using.stats：该属性的默认值为 false。如果设置为 true，Hive 在执行某些查询时，例如 select count(1)，只利用元数据存储中保存的状态信息就返回结果。为了收集基本状态信息，需要将 hive.stats.autogather 属性配置为 true。为了收集更多的状态信息，需要运行 analyze table 查询命令。
- hive.stats.fetch.partition.stats：该属性的默认值为 true。操作树中所标识的统计信息，需要分区级别的基本统计，如每个分区的行数、数据量大小和文件大小等。分区统计信息从元数据存储中获取。如果存在很多分区，要为每个分区收集统计信息就可能会消耗大量资源。这个标志可被用于禁止从元数据存储中获取分区统计。当该标志设置为 false 时，Hive 从文件系统获取文件大小，并根据表结构估算行数。

● hive.stats.fetch.column.stats：该属性的默认值为 false。操作树中所标识的统计信息，需要列统计，列统计信息从元数据存储中获取。如果存在很多列，那么要为每个列收集统计信息可能会消耗大量资源。这个标志可被用于禁止从元数据存储中获取列统计。

可以使用 HiveQL 的 analyze table 语句，收集一个表中所有列相关的基本统计信息，例如下面的语句收集 sales_order_fact 表的统计信息。

```
analyze table sales_order_fact compute statistics for columns;
analyze table sales_order_fact compute statistics for columns order_number,
customer_sk;
```

12. 使用 ORC 文件格式

ORC 文件格式可以有效提升 Hive 查询的性能。图 6-10 由 Hortonworks 公司提供，显示了 Hive 不同文件格式的大小对比。

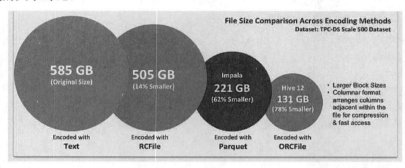

图 6-10　Hive 文件格式与大小对比

6.3　初始装载

对 Hive 的服务器结构有一定了解后，我们开始使用 Kettle 创建销售订单示例数据装载的作业和转换。在数据仓库可以使用前，需要装载历史数据，这些历史数据是导入数据仓库的第一个数据集合。首次装载被称为初始装载，一般是一次性工作。由最终用户来决定有多少历史数据进入数据仓库。例如，数据仓库使用的开始时间是 2020 年 3 月 1 日，而用户希望装载两年的历史数据，那么应该初始装载 2018 年 3 月 1 日到 2020 年 2 月 29 日之间的源数据。在 2020 年 3 月 2 日装载 2020 年 3 月 1 日的数据（假设执行频率是每天一次），之后周期性地每天装载前一天的数据。在装载事实表前，必须先装载所有维度表，因为事实表需要引用维度的代理键。这不仅针对初始装载，也针对定期装载。本节说明执行初始装载的步骤，包括标识源数据、维度历史的处理、创建相关 Kettle 作业和转换，以及验证初始装载过程。

设计开发初始装载步骤前，需要识别数据仓库中每个事实表和每个维度表用到的并且是可用的源数据，还要了解数据源的特性，例如文件类型、记录结构和可访问性等。表 6-3 显示的是销售订单示例数据仓库需要的源数据的关键信息，包括源数据表、对应的数据仓库目标表等属性。这类表格通常称作数据源对应图，因为它反映了每个从源数据到目标数据的对应关系。在本示例中，客户和产品的源数据直接与其数据仓库里的目标表（customer_dim 和 product_dim 表）相对应，而销售订单事务表是多个数据仓库表的数据源。

表6-3　销售订单数据源映射

源数据	源数据类型	文件名/表名	数据仓库中的目标表
客户	MySQL 表	customer	customer_dim
产品	MySQL 表	product	product_dim
销售订单	MySQL 表	sales_order	order_dim、sales_order_fact

标识出了数据源，现在考虑维度历史的处理。大多数维度值是随着时间改变的，如客户改变了姓名、产品的名称或分类变化等。当一个维度改变（比如一个产品有了新的分类）时，有必要记录维度的历史变化信息。在这种情况下，product_dim 表里必须既存储产品老的分类，也存储产品当前的分类。并且，老的销售订单里的产品引用老的分类。渐变维（SCD）是一种在多维数据仓库中实现保存维度历史的技术。有三种不同的 SCD 技术：SCD 类型 1（SCD1），SCD 类型 2（SCD2），SCD 类型 3（SCD3）：

- SCD1：通过更新维度记录直接覆盖已存在的值，不维护记录的历史。SCD1 一般用于修改错误数据。
- SCD2：在源数据发生变化时，给维度记录建立一个新的"版本"记录，从而维护维度历史。SCD2 不删除、修改已存在的数据。
- SCD3：通常用作保持维度记录的几个版本。它通过给某个数据单元增加多个列来维护历史。例如，为了记录客户地址的变化，customer_dim 维度表有一个 customer_address 列和一个 previous_customer_address 列，分别记录当前和上一个版本的地址。SCD3 可以有效维护有限的历史，而不像 SCD2 那样保存全部历史。SCD3 很少使用。它只适用于数据的存储空间不足并且用户接受有限维度历史的情况。

同一维度表中的不同字段可以有不同的变化处理方式。在本示例中，客户维度历史的客户名称使用 SCD1，客户地址使用 SCD2，产品维度的两个属性（产品名称和产品类型）都使用 SCD2 保存历史变化数据。

对于多维数据仓库中的维度表和事实表，一般都需要有一个代理键作为这些表的主键，代理键一般由单列的自增数字序列构成。Hive 没有关系型数据库中常见的自增列，但它有一些对自增序列的支持。通常生成代理键有两种方法：使用 row_number() 窗口函数，或者使用一个名为 UDFRowSequence 的用户自定义函数（UDF）。

假设有维度表 tbl_dim 和过渡表 tbl_stg，要求将 tbl_stg 的数据装载到 tbl_dim，并在装载的同时生成维度表的代理键。

（1）用 row_number() 函数生成代理键：

```
insert into tbl_dim
select row_number() over (order by tbl_stg.id) + t2.sk_max, tbl_stg.*
 from tbl_stg
cross join (select coalesce(max(sk),0) sk_max from tbl_dim) t2;
```

在上面的语句中，先查询维度表中已有记录最大的代理键值，如果维度表中还没有记录，就利用 coalesce 函数返回 0。然后使用 cross join 连接生成过渡表和最大代理键值的笛卡儿积，最后使用 row_number() 函数生成行号，并将行号与最大代理键值相加的值作为新装载记录的代理键。

（2）用 UDFRowSequence 生成代理键：

```
add jar hdfs:///user/hive-contrib-2.0.0.jar;
create temporary function row_sequence as
'org.apache.hadoop.hive.contrib.udf.udfrowsequence';

insert into tbl_dim
select row_sequence() + t2.sk_max, tbl_stg.*
 from tbl_stg
cross join (select coalesce(max(sk),0) sk_max from tbl_dim) t2;
```

hive-contrib-2.0.0.jar 中包含一个生成记录序号的自定义函数 udfrowsequence。上面的语句先加载 JAR 包，然后创建一个名为 row_sequence() 的临时函数作为调用 UDF 的接口，这样可以为查询的结果集生成一个自增伪列。之后就和 row_number() 写法类似了，只不过将窗口函数 row_number() 替换为 row_sequence() 函数。

因为窗口函数的方法比较通用，而且无须引入额外的 JAR 包，所以在我们的销售订单示例中使用 row_number() 函数生成代理键。初始装载 Kettle 作业如图 6-11 所示。

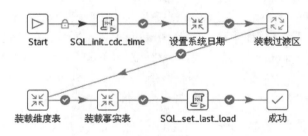

图 6-11　初始装载作业

初始装载作业流程描述如下：

（1）系统初始化，包括更新时间戳表的当前装载日期、设置变量并赋值。

（2）装载过渡区。

（3）装载数据仓库维度表。

（4）装载数据仓库事实表。

（5）设置时间戳表的最后装载日期。

6.3.1　系统初始化

系统初始化部分包括"SQL_init_cdc_time"和"设置系统日期"两个作业项。"SQL_init_cdc_time"作业项用于数据初始化，以便测试或排错后重复执行、实现幂等操作。其中执行的 SQL 语句如下：

```
truncate table dw.customer_dim;
truncate table dw.product_dim;

update rds.cdc_time set last_load='1970-01-01', current_load='1970-01-01';
```

"设置系统日期"作业项调用一个如图 6-12 所示的转换，用于获取当前系统日期，更新时间戳表 rds.cdc_time，并设置相关变量。

图 6-12 设置系统日期的转换

"自定义常量步骤"设置一个 Date 类型的常量 max_date，格式为 yyyy-MM-dd，数据为 2200-01-01。该值用于设置渐变维的初始过期日期。"获取系统信息"步骤中用两个字段 cur_date 和 pre_date 表示当前日期和前一天的日期。当前日期用于获得需要处理的数据，前一天日期用于设置变量，在后续步骤中构成文件名。该步骤定义如下，这两个字段将以复制方式发送到"字段选择"和"插入/更新"步骤。

名称	类型
cur_date	今天 00:00:00
pre_date	昨天 00:00:00

"字段选择"步骤用于将 pre_date 字段格式化为"yyyy-MM-dd"形式。在该步骤的"元数据"标签中进行如下定义：

字段名称	类型	格式
pre_date	Date	yyyy-MM-dd

"设置变量"步骤设置两个变量 PRE_DATE、MAX_DATE，变量值从 pre_date 和 max_date 数据流字段获得。"变量活动类型"选择"Valid in the root job"，使得作业中涉及的所有子作业或转换都可以使用这两个变量。

"插入/更新"步骤定义如图 6-13 所示。该步骤的功能类似于 SQL 中的 replace into 或 merge into。当 rds.cdc_time 表字段 current_load 为 NULL 时执行插入操作，否则更新该字段的值，插入或更新的值为数据流字段 cur_date 的值。

图 6-13　更新 rds.cdc_time 表字段 current_load 的值

6.3.2　装载过渡区

"装载过渡区"作业项调用的是一个子作业，如图 6-14 所示。

图 6-14　装载过渡区作业

该作业包括"Sqoop import customer""Sqoop import product""load_sales_order"三个作业项。前两个 Sqoop 作业的命令行定义如下，其含义与功能在上一章中已经详解，这里不再赘述。

```
--connect jdbc:mysql://node3:3306/source --delete-target-dir --password
123456 --table customer --target-dir /user/hive/warehouse/rds.db/customer
--username root
    --connect jdbc:mysql://node3:3306/source --delete-target-dir --password
123456 --table product --target-dir /user/hive/warehouse/rds.db/product
--username root
```

"load_sales_order"作业项调用的是一个装载事实表的转换，如图 6-15 所示。

图 6-15　初始装载 rds.sales_order 表

"表输入"步骤执行下面的 SQL，查询出最后装载日期与当前日期，本例中分别为"1971-01-01"和"2020-10-07"。

```
select id, last_load, current_load from rds.cdc_time;
```

"数据库连接"步骤的定义如图 6-16 所示。该步骤将前一步骤输出的 last_load 和 current_load 字段作为参数，查询出源数据中 sales_order 表的全部数据。

图 6-16　查询 source.sales_order 表的全部数据

最后的"Hadoop file output"步骤将 sales_order 源数据以文本文件的形式存储到 rds.sales_order 表对应的 HDFS 目录下。在该步骤的"文件"标签页中，"Folder/File"属性输入 "/user/hive/warehouse/rds.db/sales_order/sales_order"，"扩展名"属性输入"txt"。在"内容"标签页中，设置"分隔符"为","、"编码"为"UTF-8"。字段标签页的定义如表 6-4 所示。注意，由于性能原因，对于 Hive 表不能使用普通的"表输出"步骤为其装载数据。

表6-4　sales_order.txt文件字段定义

名称	类型	格式	长度	精度
order_number	Integer		9	0
customer_number	Integer		9	0
product_code	Integer		9	0
order_date	Date	yyyy-MM-dd HH:mm:ss	0	
entry_date	Date	yyyy-MM-dd HH:mm:ss	0	
order_amount	Number	00000000.00	10	2

6.3.3　装载维度表

"装载维度表"作业项调用一个如图 6-17 所示的转换。

图 6-17 初始装载维度表的转换

"装载客户维度"执行下面的 SQL 语句：

```
use dw;

insert into customer_dim
select row_number() over (order by t1.customer_number) + t2.sk_max,
    t1.customer_number, t1.customer_name, t1.customer_street_address,
    t1.customer_zip_code, t1.customer_city, t1.customer_state, 1,
    '2020-03-01', '2200-01-01'
 from rds.customer t1
cross join (select coalesce(max(customer_sk),0) sk_max from customer_dim) t2;
```

"装载产品维度"执行下面的 SQL 语句：

```
use dw;

insert into product_dim
select row_number() over (order by t1.product_code) + t2.sk_max,
    t1.product_code, t1.product_name, t1.product_category, 1,
    '2020-03-01', '2200-01-01'
 from rds.product t1
cross join (select coalesce(max(product_sk),0) sk_max from product_dim) t2;
```

说明：

- 时间粒度为每天，也就是说，一天内发生的数据变化将被忽略，以一天内最后的数据版本为准。
- 使用了窗口函数 row_number()实现生成代理键。
- 客户和产品维度的生效日期是 2020 年 3 月 1 日。装载的销售订单不会早于该日期，也就是说不需要更早的客户和产品维度数据。

订单维度表的装载也可以使用类似的"执行 SQL 语句"步骤，但订单维度与客户维度或产品维度不同。在上一章中曾提到，该表数据是单向递增的，不涉及数据更新，因此这里使用"表输入""增加序列""ORC output"三个步骤装载订单维度数据。

"表输入"步骤中执行以下查询：

```
select order_number, 1 version,
    date_format(order_date,'yyyy-mm-dd') effective_date, '2200-01-01'
expiry_date
    from rds.sales_order order by order_number;
```

　　因为不会更新，订单维度的版本号恒为 1，而其生效日期显然就是订单生成的日期（order_date 字段）。为了使所有维度表具有相同粒度，使用 date_format 函数将订单维度的生效日期字段只保留到日期，忽略时间部分。"增加序列"步骤生成代理键，将"值的名称"定义为 order_sk。"ORC output"步骤的定义如图 6-18 所示。与装载过渡区的 rds.sales_order 表类似，这里也是将数据以文件形式上传到 Hive 表所对应的 HDFS 目录。dw 库中的维度表是 ORC 格式，因此将"Hadoop file output"步骤替换为"ORC output"步骤。

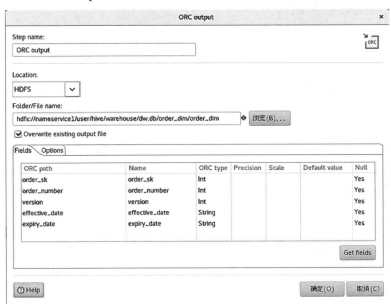

图 6-18　用"ORC output"步骤装载 dw.order_dim 表

6.3.4　装载事实表

　　"装载事实表"作业项调用一个如图 6-19 所示的转换。

图 6-19　初始装载事实表的转换

　　该转换比较简单，只有"表输入"和"ORC output"两个步骤。"表输入"步骤执行下面的查询，销售订单事实表的外键列引用维度表的代理键。date_dim 维度表的数据已经预生成，日期从 2018 年 1 月 1 日到 2022 年 12 月 31 日，参见 4.4 节"装载日期维度数据"。这里说的外键只是逻辑上的外键，Hive 并不支持创建表的物理主键或外键。

```
select order_sk, customer_sk, product_sk, date_sk, order_amount
  from rds.sales_order a, dw.order_dim b, dw.customer_dim c, dw.product_dim
d,dw.date_dim e
  where a.order_number = b.order_number
    and a.customer_number = c.customer_number
    and a.product_code = d.product_code
```

```
and to_date(a.order_date) = e.dt;
```

"ORC output"与上一步装载 dw.order_dim 表的步骤相同,只是将"Folder/File name"属性值改为如下值:

```
hdfs://nameservice1/user/hive/warehouse/dw.db/sales_order_fact/sales_order
_fact
```

6.3.5 设置最后装载日期

初始装载的最后一个作业项是"SQL",执行下面的语句将最后装载日期更新为当前装载日期。时间戳表的详细使用说明参见 5.2.1 小节"基于源数据的 CDC"。

```
update rds.cdc_time set last_load=current_load;
```

成功执行初始装载作业后,可以在 Hive 中执行下面的查询验证数据正确性。

```
use dw;

select order_number,customer_name,product_name,dt,order_amount amount
 from sales_order_fact a, customer_dim b, product_dim c, order_dim d, date_dim e
where a.customer_sk = b.customer_sk
  and a.product_sk = c.product_sk
  and a.order_sk = d.order_sk
  and a.order_date_sk = e.date_sk
order by order_number;
```

6.4 定期装载

初始装载只在数据仓库开始使用前执行一次,然而必须按时调度定期执行装载源数据的过程。与初始装载不同,定期装载一般都是增量的,并且需要捕获和记录数据的变化历史。本节说明执行定期装载的步骤,包括识别源数据与装载类型、创建 Kettle 作业和转换实现定期增量装载过程并进行验证。

定期装载首先要识别数据仓库中每个事实表和每个维度表用到的、并且是可用的源数据,然后决定适合装载的抽取模式和维度历史装载类型。表 6-5 汇总了本示例的这些信息。

表6-5 销售订单定期装载

数据源	源数据存储	数据仓库	抽取模式	维度历史装载类型
customer	customer	customer_dim	整体、拉取	address 列上为 SCD2,name 列上为 SCD1
product	product	product_dim	整体、拉取	所有属性均为 SCD2
sales_order	sales_order	order_dim	CDC(每天)、拉取	唯一订单号
		sales_order_fact	CDC(每天)、拉取	N/A
N/A	N/A	date_dim	N/A	预装载

order_dim 维度表和 sales_order_fact 事实表使用基于时间戳的 CDC 装载模式。时间戳表 rds.cdc_time 用于关联查询增量数据。定期装载 Kettle 作业如图 6-20 所示。

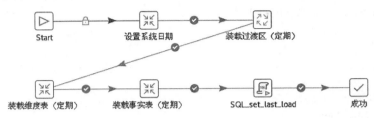

图 6-20　定期装载作业

定期装载作业流程描述如下：

（1）更新时间戳表的当前装载日期，设置变量并赋值。

（2）装载过渡区。

（3）装载数据仓库维度表。

（4）装载数据仓库事实表。

（5）设置时间戳表的最后装载日期。

6.4.1　设置系统日期

"设置系统日期"作业项调用一个如图 6-12 所示的转换，用于获取当前系统日期、更新时间戳表 rds.cdc_time，并设置相关变量。每个步骤的定义已经在上一节"初始转载"部分说明。在该作业项的输出中，last_load 为最后装载日期，current_load 为当前日期。用 select * from source.sales_order where entry_date >= last_load and entry_date < current_load 即可查询出增量数据。

6.4.2　装载过渡区

"装载过渡区"作业项调用的子作业与图 6-14 所示的初始装载过渡区只有一点不同：在"load_sales_order"作业项调用的转换中，"Hadoop file output"步骤生成的文件名中带有装载日期，这是通过在"Folder/File"属性中输入/user/hive/warehouse/rds.db/sales_order/sales_order_${PRE_DATE}实现的。${PRE_DATE}引用的是前一作业项"设置系统日期"中所设置的变量，值为当前日期的前一天。过渡区的 rds.sales_order 表存储全部销售订单数据，因此需要向表所对应的 HDFS 目录中新增文件，而不能覆盖已有文件。

6.4.3　装载维度表

"装载维度表"作业项调用一个如图 6-21 所示的转换。

图 6-21　定期装载维度表的转换

这个转换貌似很简单，只有三个执行 SQL 脚本的步骤。正如你所想到的，实现渐变维使用的就是 Hive 提供的行级更新功能。与单纯用 shell 执行 SQL 相比，Kettle 转换的一个明显好处是这三个步骤可以并行以提高性能。

"装载客户维度表"步骤中的 SQL 脚本如下：

```
use dw;

update customer_dim
  set expiry_date = '${PRE_DATE}'
where customer_dim.customer_sk in
(select a.customer_sk
  from (select customer_sk,customer_number,customer_street_address
      from customer_dim where expiry_date = '${MAX_DATE}') a
left join rds.customer b on a.customer_number = b.customer_number
where b.customer_number is null or a.customer_street_address <>
b.customer_street_address);

insert into customer_dim
select row_number() over (order by t1.customer_number) + t2.sk_max,
    t1.customer_number,
    t1.customer_name,
    t1.customer_street_address,
    t1.customer_zip_code,
    t1.customer_city,
    t1.customer_state,
    t1.version,
    t1.effective_date,
    t1.expiry_date
from
(
select t2.customer_number customer_number,
    t2.customer_name customer_name,
  t2.customer_street_address customer_street_address,
  t2.customer_zip_code,
  t2.customer_city,
  t2.customer_state,
  t1.version + 1 version,
  '${PRE_DATE}' effective_date,
  '${MAX_DATE}' expiry_date
from customer_dim t1
inner join rds.customer t2 on t1.customer_number = t2.customer_number
and t1.expiry_date = '${PRE_DATE}'
 left join customer_dim t3 on t1.customer_number = t3.customer_number
  and t3.expiry_date = '${MAX_DATE}'
where t1.customer_street_address <> t2.customer_street_address and
t3.customer_sk is null
) t1
cross join (select coalesce(max(customer_sk),0) sk_max from customer_dim) t2;

drop table if exists tmp;
create table tmp as
```

```
select a.customer_sk,
    a.customer_number,
    b.customer_name,
    a.customer_street_address,
    a.customer_zip_code,
    a.customer_city,
    a.customer_state,
    a.version,
    a.effective_date,
    a.expiry_date
 from customer_dim a, rds.customer b
where a.customer_number = b.customer_number and (a.customer_name <>
b.customer_name);

delete from customer_dim where customer_dim.customer_sk in (select customer_sk
from tmp);
insert into customer_dim select * from tmp;

insert into customer_dim
select row_number() over (order by t1.customer_number) + t2.sk_max,
    t1.customer_number,
    t1.customer_name,
    t1.customer_street_address,
    t1.customer_zip_code,
    t1.customer_city,
    t1.customer_state,
    1,
    '${PRE_DATE}',
    '${MAX_DATE}'
from
(select t1.* from rds.customer t1
left join customer_dim t2 on t1.customer_number = t2.customer_number
where t2.customer_sk is null) t1
cross join
(select coalesce(max(customer_sk),0) sk_max from customer_dim) t2;
```

客户维度表的 customer_street_addresses 字段值变化时采用 SCD2，需要新增版本，customer_name 字段值变化时采用 SCD1，直接覆盖更新。如果一个表的不同字段有的采用 SCD2，有的采用 SCD1，就像客户维度表这样，那么是先处理 SCD2 还是先处理 SCD1 呢？为了回答这个问题，我们看一个简单的例子。假设有一个维度表包含 c1、c2、c3、c4 四个字段，c1 是代理键，c2 是业务主键，c3 使用 SCD1，c4 使用 SCD2。源数据从 1、2、3 变为 1、3、4。如果先处理 SCD1 后处理 SCD2，则维度表的数据变化过程是先从 1、1、2、3 变为 1、1、3、3，再新增一条记录 2、1、3、4。此时表中的两条记录是 1、1、3、3 和 2、1、3、4。如果先处理 SCD2 后处理 SCD1，则数据的变化过程是先新增一条记录 2、1、2、4，再把 1、1、2、3 和 2、1、2、4 两条记录变为 1、1、3、3 和 2、1、3、4。可以看出，无论谁先谁后，最终的结果都是一样的，而且结果中都会出现一条实际上从未存在过的记录：1、1、3、3。因为 SCD1 本来就不保存历史变化，所以单从 c2 字段的角度看，任何版本的记录值都是正确的，没有差别。对于 c3 字段，每个版本的值是不同的，需要跟踪所有版本的记录。从这个简单的例子可以得出以下结论：SCD1 和 SCD2 的处理顺序不同，但最终结果是相同的，并且都会产生实际不存在的临时记录。因此，从功能上说，SCD1 和 SCD2 的处理顺序并不关键，只需要记住对 SCD1 的字段，任意版本的值都正确，而 SCD2 的字段需要跟踪所有版本。从性能上看，先处理 SCD1 更好些，因为更新的数据行更少。本示例我们先处理 SCD2。

第一句的 update 语句设置已删除记录和 customer_street_addresses 列上 SCD2 的过期。该语句将老版本的过期时间列从'2200-01-01'更新为执行装载的前一天。内层的查询获取所有当前版本的数据。外层查询使用一个左外连接查询出地址列发生变化的记录的代理键，然后在 update 语句的 where 子句中用 IN 操作符，更新这些记录的过期时间列。left join 的逻辑查询处理顺序是：

（1）执行 a 和 b 两个表的笛卡儿积。

（2）应用 on 过滤器：on a.customer_number = b.customer_number。

（3）添加外部行：a 为保留表，将不满足 on 条件的 a 表记录添加到结果集中。

（4）应用 where 过滤器：where b.customer_number is null or a.customer_street_address <> b.customer_street_address。其中，b.customer_number is null 过滤出源数据中已经删除但维度表还存在的记录，a.customer_street_address <> b.customer_street_address 过滤出源数据修改了地址信息的记录。

第二句的 insert 语句处理 customer_street_addresses 列上 scd2 的新增行。这条语句插入 SCD2 的新增版本行。子查询中用 inner join 获取当期版本号和源数据信息。left join 连接是必要的，否则多次执行该语句就会生成多条重复的记录。最后用 row_number()方法生成新记录的代理键。新记录的版本号加 1，开始日期为执行时的前一天，过期日期为'2200-01-01'。

后面的四条 SQL 语句处理 customer_name 列上的 SCD1，因为 SCD1 本身就不保存历史数据，所以这里更新维度表里所有 customer_name 改变的记录，而不是仅仅更新当前版本的记录。在关系型数据库中，SCD1 非常好处理，如在 MySQL 中使用类似如下的语句即可：

```
update customer_dim a, customer_stg b set a.customer_name = b.customer_name
where a.customer_number = b.customer_number and a.customer_name <>
b.customer_name;
```

Hive 里不能在 update 后跟多个表，也不支持在 set 子句中使用子查询，它只支持 SET column = value 的形式，其中 value 只能是一个具体的值或者是一个标量表达式。所以，这里使用了一个临时表存储需要更新的记录，然后将维度表和这个临时表关联，用先 delete 再 insert 代替 update。简单起见，这里也不考虑并发问题。典型数据仓库应用的并发操作基本都是只读的，很少并发写，而且 ETL 通常是一个单独在后台运行的程序，用 SQL 实现时并不存在并发执行的情况，所以并发导致的问题并不像 OLTP 那样严重。

最后的 insert 语句处理新增的 customer 记录。内层子查询使用 rds.customer 和 dw.customer_dim 的左外连接获取新增的数据。新数据的版本号为 1，开始日期为执行时的前一天，过期日期为'2200-01-01'。同样使用 row_number()方法生成代理键。到这里，客户维度表的装载处理代码已完成。

产品维度表的所有属性都使用 SCD2，处理方法和客户表类似。"装载产品维度表"步骤中的 SQL 脚本如下：

```
use dw;
```

```
update product_dim
  set expiry_date = '${PRE_DATE}'
 where product_dim.product_sk in
(select a.product_sk
  from (select product_sk,product_code,product_name,product_category
     from product_dim where expiry_date = '${MAX_DATE}') a
left join rds.product b on a.product_code = b.product_code
 where b.product_code is null
 or (a.product_name <> b.product_name or a.product_category <>
b.product_category));

insert into product_dim
select row_number() over (order by t1.product_code) + t2.sk_max,
    t1.product_code,
    t1.product_name,
    t1.product_category,
    t1.version,
    t1.effective_date,
    t1.expiry_date
from
(
select t2.product_code product_code,
    t2.product_name product_name,
    t2.product_category product_category,
    t1.version + 1 version,
    '${PRE_DATE}' effective_date,
    '${MAX_DATE}' expiry_date
 from product_dim t1
inner join rds.product t2 on t1.product_code = t2.product_code
  and t1.expiry_date = '${PRE_DATE}'
 left join product_dim t3 on t1.product_code = t3.product_code
  and t3.expiry_date = '${MAX_DATE}'
 where (t1.product_name <> t2.product_name or t1.product_category <>
t2.product_category)
  and t3.product_sk is null) t1
 cross join (select coalesce(max(product_sk),0) sk_max from product_dim) t2;

insert into product_dim
select row_number() over (order by t1.product_code) + t2.sk_max,
    t1.product_code,
    t1.product_name,
    t1.product_category,
    1,
    '${PRE_DATE}',
    '${MAX_DATE}'
from
(select t1.* from rds.product t1
left join product_dim t2 on t1.product_code = t2.product_code
where t2.product_sk is null) t1
```

```
cross join (select coalesce(max(product_sk),0) sk_max from product_dim) t2;
```

"装载订单维度表"步骤中的 SQL 脚本如下：

```
use dw;

insert into order_dim
select row_number() over (order by t1.order_number) + t2.sk_max,
    t1.order_number,
    t1.version,
    t1.effective_date,
    t1.expiry_date
 from (select order_number order_number, 1 version,
order_date effective_date, '2200-01-01' expiry_date
      from rds.sales_order, rds.cdc_time
      where entry_date >= last_load and entry_date < current_load ) t1
cross join (select coalesce(max(order_sk),0) sk_max from order_dim) t2;
```

订单维度表的装载比较简单，因为不涉及维度历史变化，所以只要将新增的订单号插入 rds.order_dim 表就可以了。在上面的子查询语句中，将过渡区库的订单表和时间戳表关联，用时间戳表中的两个字段值作为时间窗口区间的两个端点，用 entry_date >= last_load and entry_date < current_load 条件过滤出上次执行定期装载的日期到当前日期之间的所有销售订单，装载到 order_dim 维度表。

6.4.4　装载事实表

"装载事实表"作业项调用一个如图 6-22 所示的转换。

图 6-22　装载事实表的转换

为了装载 dw.sales_order_fact 事实表，需要关联 rds.sales_order 与 dw 库中的四个维度表，获取维度表的代理键和源数据的度量值。这里只有销售金额字段 order_amount 一个度量。和订单维度一样，也要关联时间戳表，获取时间窗口作为确定新增数据的过滤条件。

"表输入"步骤中的 SQL 查询语句如下，输出时间区间的两端日期：

```
select last_load, current_load from rds.cdc_time;
```

"销售订单事务数据"是一个数据库连接步骤，定义如图 6-23 所示，输出度量和维度代理键。虽然"维度查询/更新"步骤也能实现同样的功能，但是性能极差。它会对数据流中输入的每一行进行一次维度表查询，相当于在游标中循环执行 select，速度与集合操作的 SQL 相去甚远。

图 6-23　查询增量数据的数据库连接步骤

"ORC output"步骤定义如图 6-24 所示,将事实表数据以文件形式存储到相应的 HDFS 目录中,文件名中带有日期。

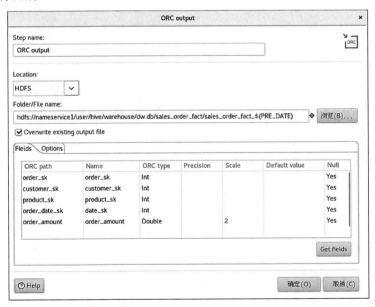

图 6-24　使用 ORC output 步骤增量装载事实表数据

6.4.5 设置最后装载日期

与初始装载一样，最后一个"SQL"作业项执行下面的语句，将最后装载日期更新为当前装载日期。

```
update rds.cdc_time set last_load=current_load;
```

下面进行一些测试，验证数据装载的正确性。

（1）在 MySQL 的 source 源数据库中准备客户、产品和销售订单测试数据。

```
use source;

/*** 客户数据的改变如下：
客户 6 的街道号改为 7777 ritter rd。（原来是 7070 ritter rd）
客户 7 的姓名改为 distinguished agencies。（原来是 distinguished partners）
新增第八个客户。
***/
update customer set customer_street_address = '7777 ritter rd.' where
customer_number = 6;
update customer set customer_name = 'distinguished agencies' where
customer_number = 7;
insert into customer
(customer_name, customer_street_address, customer_zip_code, customer_city,
customer_state)
values
('subsidiaries', '10000 wetline blvd.', 17055, 'pittsburgh', 'pa');

/*** 产品数据的改变如下：
产品 3 的名称改为 flat panel。（原来是 lcd panel）
新增第四个产品。
***/
update product set product_name = 'flat panel' where product_code = 3;
insert into product (product_name, product_category) values ('keyboard',
'peripheral');

/*** 新增订单日期为 2020 年 10 月 7 日的 16 条订单。 ***/
drop table if exists temp_sales_order_data;
create table temp_sales_order_data as select * from sales_order where 1=0;

set @start_date := unix_timestamp('2020-10-07');
set @end_date := unix_timestamp('2020-10-08');

set @customer_number := floor(1 + rand() * 8);
set @product_code := floor(1 + rand() * 4);
set @order_date := from_unixtime(@start_date + rand() * (@end_date -
@start_date));
set @amount := floor(1000 + rand() * 9000);
insert into temp_sales_order_data
values (1,@customer_number,@product_code,@order_date,@order_date,@amount);
```

```
... 插入 16 条数据 ...

insert into sales_order
select @a:=@a+1, customer_number, product_code, order_date, entry_date,
order_amount
  from temp_sales_order_data t1,(select @a:=102) t2 order by order_date;

commit;
```

（2）执行定期装载 Kettle 作业。

（3）验证结果。

```
use dw;
select * from customer_dim;
```

查询的部分结果如下：

```
...
6  6  loyal clients  7070  ritter rd.  17055  pittsburgh  pa  1  2020-03-01
2020-10-07
8  6  loyal clients  7777  ritter
rd.  17055 pittsburgh pa 2 2020-10-07 2200-01-01
7  7  distingui...  9999  scott st.  17050  mechani...
pa 1 2020-03-01 2200-01-01
9  8  subsidiar...  10000  wetline...
17055 pittsburgh pa 1 2020-10-07 2200-01-01
```

可以看到，客户 6 因为地址变更新增了一个版本，而客户 7 的姓名变更直接覆盖了原来的值，
新增了客户 8。注意，客户 6 第一个版本的到期日期和第二个版本的生效日期同为'2020-10-07'，
这是因为一个 SCD 的有效期是一个"左闭右开"的区间。以客户 6 为例，其第一个版本的有效期
大于等于'2020-03-01'小于'2020-10-07'，即为'2020-03-01'到'2020-10-06'。

```
select * from product_dim;
```

查询的部分结果如下：

```
...
3  3  lcd panel   monitor    1  2020-03-01  2020-10-07
4  3  flat panel  monitor    2  2020-10-07  2200-01-01
5  4  keyboard    peripheral 1  2020-10-07  2200-01-01
```

可以看到，产品 3 的名称变更使用 SCD2 增加了一个版本，新增了产品 4 的记录。

```
select * from order_dim;
```

查询的部分结果如下：

```
...
111  111  1  2020-10-07  2200-01-01
112  112  1  2020-10-07  2200-01-01
113  113  1  2020-10-07  2200-01-01
114  114  1  2020-10-07  2200-01-01
115  115  1  2020-10-07  2200-01-01
```

```
116    116    1    2020-10-07    2200-01-01
117    117    1    2020-10-07    2200-01-01
118    118    1    2020-10-07    2200-01-01
Time taken: 0.146 seconds, Fetched: 118 row(s)
```

现在有 118 个订单，其中 102 个是"初始导入"装载的、16 个是本次定期装载的。

```
select * from rds.cdc_time;
```

查询结果如下：

```
1    2020-10-08    2020-10-08
Time taken: 0.117 seconds, Fetched: 1 row(s)
```

可以看到，两个字段值都已更新为当前日期。

查看销售订单过渡区表和事实表所对应的 HDFS 文件，其中不带日期的文件是初始装载作业所生成的、带日期的文件为定期装载作业所生成的。

```
[hdfs@manager~]$hdfs dfs -ls /user/hive/warehouse/rds.db/sales_order/*
 -rw-r--r--    3 root hive    6012 2020-10-08 20:28
/user/hive/warehouse/rds.db/sales_order/sales_order.txt
 -rw-r--r--    3 root hive    960 2020-10-08 20:39
/user/hive/warehouse/rds.db/sales_order/sales_order_2020-10-07.txt
 [hdfs@manager~]$hdfs dfs -ls /user/hive/warehouse/dw.db/sales_order_fact/*
 -rw-r--r--    3 root hive    1625 2020-10-08 20:31
/user/hive/warehouse/dw.db/sales_order_fact/sales_order_fact
 -rw-r--r--    3 root hive    770 2020-10-08 21:06
/user/hive/warehouse/dw.db/sales_order_fact/sales_order_fact_2020-10-07
 [hdfs@manager~]$
```

以上示例说明了如何用 Kettle 实现 Hadoop 数据仓库的初始装载和定期装载。需要指出的一点是，就本示例的环境和数据量而言装载执行速度仍然很慢，一次定期装载就需要二十多分钟，比关系型数据库慢得多。

6.5 小　结

本章介绍了数据清洗的概念，并且演示了几个 Kettle 进行数据清洗的例子。数据清洗是转换过程的重要步骤，是对数据进行重新审查和校验的过程，目的在于删除重复信息、纠正存在的错误，并提供数据一致性。Kettle 提供了大量的步骤用于数据转换或清洗。

之后详细说明用 Kettle 实现销售订单 Hadoop 数据仓库示例的初始装载和定期装载，主要利用的是 Hive 所具有的功能。Hive 是 Hadoop 生态圈的数据仓库软件，使用类似于 SQL 的语言读、写、管理分布式存储上的大数据集。使用 HiveQL 中的 row_number() 窗口函数或一个名为 UDFRowSequence 的用户自定义函数可以生成代理键。用 Hive 支持的行级更新能够处理各种渐变维度。

通过第 5、6 章的介绍，我们已经用 Kettle 实现了 Hadoop ETL 的基本过程。下一章将介绍如何定期自动执行这个过程。

第7章

定期自动执行 ETL 作业

一旦数据仓库开始使用，就需要不断从源系统给数据仓库提供新数据。为了确保数据流的稳定，需要使用所在平台上可用的任务调度器来调度 ETL 定期执行。调度模块是 ETL 系统必不可少的组成部分，不但是数据仓库的基本需求，也对项目的成功起着举足轻重的作用。

操作系统一般都为用户提供调度作业的能力，如 Windows 的"计划任务"和 UNIX/Linux 的 cron 系统服务。绝大多数 Hadoop 系统都运行在 Linux 之上，因此，本章将详细讨论两种 Linux 上定时自动执行 ETL 作业的方案：crontab 与 Oozie。前者是操作系统自带的功能，后者是 Hadoop 生态圈中的工作流组件。Kettle 的 Start 作业项也提供了定时调度作业执行的功能。为了演示 Kettle 对数据仓库的支持能力，销售订单示例将使用 Start 作业项实现 ETL 执行自动化。

7.1　使用 crontab

上一章我们已经创建好用于定期装载的 Kettle 作业，并将其保存为 regular_etc.kjb 文件。这里建立一个内容如下的 shell 脚本文件 regular_etl.sh，调用 Kettle 的命令行工具 kitchen.sh 执行此作业，并将控制台输出或错误重定向到一个文件名中带有当前日期的日志文件中：

```bash
#!/bin/bash


cd /root/pdi-ce-8.3.0.0-371
# 需要清理 Kettle 缓存，否则会报 No suitable driver found for jdbc:hive2 错误
rm -rf ./system/karaf/caches/*
# 执行作业
./kitchen.sh -file ~/kettle_hadoop/6/regular_etc.kjb
1>~/kettle_hadoop/6/regular_etc_`date +%Y%m%d`.log 2>&1
```

可以很容易地用 crontab 命令创建一个任务，定期运行此脚本。

```
crontab -e
# 添加如下一行，指定每天 2 点执行定期装载作业，然后保存退出。
0 2 * * * /root/regular_etl.sh
```

这就可以了，需要用户做的就是如此简单，其他的事情交给 cron 系统服务去完成。提供 cron
服务的进程名为 crond，这是 Linux 下一个用来周期性执行某种任务或处理某些事件的守护进程。
安装完操作系统后，会自动启动 crond 进程，它每分钟会定期检查是否有要执行的任务，如果有就
自动执行。

Linux 下的任务调度分为两类：系统任务调度和用户任务调度。

- 系统任务调度：系统需要周期性执行的工作，比如写缓存数据到硬盘、日志清理等。在/etc
  目录下有一个 crontab 文件，这就是系统任务调度的配置文件。
- 用户任务调度：用户要定期执行的工作，比如用户数据备份、定时邮件提醒等。可以使
  用 crontab 命令来定制自己的计划任务。所有用户定义的 crontab 文件都被保存在
  /var/spool/cron 目录中，其文件名与用户名一致。

7.1.1 crontab 权限

Linux 系统使用一对 allow/deny 文件组合判断用户是否具有执行 crontab 的权限。如果用户名
出现在/etc/cron.allow 文件中，则该用户允许执行 crontab 命令。如果此文件不存在，用户名没有出
现在/etc/cron.deny 文件中，则该用户允许执行 crontab 命令。如果只存在 cron.deny 文件，并且该文
件是空的，则所有用户都可以使用 crontab 命令。如果这两个文件都不存在，则只有 root 用户可以
执行 crontab 命令。allow/deny 文件由每行一个用户名构成。

7.1.2 crontab 命令

通过 crontab 命令，我们可以在固定间隔的时间点执行指定的系统指令或 shell 脚本。时间间
隔的单位可以是分钟、小时、日、月、周及以上的任意组合。crontab 命令格式如下：

```
crontab [-u user] file
crontab [-u user] [ -e | -l | -r | -i ]
```

参数说明：

- -u user: 用来设定某个用户的 crontab 服务，此参数一般由 root 用户使用。
- file: file 是命令文件的名字，表示将 file 作为 crontab 的任务列表文件并载入 crontab。如
  果在命令行中没有指定这个文件，crontab 命令将接受标准输入，通常是键盘上输入的命
  令，并将它们载入 crontab。
- -e: 编辑某个用户的 crontab 文件内容。如果不指定用户，则表示编辑当前用户的 crontab
  文件。如果文件不存在就创建一个。
- -l: 显示某个用户的 crontab 文件内容，如果不指定用户，则显示当前用户的 crontab 文件
  内容。
- -r: 从/var/spool/cron 目录中删除某个用户的 crontab 文件，如果不指定用户，则默认删除
  当前用户的 crontab 文件。

- -i: 在删除用户的 crontab 文件时给出确认提示。

注意，如果不经意地输入了不带任何参数的 crontab 命令，不要使用 Ctrl+D 退出，因为这会删除用户所对应的 crontab 文件中的所有条目。代替的方法是用 Ctrl+C 退出。

7.1.3　crontab 文件

在用户所建立的 crontab 文件中，每一行都代表一项任务，每行的每个字段代表一项设置。它的格式共分为六个字段，前五段是时间设定段，第六段是要执行的命令段，格式如下：

```
.--------------- 分钟（0 - 59）
|  .------------- 小时（0 - 23）
|  |  .---------- 日期（1 - 31）
|  |  |  .------- 月份（1 - 12）
|  |  |  |  .---- 星期（0 - 6，代表周日到周一）
|  |  |  |  |
*  *  *  *  * 要执行的命令，可以是系统命令，也可以是自己编写的脚本文件
```

在以上各个时间字段中，还可以使用如下特殊字符：

- 星号（*）：代表所有可能的值，例如"月份"字段是星号，则表示在满足其他字段的制约条件后每月都执行。
- 逗号（,）：可以用逗号隔开的值指定一个列表范围，例如"1,2,5,7,8,9"。
- 中杠（-）：可以用整数之间的中杠表示一个整数范围，例如"2-6"表示"2,3,4,5,6"。
- 正斜线（/）：可以用正斜线指定时间的间隔频率，例如"0-23/2"表示每两小时执行一次。同时正斜线可以和星号一起使用，例如*/10，用在"分钟"字段，则表示每十分钟执行一次。

注意，"日期"和"星期"字段都可以指定哪天执行。如果两个字段都设置了，则执行的日期是两个字段的并集。

7.1.4　crontab 示例

```
# 每 1 分钟执行一次 command
* * * * * command
# 每小时的第 3、15 分钟执行
3,15 * * * * command
# 在上午 8 点到 11 点的第 3、15 分钟执行
3,15 8-11 * * * command
# 每隔两天的上午 8 点到 11 点的第 3、15 分钟执行
3,15 8-11 */2 * * command
# 每个星期一的上午 8 点到 11 点的第 3、15 分钟执行
3,15 8-11 * * 1 command
# 每晚的 21:30 执行
30 21 * * * command
# 每月 1、10、22 日的 4:45 执行
45 4 1,10,22 * * command
```

```
# 每周六、周日的 1:10 执行
10 1 * * 6,0 command
# 每天 18:00 至 23:00 之间每隔 30 分钟执行
0,30 18-23 * * * command
# 每星期六的晚上 11:00 执行
0 23 * * 6 command
# 每一小时执行一次
* */1 * * * command
# 晚上 11 点到早上 7 点之间每隔一小时执行一次
* 23-7/1 * * * command
# 每月的 4 号或每周一到周三的 11 点执行
0 11 4 * 1-3 command
# 一月一号的 4 点执行
0 4 1 1 * command
# 每小时执行/etc/cron.hourly 目录内的脚本。run-parts 会遍历目标文件夹，执行第一层目录
# 下具有可执行权限的文件
01 * * * * root run-parts /etc/cron.hourly
```

7.1.5 crontab 环境

有时我们创建了一个 crontab 任务，但是这个任务却无法自动执行，手动执行脚本没有问题，这种情况一般是由于在 crontab 文件中没有配置环境变量引起的。cron 从用户主目录中使用 shell 调用需要执行的命令。cron 为每个 shell 提供了一个默认的环境，Linux 下的定义如下：

```
SHELL=/bin/bash
PATH=/sbin:/bin:/usr/sbin:/usr/bin
MAILTO=用户名
HOME=用户主目录
```

在 crontab 文件中定义多个调度任务时，需要特别注意的一个问题是环境变量的设置。手动执行某个脚本时是在当前 shell 环境下进行的，程序能找到环境变量，而系统自动执行任务调度时，除了默认的环境是不会加载任何其他环境变量的。因此，需要在 crontab 文件中指定任务运行所需的所有环境变量。

不要假定 cron 知道所需要的特殊环境，它其实并不知道，所以用户要保证在 shell 脚本中提供所有必要的路径和环境变量（除了一些自动设置的全局变量）。使用时，需要注意以下三点：

● 脚本中涉及文件路径时用绝对路径。

● 脚本执行要用到环境变量时通过 source 命令显式引入，例如：

```
#!/bin/sh
source /etc/profile
```

● 手动执行脚本没有问题但是 crontab 不执行时，可以尝试在 crontab 中直接引入环境变量解决问题，例如：

```
0 * * * * . /etc/profile;/bin/sh /path/to/myscript.sh
```

7.1.6　重定向输出

　　每条任务调度执行完毕，系统默认会将任务输出信息通过电子邮件的形式发送给当前系统用户。这样日积月累，日志信息会非常大，可能会影响系统的正常运行，因此将每条任务进行重定向处理非常必要。可以在 crontab 文件中设置如下形式，忽略日志输出：

```
0 */3 * * * /usr/local/myscript.sh >/dev/null 2>&1
```

　　">/dev/null 2>&1"表示先将标准输出重定向到/dev/null，然后将标准错误重定向到标准输出。由于标准输出已经重定向到了/dev/null，因此标准错误也会重定向到/dev/null，这样日志输出问题就解决了。

　　也可以将 crontab 执行任务的输出信息重定向到一个自定义的日志文件中，例如：

```
30 8 * * * rm /home/someuser/tmp/* > /home/someuser/cronlogs/clean_tmp_dir.log
```

7.2　使用 Oozie

　　除了利用操作系统提供的功能以外，Hadoop 生态圈的工具也可以完成同样的调度任务，而且更灵活，这个组件就是 Oozie。Oozie 是一个管理 Hadoop 作业、可伸缩、可扩展、可靠的工作流调度系统，它内部定义了三种作业：①工作流作业，是由一系列动作构成的有向无环图（DAGs）；②协调器作业，是按时间频率周期性触发 Oozie 工作流的作业；③Bundle 作业，是管理协调器的作业。Oozie 支持的用户作业类型有 Java map-reduce、Streaming map-reduce、Pig、Hive、Sqoop 和 Distcp，以及 Java 程序和 shell 脚本或命令等特定的系统作业。

　　Oozie 项目经历了三个主要阶段。第一版 Oozie 是一个基于工作流引擎的服务器，通过执行 Hadoop MapReduce 和 Pig 作业的动作运行工作流作业。第二版 Oozie 是一个基于协调器引擎的服务器，按时间和数据触发工作流执行。它可以基于时间（如每小时执行一次）或数据可用性（如等待输入数据完成后再执行）连续运行工作流。第三版 Oozie 是一个基于 Bundle 引擎的服务器。它提供更高级别的抽象，批量处理一系列协调器应用。用户可以在 Bundle 级别启动、停止、挂起、继续、重做协调器作业，这样可以更好地简化操作控制。

　　使用 Oozie 主要基于以下两点原因：

- 在 Hadoop 中执行的任务有时候需要把多个 MapReduce 作业连接到一起执行，或者需要多个作业并行处理。Oozie 可以把多个 MapReduce 作业组合到一个逻辑工作单元中，从而完成更大型的任务。
- 从调度的角度看，如果使用 crontab 的方式调用多个工作流作业，可能需要编写大量的脚本，还要通过脚本来控制好各个工作流作业的执行时序问题，不但不好维护，而且监控也不方便。基于这样的背景，Oozie 提出了 Coordinator 的概念，它能够将每个工作流作业作为一个动作来运行，相当于工作流定义中的一个执行节点，这样就能够将多个工作流作业组成一个称为 Coordinator Job 的作业，并指定触发时间和频率，还可以配置数据集、并发数等。

7.2.1 Oozie 体系结构

Oozie 的体系结构如图 7-1 所示。

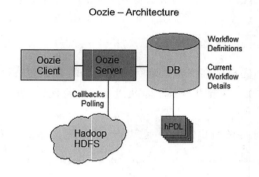

图 7-1　Oozie 体系结构

Oozie 是一个 Java Web 应用程序，运行在 Java Servlet 容器（Tomcat）中，并使用数据库来存储以下内容：工作流定义；当前运行的工作流实例，包括实例的状态和变量。

Oozie 工作流是放置在 DAG（Direct Acyclic Graph，有向无环图）中的一组动作，例如 Hadoop 的 Map/Reduce 作业、Pig 作业等。DAG 控制动作的依赖关系，指定动作执行的顺序。Oozie 使用 hPDL 这种 XML 流程定义语言来描述这个图。

hPDL 是一种很简洁的语言，只使用少数流程控制节点和动作节点。控制节点会定义执行的流程，并包含工作流的起点和终点（start、end 和 fail 节点）以及控制工作流执行路径的机制（decision、fork 和 join 节点）。动作节点是实际执行操作的部分，通过它们工作流会触发执行计算或者处理任务。Oozie 为以下类型的动作提供支持：Hadoop MapReduce、Hadoop HDFS、Pig、Java 和 Oozie 的子工作流。SSH 动作已经从 Oozie schema 0.2 之后的版本中移除。

所有由动作节点触发的计算和处理任务都不在 Oozie 中运行，它们是由 Hadoop 的 MapReduce 框架执行的。这种低耦合的设计方法，让 Oozie 可以有效利用 Hadoop 的负载平衡、灾难恢复等机制。这些任务主要是串行执行的，只有文件系统动作例外，它是并行处理的。这意味着对于大多数工作流动作触发的计算或处理任务类型来说，在工作流操作转换到下一节点之前都需要等待，直到前面节点的计算或处理任务结束了之后才能够继续。Oozie 可以通过两种不同的方式来检测计算或处理任务是否完成，即回调与轮询。当 Oozie 启动了计算或处理任务时，它会为任务提供唯一的回调 URL，然后任务会在完成的时候发送通知给这个特定的 URL。在任务无法触发回调 URL（可能是任何原因，比如网络闪断）或者任务的类型无法在完成时触发回调 URL 时，Oozie 有一种机制，可以对计算或处理任务进行轮询，从而能够判断任务是否完成。

Oozie 工作流可以参数化，例如在工作流定义中使用${inputDir}之类的变量等。在提交工作流操作的时候必须提供参数值。经过合适的参数化，比如使用不同的输出目录，多个同样的工作流操作可以并发执行。

一些工作流是根据需要触发的，但是大多数情况下我们有必要基于一定的时间段、数据可用性或外部事件来运行。Oozie 协调系统（Coordinator system）让用户可以基于这些参数来定义工作流执行计划。Oozie 协调程序让我们可以用谓词的方式对工作流执行触发器进行建模，谓词可以是时间条件、数据条件、内部事件或外部事件。工作流作业会在谓词得到满足的时候启动。不难看出，这里的谓词和 SQL 语句的 WHERE 子句中的谓词类似，本质上都是在满足某些条件时触发某种事件。

有时还需要连接定时运行但时间间隔不同的工作流操作。多个以不同频率运行的工作流的输出会成为下一个工作流的输入。把这些工作流连接在一起，会让系统把它作为数据应用的管道来引用。Oozie 协调程序支持创建这样的数据应用管道。

7.2.2　CDH 6.3.1 中的 Oozie

在 CDH 6.3.1 中，Oozie 的版本是 5.1.0。在安装 CDH 时，我们配置使用 MySQL 数据库存储 Oozie 元数据。关于示例环境 CDH 的安装，可以参见 https://wxy0327.blog.csdn.net/article/details/51768968 中的博客文章。关于 CDH 6.3.1 中 Oozie 的属性，可以参考链接 https://docs.cloudera.com/documentation/enterprise/6/properties/6.3/topics/cm_props_cdh630_oozie.html。

7.2.3　建立定期装载工作流

对于刚接触 Oozie 的用户来说，前面介绍的概念过于抽象，不易理解，下面就让我们一步步创建销售订单示例的 ETL 工作流，在实例中学习 Oozie 的特性和用法。

1. 修改资源配置

Oozie 运行需要使用较高的内存资源，因此要将以下两个 YARN 参数的值调大：

- yarn.nodemanager.resource.memory-mb：NodeManage 总的可用物理内存。
- yarn.scheduler.maximum-allocation-mb：一个 MapReduce 任务可申请的最大内存。

如果分配的内存不足，在执行工作流作业时会报类似下面的错误：

```
org.apache.oozie.action.ActionExecutorException: JA009:
org.apache.hadoop.yarn.exceptions.InvalidResourceRequestException: Invalid
resource request, requested memory < 0, or requested memory > max configured,
requestedMemory=1536, maxMemory=1500
```

实验环境中每个 Hadoop 节点所在虚拟机的总物理内存为 8GB，所以这里把两个参数都设置为 2GB。在 Cloudera Manager 中修改 yarn.nodemanager.resource.memory-mb 参数在 YARN 服务的 NodeManager 范围里、修改 yarn.scheduler.maximum-allocation-mb 参数在 YARN 服务的 ResourceManager 范围里，修改后需要保存更改并重启 Hadoop 集群。

2. 启动 Sqoop 的 share metastore service

定期装载工作流需要用 Oozie 调用 Sqoop 执行，这需要开启 Sqoop 的元数据共享存储，命令如下：

```
sqoop metastore > /tmp/sqoop_metastore.log 2>&1 &
```

metastore 工具配置 Sqoop 作业的共享元数据信息存储，它会在当前主机启动一个内置的 HSQLDB 共享数据库实例。客户端可以连接这个 metastore，这样允许多个用户定义并执行 metastore

中存储的 Sqoop 作业。metastore 库文件的存储位置由 sqoop-site.xml 中的 sqoop.metastore.server.location 属性配置，它指向一个本地文件。如果不设置这个属性，Sqoop 元数据默认存储在~/.sqoop 目录下。

碰到用 Oozie 工作流执行 Sqoop 命令成功、但执行 Sqoop 作业失败的情况，可以参考"Oozie 系列(3)之解决 Sqoop Job 无法运行的问题"这篇文章（访问地址是 http://www.lamborryan.com/oozie -sqoop-fail/)，该文中对这个问题有很详细的分析，并提供了解决方案。

3. 连接 metastore 创建 sqoop job

建立一个增量抽取 sales_order 表数据的 Sqoop 作业，并将其元数据存储在 shared metastore 里。

```
sqoop job \
--meta-connect jdbc:hsqldb:hsql://node2:16000/sqoop \
--create myjob_incremental_import \
-- \
import \
--connect
"jdbc:mysql://node3:3306/source?useSSL=false&user=root&password=123456" \
--table sales_order \
--columns "order_number, customer_number, product_code, order_date,
entry_date, order_amount" \
--hive-import \
--hive-table rds.sales_order \
--fields-terminated-by , \
--incremental append \
--check-column order_number \
--last-value 0
```

通过--meta-connect jdbc:hsqldb:hsql://node2:16000/sqoop 选项，将作业元数据存储到 HSQLDB 数据库文件中。metastore 的默认端口是 16000，可以用 sqoop.metastore.server.port 属性设置为其他端口号。创建作业前，可以使用--delete 参数先删除已经存在的同名作业。

```
sqoop job --meta-connect jdbc:hsqldb:hsql://node2:16000/sqoop --delete
myjob_incremental_import
```

Sqoop 作业还包含以下常用命令：

```
# 查看 sqoop 作业列表
sqoop job --meta-connect jdbc:hsqldb:hsql://node2:16000/sqoop --list

# 查看一个 sqoop 作业的属性
sqoop job --meta-connect jdbc:hsqldb:hsql://node2:16000/sqoop --show
myjob_incremental_import

# 执行一个 sqoop 作业
sqoop job --meta-connect jdbc:hsqldb:hsql://node2:16000/sqoop --exec
myjob_incremental_import
```

4. 定义工作流

建立内容如下的 workflow.xml 工作流定义文件：

```xml
<?xml version="1.0" encoding="UTF-8"?>
<workflow-app xmlns="uri:oozie:workflow:0.1" name="regular_etl">
    <start to="fork-node"/>
    <fork name="fork-node">
        <path start="sqoop-customer" />
        <path start="sqoop-product" />
        <path start="sqoop-sales_order" />
    </fork>
    <action name="sqoop-customer">
        <sqoop xmlns="uri:oozie:sqoop-action:0.2">
            <job-tracker>${jobTracker}</job-tracker>
            <name-node>${nameNode}</name-node>
            <arg>import</arg>
            <arg>--connect</arg>
            <arg>jdbc:mysql://node3:3306/source?useSSL=false</arg>
            <arg>--username</arg>
            <arg>root</arg>
            <arg>--password</arg>
            <arg>123456</arg>
            <arg>--table</arg>
            <arg>customer</arg>
            <arg>--delete-target-dir</arg>
            <arg>--target-dir</arg>
            <arg>/user/hive/warehouse/rds.db/customer</arg>
            <file>/tmp/hive-site.xml</file>
            <archive>/tmp/mysql-connector-java-5.1.38-bin.jar</archive>
        </sqoop>
        <ok to="joining"/>
        <error to="fail"/>
    </action>
    <action name="sqoop-product">
        <sqoop xmlns="uri:oozie:sqoop-action:0.2">
            <job-tracker>${jobTracker}</job-tracker>
            <name-node>${nameNode}</name-node>
            <arg>import</arg>
            <arg>--connect</arg>
            <arg>jdbc:mysql://node3:3306/source?useSSL=false</arg>
            <arg>--username</arg>
            <arg>root</arg>
            <arg>--password</arg>
            <arg>123456</arg>
            <arg>--table</arg>
            <arg>product</arg>
```

```
                <arg>--delete-target-dir</arg>
                <arg>--target-dir</arg>
                <arg>/user/hive/warehouse/rds.db/product</arg>
                <file>/tmp/hive-site.xml</file>
                <archive>/tmp/mysql-connector-java-5.1.38-bin.jar</archive>
            </sqoop>
            <ok to="joining"/>
            <error to="fail"/>
        </action>
        <action name="sqoop-sales_order">
            <sqoop xmlns="uri:oozie:sqoop-action:0.2">
                <job-tracker>${jobTracker}</job-tracker>
                <name-node>${nameNode}</name-node>
                <command>job --exec myjob_incremental_import --meta-connect
jdbc:hsqldb:hsql://node2:16000/sqoop</command>
                <file>/tmp/hive-site.xml</file>
                <archive>/tmp/mysql-connector-java-5.1.38-bin.jar</archive>
            </sqoop>
            <ok to="joining"/>
            <error to="fail"/>
        </action>
        <join name="joining" to="hive-node"/>
        <action name="hive-node">
            <hive xmlns="uri:oozie:hive-action:0.2">
                <job-tracker>${jobTracker}</job-tracker>
                <name-node>${nameNode}</name-node>
                <job-xml>/tmp/hive-site.xml</job-xml>
                <script>/tmp/regular_etl.sql</script>
            </hive>
            <ok to="end"/>
            <error to="fail"/>
        </action>
        <kill name="fail">
            <message>Sqoop failed, error
message[${wf:errorMessage(wf:lastErrorNode())}]</message>
        </kill>
        <end name="end"/>
    </workflow-app>
```

这个工作流的 DAG 如图 7-2 所示。

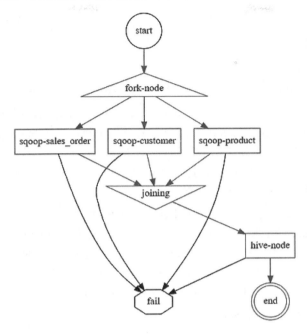

图 7-2　定期装载 DAG

上面的 XML 文件使用 hPDL 的语法定义了一个名为 regular_etl 的工作流。该工作流包括 9 个节点，其中有 5 个控制节点（工作流的起点 start、终点 end、失败处理节点 fail，两个执行路径控制节点 fork-node 和 joining）和 4 个动作节点（三个并行处理的 Sqoop 动作节点 sqoop-customer、sqoop-product、sqoop-sales_order 用作数据抽取，一个 Hive 动作节点 hive-node 用作数据转换与装载）。

Oozie 的工作流节点分为控制节点和动作节点两类。控制节点控制着工作流的开始、结束和作业的执行路径。动作节点触发计算或处理任务的执行。节点的名字必须符合[a-zA-Z][_a-zA-Z0-0]* 这种正则表达式模式，并且不能超过 20 个字符。

（1）控制节点

控制节点可以分成两种：一种定义工作流的开始和结束，使用 start、end 和 kill 三个标签；另一种用来控制工作流的执行路径，使用 decision、fork 和 join 标签。

start 节点是一个工作流作业的入口，是工作流作业的第一个节点。当工作流开始时，它会自动转到 start 标签所标识的节点。每个工作流定义必须包含一个 start 节点。end 节点是工作流作业的结束，表示工作流作业成功完成。当工作流到达这个节点时就结束了。如果在到达 end 节点时，还有一个或多个动作正在执行，那么这些动作将被杀死，这种场景也被认为是执行成功。每个工作流定义必须包含一个 end 节点。kill 节点允许一个工作流作业将自己杀死。当工作流作业到达 kill 节点时，表示作业以失败结束。如果在到达 kill 节点时还有一个或多个动作正在执行，那么这些动作将被杀死。一个工作流定义中可以没有 kill 节点，也可以包含一个或多个 kill 节点。

decision 节点能够让工作流选择执行路径，其行为类似于一个 switch-case 语句，即按不同情况走不同分支。我们刚定义的工作流中没有 decision 节点，https://blog.csdn.net/wzy0623/article/details/51992827 中有一个销售订单示例使用 decision 节点的例子。fork 节点将一个执行路径分裂成多个并发的执行路径，直到所有这些并发执行路径都到达 join 节点后，工作流才会继续往后执行。fork 与 join 节点必须成对出现。实际上 join 节点将多条并发执行路径视作同一个 fork 节点的子节点。

（2）动作节点

动作节点是实际执行操作的部分。Oozie 支持很多种动作节点，包括 Hive 脚本、Hive Server2 脚本、Pig 脚本、Spark 程序、Java 程序、Sqoop1 命令、MapReduce 作业、shell 脚本、HDFS 命令等。我们的 ETL 工作流中使用了 Sqoop 和 Hive 两种动作节点。ok 和 error 是动作节点预定义的两个 XML 元素，通常被用来指定动作节点执行成功或失败时的下一步跳转节点。这些元素在 Oozie 中被称为转向元素。arg 元素包含动作节点的实际参数。sqoop-customer 和 sqoop-product 动作节点中使用 arg 元素指定 Sqoop 命令行参数。command 元素表示要执行一个 shell 命令。在 sqoop-sales_order 动作节点中，使用 command 元素指定执行 Sqoop 作业的命令。file 和 archive 元素用于为执行 MapReduce 作业提供有效的文件和包。为了避免不必要的混淆，最好使用 HDFS 的绝对路径。三个 Sqoop 动作节点使用这两个属性，为 Sqoop 指定 Hive 的配置文件和 MySQL JDBC 驱动包的位置。必须包含这两个属性 Sqoop 动作节点才能正常执行。script 元素包含要执行的脚本文件，这个元素的值可以被参数化。在 hive-node 动作节点中，使用 script 元素指定需要执行的定期装载 SQL 脚本文件。regular_etl.sql 文件内容如下：

```
use dw;

-- 设置 scd 的生效时间和过期时间
set hivevar:cur_date = current_date();
set hivevar:pre_date = date_add(${hivevar:cur_date},-1);
set hivevar:max_date = cast('2200-01-01' as date);

-- 设置 cdc 的上限时间
update rds.cdc_time set current_load = ${hivevar:cur_date};

-- 装载 customer 维度
-- 设置已删除记录和 customer_street_addresses 列上 SCD2 的过期
update customer_dim
  set expiry_date = ${hivevar:pre_date}
where customer_dim.customer_sk in
(select a.customer_sk
  from (select customer_sk,customer_number,customer_street_address
      from customer_dim where expiry_date = ${hivevar:max_date}) a
left join rds.customer b on a.customer_number = b.customer_number
where b.customer_number is null or a.customer_street_address <>
b.customer_street_address);

-- 处理 customer_street_addresses 列上 SCD2 的新增行
insert into customer_dim
select row_number() over (order by t1.customer_number) + t2.sk_max,
    t1.customer_number,
    t1.customer_name,
```

```
        t1.customer_street_address,
        t1.customer_zip_code,
        t1.customer_city,
        t1.customer_state,
        t1.version,
        t1.effective_date,
        t1.expiry_date
  from
  (select t2.customer_number customer_number,
        t2.customer_name customer_name,
        t2.customer_street_address customer_street_address,
        t2.customer_zip_code,
        t2.customer_city,
        t2.customer_state,
        t1.version + 1 version,
        ${hivevar:pre_date} effective_date,
        ${hivevar:max_date} expiry_date
    from customer_dim t1
  inner join rds.customer t2 on t1.customer_number = t2.customer_number
  and t1.expiry_date = ${hivevar:pre_date}
    left join customer_dim t3 on t1.customer_number = t3.customer_number
    and t3.expiry_date = ${hivevar:max_date}
  where t1.customer_street_address <> t2.customer_street_address and
t3.customer_sk is null) t1
    cross join (select coalesce(max(customer_sk),0) sk_max from customer_dim) t2;

-- 处理 customer_name 列上的 SCD1
-- 因为 SCD1 本身不保存历史数据，所以这里更新维度表里的
-- 所有 customer_name 改变的记录，而不是仅仅更新当前版本的记录
drop table if exists tmp;
create table tmp as
select a.customer_sk,
      a.customer_number,
      b.customer_name,
      a.customer_street_address,
      a.customer_zip_code,
      a.customer_city,
      a.customer_state,
      a.version,
      a.effective_date,
      a.expiry_date
  from customer_dim a, rds.customer b
  where a.customer_number = b.customer_number and (a.customer_name <>
b.customer_name);

delete from customer_dim where customer_dim.customer_sk in (select customer_sk
```

```
from tmp);
    insert into customer_dim select * from tmp;

    -- 处理新增的 customer 记录
    insert into customer_dim
    select row_number() over (order by t1.customer_number) + t2.sk_max,
        t1.customer_number,
        t1.customer_name,
        t1.customer_street_address,
        t1.customer_zip_code,
        t1.customer_city,
        t1.customer_state,
        1,
        ${hivevar:pre_date},
        ${hivevar:max_date}
    from
    (select t1.* from rds.customer t1
    left join customer_dim t2 on t1.customer_number = t2.customer_number
     where t2.customer_sk is null) t1
    cross join (select coalesce(max(customer_sk),0) sk_max from customer_dim) t2;

    -- 装载 product 维度
    -- 设置已删除记录和 product_name、product_category 列上 SCD2 的过期
    update product_dim
      set expiry_date = ${hivevar:pre_date}
    where product_dim.product_sk in
    (select a.product_sk
      from (select product_sk,product_code,product_name,product_category
          from product_dim where expiry_date = ${hivevar:max_date}) a
    left join rds.product b on a.product_code = b.product_code
    where b.product_code is null
    or (a.product_name <> b.product_name or a.product_category <> b.product_category));

    -- 处理 product_name、product_category 列上 SCD2 的新增行
    insert into product_dim
    select row_number() over (order by t1.product_code) + t2.sk_max,
        t1.product_code,
        t1.product_name,
        t1.product_category,
        t1.version,
        t1.effective_date,
        t1.expiry_date
    from
    (select t2.product_code product_code,
        t2.product_name product_name,
        t2.product_category product_category,
```

```
        t1.version + 1 version,
        ${hivevar:pre_date} effective_date,
        ${hivevar:max_date} expiry_date
    from product_dim t1
  inner join rds.product t2 on t1.product_code = t2.product_code
    and t1.expiry_date = ${hivevar:pre_date}
    left join product_dim t3 on t1.product_code = t3.product_code
and t3.expiry_date = ${hivevar:max_date}
    where (t1.product_name <> t2.product_name or t1.product_category <>
t2.product_category)
    and t3.product_sk is null) t1
    cross join (select coalesce(max(product_sk),0) sk_max from product_dim) t2;

-- 处理新增的 product 记录
insert into product_dim
select row_number() over (order by t1.product_code) + t2.sk_max,
       t1.product_code,
       t1.product_name,
       t1.product_category,
       1,
       ${hivevar:pre_date},
       ${hivevar:max_date}
from
(select t1.* from rds.product t1
left join product_dim t2 on t1.product_code = t2.product_code
 where t2.product_sk is null) t1
cross join (select coalesce(max(product_sk),0) sk_max from product_dim) t2;

-- 装载 order 维度
insert into order_dim
select row_number() over (order by t1.order_number) + t2.sk_max,
       t1.order_number,
       t1.version,
       t1.effective_date,
       t1.expiry_date
  from
(select order_number order_number,
     1 version,
     order_date effective_date,
     '2200-01-01' expiry_date
 from rds.sales_order, rds.cdc_time
 where entry_date >= last_load and entry_date < current_load ) t1
cross join (select coalesce(max(order_sk),0) sk_max from order_dim) t2;

-- 装载销售订单事实表
insert into sales_order_fact
```

```
select order_sk,
    customer_sk,
    product_sk,
    date_sk,
    order_amount
 from rds.sales_order a,
    order_dim b,
    customer_dim c,
    product_dim d,
    date_dim e,
    rds.cdc_time f
where a.order_number = b.order_number
and a.customer_number = c.customer_number
and a.order_date >= c.effective_date
and a.order_date < c.expiry_date
and a.product_code = d.product_code
and a.order_date >= d.effective_date
and a.order_date < d.expiry_date
and to_date(a.order_date) = e.dt
and a.entry_date >= f.last_load and a.entry_date < f.current_load;

-- 更新时间戳表的 last_load 字段
update rds.cdc_time set last_load=current_load;
```

（3）工作流参数化

工作流定义中可以使用形式参数。当工作流被 Oozie 执行时，所有形参都必须提供具体的值。参数定义使用 JSP 2.0 的语法，不仅可以是单个变量，还支持函数和复合表达式。参数可以用于指定动作节点和 decision 节点的配置值、XML 属性值和 XML 元素值，但是不能在节点名称、XML 属性名称、XML 元素名称和节点的转向元素中使用。我们的工作流中使用了 ${jobTracker} 和 ${nameNode} 两个参数，分别指定 YARN 资源管理器的主机/端口和 HDFS NameNode 的主机/端口。

（4）表达式语言函数

Oozie 的工作流作业本身还提供了丰富的内建函数，统称为表达式语言函数（Expression Language Functions，EL 函数）。通过这些函数可以对动作节点和 decision 节点的谓词进行更复杂的参数化。我们的工作流中使用了 wf:errorMessage 和 wf:lastErrorNode 两个内建函数。wf:errorMessage 函数返回特定节点的错误消息，如果没有错误，就返回空字符串。错误消息常被用于排错和通知的目的。wf:lastErrorNode 函数返回最后出错的节点名称，如果没有错误，就返回空字符串。

5. 部署工作流

这里所说的部署就是把相关文件上传到 HDFS 的对应目录中，包括工作流定义文件以及 file、archive、script 元素中指定的文件。可以使用 hdfs dfs -put 命令将本地文件上传到 HDFS，-f 参数的作用是如果目标位置已经存在同名的文件，则用上传的文件覆盖已存在的文件。

```
hdfs dfs -put -f workflow.xml /user/root/
```

```
hdfs dfs -put -f /etc/hive/conf.cloudera.hive/hive-site.xml /tmp/
hdfs dfs -put -f /root/mysql-connector-java-5.1.38-bin.jar /tmp/
hdfs dfs -put -f /root/regular_etl.sql /tmp/
```

6. 建立作业属性文件

到现在为止我们已经定义了工作流，也将运行工作流所需的所有文件上传到了 HDFS 的指定位置。但是，仍然无法运行工作流，因为还缺少关键的一步：定义作业的某些属性，并将这些属性值提交给 Oozie。需要在本地目录中创建一个作业属性文件，这里命名为 job.properties，其中的内容如下：

```
nameNode=hdfs://nameservice1
jobTracker=manager:8032
queueName=default
oozie.use.system.libpath=true
oozie.wf.application.path=${nameNode}/user/${user.name}
```

注意，此文件不需要上传到 HDFS。这里稍微解释一下每一行的含义。nameNode 和 jobTracker 是工作流定义里面的两个形参，分别指示 NameNode 服务地址和 YARN 资源管理器的主机名/端口号。工作流定义里使用的形参必须在作业属性文件中赋值。queueName 是 MapReduce 作业的队列名称，用于给一个特定队列命名，省略时所有的 MR 作业都进入"default"队列。queueName 主要用于给不同目的作业队列赋予不同的属性集来保证优先级。为了让工作流能够使用 Oozie 的共享库，要在作业属性文件中设置 oozie.use.system.libpath=true。oozie.wf.application.path 属性设置应用工作流定义文件的路径，在它的赋值中，${nameNode} 引用第一行的变量，${user.name} 系统变量引用 Java 环境的 user.name 属性，通过该属性可以获得当前登录的操作系统用户名。

7. 运行工作流

经过一系列的配置，现在已经万事俱备，可以运行定期装载工作流了。下面的命令用于运行工作流作业。oozie 是 Oozie 的客户端命令，job 表示指定为作业，-oozie 参数指示 Oozie 服务器实例的 URL，-config 参数指示作业属性配置文件，-run 告诉 Oozie 运行作业。

```
oozie job -oozie http://node3:11000/oozie -config /root/job.properties -run
```

此时从 Oozie Web 控制台可以看到正在运行的作业，如图 7-3 所示。

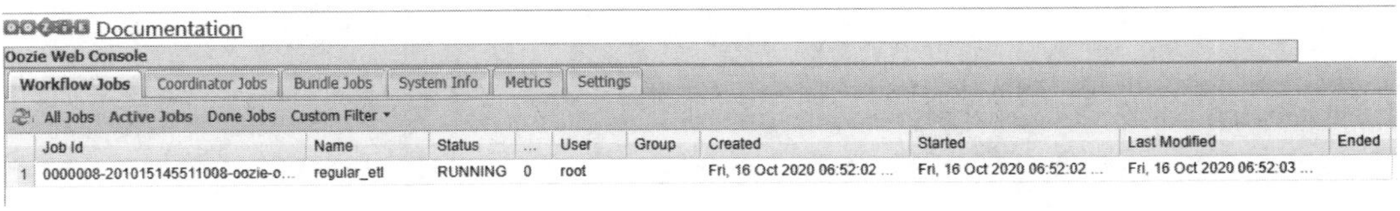

图 7-3　运行的作业

单击"Active Jobs"标签，会看到表格中只有一行，就是刚运行的工作流作业。Job Id 是系统生成的作业号，唯一标识一个作业。Name 是在 workflow.xml 文件中定义的工作流名称，Status 为 RUNNING，表示正在运行。页面中还会显示执行作业的用户名、作业创建时间、开始时间、最后修改时间、结束时间等作业属性。

单击作业所在行，可以打开作业的详细信息窗口，如图 7-4 所示。

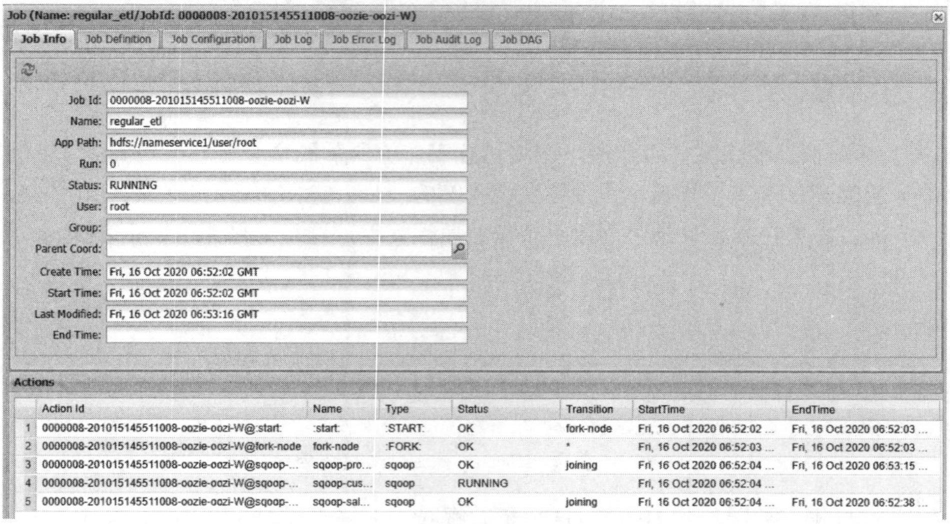

图 7-4　作业详细信息

这个页面由上、下两部分组成：上面是以纵向方式显示的作业属性，内容和图 7-3 所示的一行相同；下面是动作信息。在这个表格中会列出所定义的工作流节点。从图 7-4 中可以看到节点的名称和类型，分别对应 workflow.xml 文件中节点定义的属性和元素，Transition 表示转向的节点，对应工作流定义文件中"to"属性的值。从 Status 列可以看到节点的执行状态，表示正在运行 sqoop-customer 动作节点，前面的 start、fork-node、sqoop-sales_order、sqoop-product 都已执行成功，后面的 joining、hive-node、end 节点还没有执行到，所以没有显示。这个表格中只会显示已经执行或正在执行的节点。表格中还有 StartTime 和 EndTime 两列，分别表示节点的开始和结束时间，fork 节点中的三个 Sqoop 动作是并行执行的，因此起止时间上有所交叉。

单击动作所在行，可以打开动作的详细信息窗口，如图 7-5 所示。

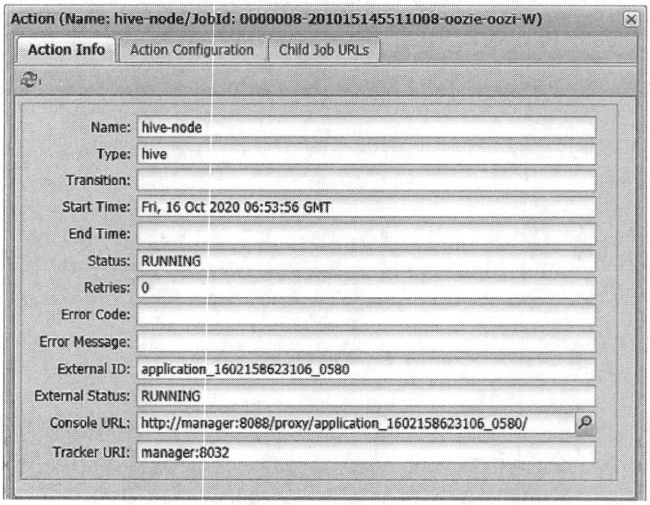

图 7-5　动作详细信息

这个窗口中显示一个节点的 13 个相关属性。从图 7-5 中可以看到正在运行的 hive-node 节点的属性。从 YARN 服务的 HistoryServer Web UI 界面中可以看到真正执行动作的 MapReduce 作业的跟踪页面，如图 7-6 所示。Oozie 中定义的动作实际上是作为 MapReduce 之上的应用来执行的。从这个页面可以看到相关 MapReduce 作业的属性，包括作业 ID、总的 Map/Reduce 数、已完成的 Map/Reduce 数、Map 和 Reduce 的处理进度等信息。

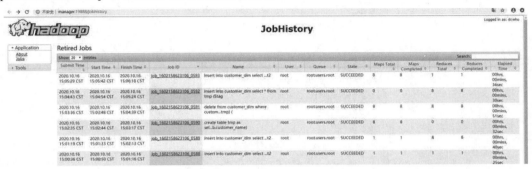

图 7-6　执行动作的 MapReduce 作业

当 Oozie 作业执行完，可以在图 7-3 所示页面的"All Jobs"标签页看到，Status 列已经从 RUNNING 变为 SUCCEEDED，如图 7-7 所示。

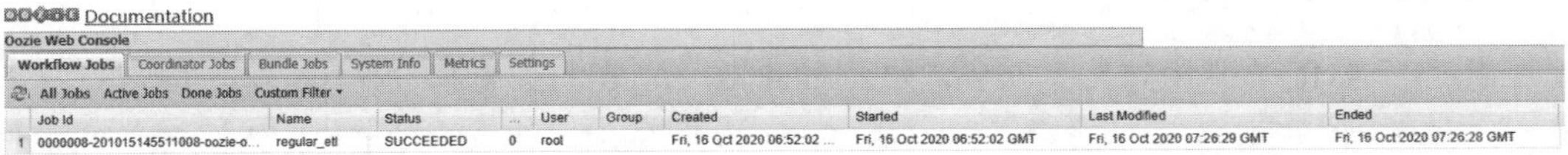

图 7-7　完成的工作流

整个工作流执行了将近 31 分钟。细心的读者可能会发现，显示的结束时间点是 07:26:28，这个时间和我们手动执行工作流的时间相差了八个小时，造成这个问题的原因稍后再做解释。

7.2.4　建立协调器作业定期自动执行工作流

工作流作业通常都以一定的时间间隔定期执行，例如，定期装载 ETL 作业需要在每天 2 点执行一次。Oozie 的协调器作业能够在满足谓词条件时触发工作流作业的执行。现在的谓词条件可以定义为数据可用、时间或外部事件，将来还可能扩展为支持其他类型的事件。协调器作业还有一种使用场景，就是需要关联多个周期性运行工作流作业。它们运行的时间间隔不同，前面所有工作流的输出一起成为下一个工作流的输入。例如，有五个工作流，前四个顺序执行，每隔 15 分钟运行一个，第五个工作流每隔 60 分钟运行一次，前面四个工作流的输出共同构成第五个工作流的输入。这种工作流链有时被称为数据应用管道。Oozie 协调器系统允许用户定义周期性执行的工作流作业，还可以定义工作流之间的依赖关系。和工作流作业类似，定义协调器作业也要创建配置文件和属性文件。

1. 建立协调器作业配置文件

建立内容如下的 coordinator.xml 配置文件：

```
<coordinator-app name="regular_etl-coord" frequency="${coord:days(1)}"
start="${start}" end="${end}" timezone="${timezone}"
```

```
xmlns="uri:oozie:coordinator:0.1">
    <action>
        <workflow>
            <app-path>${workflowAppUri}</app-path>
            <configuration>
                <property>
                    <name>jobTracker</name>
                    <value>${jobTracker}</value>
                </property>
                <property>
                    <name>nameNode</name>
                    <value>${nameNode}</value>
                </property>
                <property>
                    <name>queueName</name>
                    <value>${queueName}</value>
                </property>
            </configuration>
        </workflow>
    </action>
</coordinator-app>
```

在上面的 XML 文件中定义了一个名为 regular_etl-coord 的协调器作业。coordinator-app 元素的 frequency 属性指定工作流运行的频率。我们用 Oozie 提供的 ${coord:days(int n)} EL 函数给它赋值，该函数返回 'n' 天的分钟数，示例中的 n 为 1，也就是每隔 1440 分钟运行一次工作流。start 属性指定起始时间，end 属性指定终止时间，timezone 属性指定时区。这三个属性都赋予形参，在属性文件中定义参数值。xmlns 属性值是常量字符串 "uri:oozie:coordinator:0.1"。${workflowAppUri} 形参指定应用的路径，就是工作流定义文件所在的路径。${jobTracker}、${nameNode} 和 ${queueName}形参与上一小节 workflow.xml 工作流文件中的含义相同。

2. 建立协调器作业属性文件

建立内容如下的 job-coord.properties 属性文件：

```
nameNode=hdfs://nameservice1
jobTracker=manager:8032
queueName=default
oozie.use.system.libpath=true
oozie.coord.application.path=${nameNode}/user/${user.name}
timezone=UTC
start=2020-10-16T07:40Z
end=2020-12-31T07:15Z
workflowAppUri=${nameNode}/user/${user.name}
```

这个文件定义协调器作业的属性，并给协调器作业定义文件中的形参赋值。该文件的内容与工作流作业属性文件的内容类似。oozie.coord.application.path 参数指定协调器作业定义文件所在的

HDFS 路径。需要注意的是，start、end 变量的赋值与时区有关。Oozie 默认的时区是 UTC，而且即便在属性文件中设置了 timezone=GMT+0800 也不起作用。这里给出的起始时间点是 2020-10-16T07:40Z，实际要加上 8 个小时才是我们所在时区真正的运行时间，即 15:40（为了便于及时验证运行效果，设置这个时间点）。因此，在定义时间点时一定要注意时间的计算问题，这也就是在前面的工作流演示控制台页面里看到的时间是 7 点的原因，真实时间是 15 点。

3. 部署协调器作业

执行下面的命令将 coordinator.xml 文件上传到 oozie.coord.application.path 参数指定的 HDFS 目录中。

```
hdfs dfs -put -f coordinator.xml /user/root/
```

4. 运行协调器作业

执行下面的命令运行协调器作业：

```
oozie job -oozie http://node3:11000/oozie -config /root/job-coord.properties
-run
```

此时从 Oozie Web 控制台可以看到准备运行的协调器作业，作业的状态为 RUNNING，如图 7-8 所示。

图 7-8　提交协调器作业

单击作业所在行，可以打开协调器作业的详细信息窗口，如图 7-9 所示。Status 为 WAITING，表示正在等待执行工作流。当时间到达 15:40 时，该状态值会变为 RUNNING，表示已经开始执行。

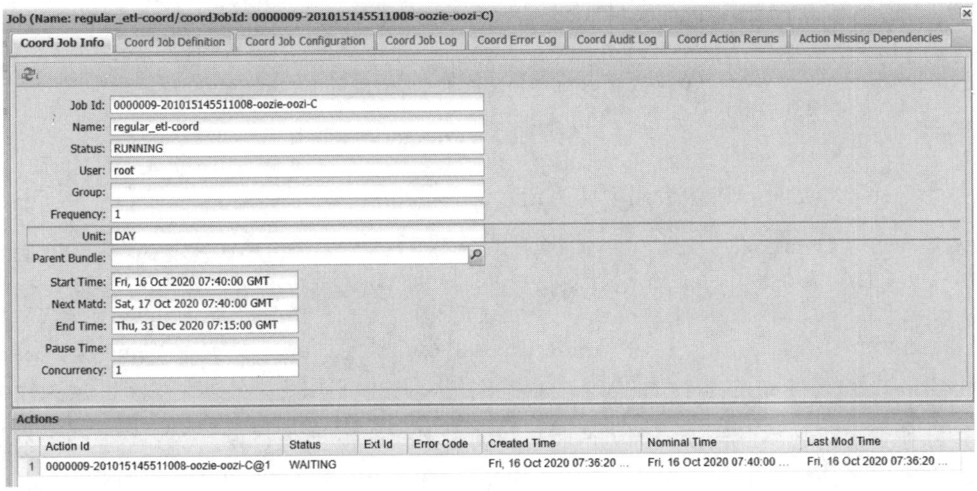

图 7-9　协调器作业详细信息

单击动作所在行，可以打开调用的工作流作业的详细信息窗口，如图 7-10 所示。这个页面和图 7-4 所示的是同一个页面，但这时在"Parent Coord"字段显示了协调器作业的 Job Id。

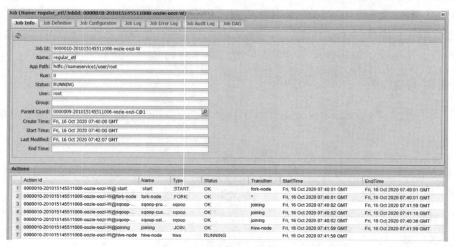

图 7-10 工作流作业详细信息

7.2.5 在 Kettle 中执行 Oozie 作业

Kettle 提供的"Oozie job executor"作业项用于执行 Oozie 作业。在图 7-11 所示的作业中，CDH631 是已经建好的 Hadoop 集群连接。"Enable Blocking"选项将阻止作业的其余部分执行，直到选中 Oozie 作业完成为止。"Polling Interval(ms)"设置检查 Oozie 工作流的时间间隔。"Workflow Properties"设置工作流属性文件。此选项是必填的，并且必须是有效的作业属性文件。

图 7-11 "Oozie job executor"作业项

执行该 Kettle 作业，日志中会出现如下错误：

```
Oozie job executor - ERROR (version 8.3.0.0-371, build 8.3.0.0-371 from
2019-06-11 11.09.08 by buildguy) : 2020-10-16 11:03:00,386 INFO
org.apache.oozie.command.coord.CoordSubmitXCommand: SERVER[node3] USER[root]
GROUP[-] TOKEN[] APP[regular_etl-coord] JOB[0000006-201015145511008-oozie-oozi-C]
ACTION[-] ENDED Coordinator Submit jobId=0000006-201015145511008-oozie-oozi-C
```

协调器作业可以忽略此错误，因为此时已将协调器作业提交至 Oozie，剩下的工作交由 Oozie 完成。如果执行的是一个工作流作业，比如将"Workflow Properties"设置为"file:///root/kettle_hadoop/7/job.properties"，则不会报错，并且会正常执行工作流作业。关于"Oozie Job Executor"

作业项的说明，参见 https://wiki.pentaho.com/pages/viewpage.action?pageId=25045116。

7.2.6　Oozie 优化

Oozie 本身并不真正运行工作流中的动作，它在执行工作流中的动作节点时会先启动一个发射器（Launcher）。发射器类似于一个 YARN 作业，由一个 AppMaster 和一个 Mapper 组成，只负责运行一些基本命令，如执行 Hive CLI 胖客户端的"hive"、Hive Beeline 瘦客户端的"hive2"、Pig CLI、Sqoop、Spark Driver、Bash shell 等。然后，由这些命令产生一系列真正执行工作流动作的 YARN 作业。值得注意的是，YARN 并不知道发射器和它所产生的作业之间的依赖关系，这在"hive2"动作中表现得尤为明显。"hive2"动作的发射器连接到 HiveServer2，然后 HiveServer2 产生动作相关的作业。

知道了 Oozie 的运行机制，就可以有针对性地优化 Oozie 工作流了。下面以 Hive 动作为例进行说明。

（1）减少给发射器作业分配的资源

发射器作业只需要一个很小的调度（记住只有一个 Mapper），因此它的 AppMaster 所需资源参数值应该设置得很低，以避免因消耗过多内存而阻碍后面工作流队列的执行。可以通过配置以下动作属性值修改发射器使用的资源。

- oozie.launcher.yarn.app.mapreduce.am.resource.mb：发射器使用的总内存大小。
- oozie.launcher.yarn.app.mapreduce.am.command-opts：需要在 Oozie 命令行显式地使用"-Xmx"参数限制 Java 堆栈的大小，典型的配置为 80%的物理内存。如果设置得太低，可能出现 OutOfMemory 错误；如果设置得太高，则 YARN 可能会因为限额使用不当而杀死 Java 容器。

（2）减少给"hive2"发射器作业分配的资源

类似地，配置以下动作属性值：

- oozie.launcher.mapreduce.map.memory.mb。
- oozie.launcher.mapreduce.map.java.opts。

（3）利用 YARN 队列名

如果能够获得更高级别的 YARN 队列名称，就可以为发射器配置 oozie.launcher.mapreduce.job.queuename 属性。对于实际的 Hive 查询，可以如下配置：

- 在 Oozie 动作节点中设置 mapreduce.job.queuename 属性。这种方法仅对"hive"动作有效。
- 在 HiveQL 脚本开头插入"set mapreduce.job.queuename = ***;"命令。这种方法对"hive"和"hive2"动作都起作用。

（4）设置 Hive 查询的 AppMaster 资源

如果默认的 AppMaster 资源对于实际的 Hive 查询来说太大了，可以修改它们的大小：

- 在 Oozie 动作节点中设置 yarn.app.mapreduce.am.resource.mb 和 yarn.app.mapreduce.am.command-opts 属性，或者 tez.am.resource.memory.mb 和 tez.am.launch.cmd-opts 属性（当

Hive 使用了 Tez 执行引擎时设置）。这种方法仅对"hive"动作有效。
- 在 HiveQL 脚本开头插入设置属性的 set 命令。这种方法对"hive"和"hive2"动作都起作用。

注意，对于上面的（1）、（2）、（4）点，不能配置低于 yarn.scheduler.minimum-allocation-mb 的值。

（5）合并 HiveQL 脚本
可以将某些步骤合并到同一个 HiveQL 脚本中，这会降低 Oozie 轮询 YARN 的开销。Oozie 会向 YARN 询问一个查询是否结束，如果是，就启动另一个发射器，然后该发射器启动另一个 Hive 会话。在出现查询出错的情况下，这种合并做法的控制粒度较粗，可能在重新启动动作前需要做一些手动清理的工作。

（6）并行执行多个步骤
在拥有足够 YARN 资源的前提下，尽量将可以并行执行的步骤放到 Oozie Fork/Join 的不同分支中。

（7）使用 Tez 计算框架
在很多场景下，Tez 计算框架比 MapReduce 效率更高。例如，Tez 会为 Map 和 Reduce 步骤重用同一个 YARN 容器。这对于连续的查询将降低 YARN 开销，同时会减少中间处理的磁盘 I/O。

7.3 使用 start 作业项

Kettle 的 start 作业项具有定时调度作业执行的功能。图 7-12 所示的属性定义作业每天 2 点执行一次。

图 7-12 start 作业项的定时调度

现在验证一下 start 的调度功能。执行下面的语句在 MySQL 源表中新增两条 2020 年 10 月 15 日的销售订单数据。

```
use source;

drop table if exists temp_sales_order_data;
create table temp_sales_order_data as select * from sales_order where 1=0;

set @start_date := unix_timestamp('2020-10-15');
set @end_date := unix_timestamp('2020-10-16');

set @customer_number := floor(1 + rand() * 8);
set @product_code := floor(1 + rand() * 4);
set @order_date := from_unixtime(@start_date + rand() * (@end_date -
@start_date));
set @amount := floor(1000 + rand() * 9000);
insert into temp_sales_order_data
values (1,@customer_number,@product_code,@order_date,@order_date,@amount);

set @customer_number := floor(1 + rand() * 8);
set @product_code := floor(1 + rand() * 4);
set @order_date := from_unixtime(@start_date + rand() * (@end_date -
@start_date));
set @amount := floor(1000 + rand() * 9000);
insert into temp_sales_order_data
values (1,@customer_number,@product_code,@order_date,@order_date,@amount);

insert into sales_order
select @a:=@a+1, customer_number, product_code, order_date, entry_date,
order_amount
  from temp_sales_order_data t1,(select @a:=102) t2 order by order_date;

commit;
```

然后执行定期装载 Kettle 作业，到了 start 作业项中定义的时间作业就会自动执行，并将会在事实表中增加两条记录。这种方式的调度设置简单明了，缺点是在作业执行后可以关闭 job 标签页，但不能关闭 Spoon 窗口，否则无法执行。

7.4 小　结

本章介绍了三种 ETL 作业调度实现方案。

第一种方案是使用操作系统提供的调度功能，如 cron。cron 服务是 Linux 下用来周期性执行某种任务或处理某些事件的系统服务，默认安装并启动。通过 crontab 命令可以创建、编辑、显示或删除 crontab 文件。crontab 文件有固定的格式，其内容定义了要执行的操作，可以是系统命令，也可以是用户自己编写的脚本文件。crontab 执行要注意环境变量的设置。

第二种方案是使用 Hadoop 的工作流引擎 Oozie。相对于操作系统级的 cron，Oozie 功能更强大，也更加灵活。Oozie 是一个管理 Hadoop 作业、可伸缩、可扩展、可靠的工作流调度系统，内部定义了三种作业：工作流作业、协调器作业和 Bundle 作业。Oozie 的工作流定义中包含控制节点和动作节点：控制节点控制着工作流的开始、结束和作业的执行路径，动作节点触发计算或处理任务的执行。Oozie 的协调器作业能够在满足谓词条件时触发工作流作业的执行。现在的谓词条件可以定义为数据可用、时间或外部事件。配置协调器作业的时间触发条件时，一定要注意进行时区的换算。通过适当配置 Oozie 动作的属性值，可以提高工作流的执行效率。Kettle 提供了执行 Oozie 的作业项。

最后一种方案是通过设置 Kettle 中的 start 作业项属性定时自动重复执行 Kettle 作业。这是一种最简单的调度 Kettle 作业的方法。

下一章将讨论多维数据仓库中各种常见的维度表技术及其 Kettle 实现。

第8章

维度表技术

在前面的章节中，我们用 Kettle 工具实现了 Hadoop 多维数据仓库的基本功能，如使用 Sqoop 作业项、SQL 脚本、Hadoop file output、ORC output 等步骤实现 ETL 过程，使用 Oozie、Start 作业项定期执行 ETL 任务等。本章将继续讨论常见的维度表技术，从最简单的"增加列"开始，继而讨论维度子集、角色扮演维度、层次维度、退化维度、杂项维度、维度合并、分段维度等基本的维度表技术，这些技术在实际应用中经常遇到。在说明这些技术的相关概念和使用场景后，我们以销售订单数据仓库为例，给出 Kettle 实现和测试过程。

8.1 增加列

业务的扩展或变化不可避免，尤其像互联网行业，需求变更已成为常态，唯一不变的就是变化本身，其中最常碰到的扩展是给一个已经存在的表增加列。以销售订单为例，假设因为业务需要，在操作型源系统的客户表中增加了送货地址的四个字段，并在销售订单表中增加了销售数量字段。由于数据源表增加了字段，因此数据仓库中的表也要随之修改。本节将说明如何在客户维度表和销售订单事实表上添加列，在新列上应用 SCD2，以及对定时装载 Kettle 作业所做的修改。图 8-1 显示了增加列后的数据仓库模式。

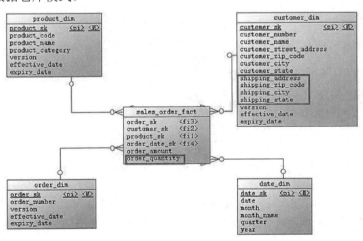

图 8-1 增加列后的数据仓库模式

8.1.1 修改数据库模式

执行下面的 SQL 语句修改 MySQL 中的源数据库模式。

```
use source;
alter table customer add shipping_address varchar(50) after customer_state,
add shipping_zip_code int after shipping_address,
add shipping_city varchar(30) after shipping_zip_code,
add shipping_state varchar(2) after shipping_city;
alter table sales_order add order_quantity int after order_amount;
```

以上语句给客户表增加了四列，表示客户的送货地址。销售订单表在销售金额列后面增加了销售数量列。注意，after 关键字是 MySQL 对标准 SQL 的扩展，Hive 还不支持，并且只能把新增列加到已有列的后面、分区列之前。在关系型数据库理论中，列是没有顺序的。

执行如下 HiveQL 语句修改 RDS 数据库模式。

```
use rds;
alter table customer add columns (
shipping_address varchar(50) comment '送货地址',
shipping_zip_code int comment '送货邮编',
shipping_city varchar(30) comment '送货城市',
shipping_state varchar(2) comment '送货省份');
alter table sales_order add columns (order_quantity int comment '销售数量');
```

上面的 DDL 语句和 MySQL 的很像，增加了对应的数据列，并添加了列的注释。RDS 库表使用的是默认的文本存储格式，因此，可以直接使用 alter table 语句修改表结构。需要注意的是，RDS 表中列的顺序要和源数据库严格保持一致。因为客户表和产品表是全量覆盖抽取数据，所以源和目标顺序不一样时将产生错误的结果。

执行下面的 HiveQL 语句，修改 DW 数据库模式。

```
use dw;
alter table customer_dim add columns (
shipping_address varchar(50) comment '送货地址',
    shipping_zip_code int comment '送货邮编',
    shipping_city varchar(30) comment '送货城市',
    shipping_state varchar(2) comment '送货省份');
alter table sales_order_fact add columns (order_quantity int comment '销售数
量');
```

上面的语句修改 DW 数据库模式，和 RDS 表的修改语句类似。

8.1.2 修改 Sqoop 作业项

由于增加了数据列，因此在定期装载 Kettle 作业中装载客户维度表和销售订单表的转换，需要做相应的修改。对于过渡区，rds.customer 是用 Sqoop 作业项全量抽取的，与源数据 source.customer 表的字段结构与顺序完全相同，因此不需要修改。对于 rds.sales_order 表，只需在"Hadoop file output"步骤中添加 order_quantity 字段即可。

修改数据库模式后，还要修改装载维度表和装载事实表的作业项，增加对新增数据列的处理。

8.1.3　修改定期装载维度表的转换

下面说明装载客户维度表的 SQL 脚本步骤所做的修改。

```
-- 装载 customer 维度
-- 设置已删除记录和地址相关列上 SCD2 的过期时间，用<=>运算符处理 null 值
update customer_dim
set expiry_date = '${PRE_DATE}'
where customer_dim.customer_sk in
(select a.customer_sk
  from (select customer_sk,customer_number,customer_street_address,
shipping_address
        from customer_dim where expiry_date = '${MAX_DATE}') a
left join rds.customer b on a.customer_number = b.customer_number
 where b.customer_number is null
or (!(a.customer_street_address <=> b.customer_street_address) or
!(a.shipping_address <=> b.shipping_address) ));
```

同客户地址一样，新增的送货地址列也是用 SCD2 新增历史版本。如果与上一章建立的定期装载 SQL 脚本步骤中的相同部分进行比较，就会发现这里使用了一个新的关系操作符"<=>"，这是因为原来的脚本中少判断了一种情况。在源系统库中，客户地址和送货地址列都是允许为空的，这样的设计是出于灵活性和容错性的考虑。我们以送货地址为例进行讨论。

使用"t1.shipping_address <> t2.shipping_address"条件判断送货地址是否更改，根据不等号两边的值是否为空会出现以下三种情况：

- t1.shipping_address 和 t2.shipping_address 都不为空。在这种情况下，如果两者相等就返回 false，说明地址没有变化；否则返回 true，说明地址改变了，逻辑正确。
- t1.shipping_address 和 t2.shipping_address 都为空。两者的比较会演变成 NULL<>NULL，根据 Hive 对"<>"操作符的定义，会返回 NULL。因为查询语句中只会返回判断条件为 true 的记录，所以不会返回数据行，这符合业务逻辑，说明地址没有改变。
- t1.shipping_address 和 t2.shipping_address 只有一个为空，就是说地址列从 NULL 变成非 NULL，或者从非 NULL 变成 NULL。在这种情况下应该新增一个版本，但是根据"<>"的定义此时返回值是 NULL，查询不会返回行，不符合业务需求。

在 Hive 中，"<=>"操作符的定义是：A <=> B — Returns same result with EQUAL(=) operator for non-null operands, but returns TRUE if both are NULL, FALSE if one of the them is NULL。从这个定义可知，当 A 和 B 都为 NULL 时返回 TRUE，其中一个为 NULL 时返回 FALSE，其他情况与等号返回相同的结果。现在使用"!(t1.shipping_address <=> t2.shipping_address)"作为判断条件，有下面三种情况：

- t1.shipping_address 和 t2.shipping_address 都不为空。在这种情况下，如果两者相等就返回!(true)，即 false，说明地址没有变化；否则，返回!(false)，即 true，说明地址改变了，符合逻辑。

- t1.shipping_address 和 t2.shipping_address 都为空。两者的比较会演变成!(NULL<=>NULL)，根据 "<=>" 的定义，会返回!(true)，即返回 false。因为查询语句中只会返回判断条件为 true 的记录，所以查询不会返回行，这符合业务逻辑，说明地址没有改变。
- t1.shipping_address 和 t2.shipping_address 只有一个为空。根据 "<=>" 的定义，此时会返回!(false)，即 true，查询会返回行，符合业务需求。

空值的逻辑判断有其特殊性，为避免不必要的麻烦，数据库设计时应该尽量将字段设计成非空，必要时用默认值代替 NULL，并将此作为一个基本的设计原则。

```sql
-- 处理地址列上 SCD2 的新增行
insert into customer_dim
select row_number() over (order by t1.customer_number) + t2.sk_max,
    t1.customer_number,
    t1.customer_name,
    t1.customer_street_address,
    t1.customer_zip_code,
    t1.customer_city,
    t1.customer_state,
    t1.version,
    t1.effective_date,
    t1.expiry_date,
    t1.shipping_address,
    t1.shipping_zip_code,
    t1.shipping_city,
    t1.shipping_state
from (select t2.customer_number customer_number,
            t2.customer_name customer_name,
            t2.customer_street_address customer_street_address,
            t2.customer_zip_code,
            t2.customer_city,
            t2.customer_state,
    t1.version + 1 version,
    '${PRE_DATE}' effective_date,
    '${MAX_DATE}' expiry_date,
    t2.shipping_address shipping_address,
    t2.shipping_zip_code shipping_zip_code,
    t2.shipping_city shipping_city,
    t2.shipping_state shipping_state
  from customer_dim t1
inner join rds.customer t2
on t1.customer_number = t2.customer_number and t1.expiry_date = '${PRE_DATE}'
        left join customer_dim t3
          on t1.customer_number = t3.customer_number and t3.expiry_date =
'${MAX_DATE}'
    where (!(t1.customer_street_address <=> t2.customer_street_address) or
            !(t1.shipping_address <=> t2.shipping_address) )
```

```
                and t3.customer_sk is null) t1
cross join (select coalesce(max(customer_sk),0) sk_max from customer_dim) t2;
```

上面的语句生成 SCD2 的新增版本行，增加了送货地址的处理。注意，列的顺序要正确。

```
-- 处理 customer_name 列上的 SCD1
drop table if exists tmp;
create table tmp as
select a.customer_sk,
      a.customer_number,
      b.customer_name,
      a.customer_street_address,
      a.customer_zip_code,
      a.customer_city,
      a.customer_state,
      a.version,
      a.effective_date,
      a.expiry_date,
      a.shipping_address,
      a.shipping_zip_code,
      a.shipping_city,
      a.shipping_state
 from customer_dim a, rds.customer b
where a.customer_number = b.customer_number and !(a.customer_name <=> b.customer_name);

delete from customer_dim
where customer_dim.customer_sk in (select customer_sk from tmp);

insert into customer_dim select * from tmp;
```

customer_name 列上的 SCD1 处理只是在 select 语句中增加了送货地址的四列，并出于同样的原因使用了 "<=>" 关系操作符。

```
-- 处理新增的 customer 记录
insert into customer_dim
select row_number() over (order by t1.customer_number) + t2.sk_max,
    t1.customer_number,
    t1.customer_name,
    t1.customer_street_address,
    t1.customer_zip_code,
    t1.customer_city,
    t1.customer_state,
    1,
    '${PRE_DATE}',
    '${MAX_DATE}',
    t1.shipping_address,
    t1.shipping_zip_code,
    t1.shipping_city,
    t1.shipping_state
 from (select t1.* from rds.customer t1
       left join customer_dim t2 on t1.customer_number = t2.customer_number
```

```
                    where t2.customer_sk is null) t1
        cross join (select coalesce(max(customer_sk),0) sk_max from customer_dim) t2;
```

对于新增的客户，也只是在 select 语句中增加了送货地址的四列，其他没有变化。

8.1.4   修改定期装载事实表的转换

装载销售订单事实表的转换需要做两点修改。

第一点修改是在"销售订单事务数据"数据库连接步骤的 SQL 查询语句中增加 order_quantity 列：

```
select order_sk,customer_sk,product_sk,date_sk,order_amount,order_quantity
  from rds.sales_order a,dw.order_dim b,dw.customer_dim c,dw.product_dim
d,dw.date_dim e
 where a.order_number = b.order_number
   and a.customer_number = c.customer_number
   and a.order_date >= c.effective_date
   and a.order_date < c.expiry_date
   and a.product_code = d.product_code
   and a.order_date >= d.effective_date
   and a.order_date < d.expiry_date
   and to_date(a.order_date) = e.dt
   and a.entry_date >= ? and a.entry_date < ?
```

第二点修改是在"ORC output"步骤中增加 order_quantity 字段。

8.1.5   测试

（1）执行下面的 SQL 脚本，在 MySQL 的源数据库中增加客户和销售订单测试数据。

```
use source;
update customer set shipping_address = customer_street_address,
            shipping_zip_code = customer_zip_code,
            shipping_city = customer_city,
            shipping_state = customer_state;

insert into customer (customer_name,
      customer_street_address, customer_zip_code, customer_city,
customer_state,
      shipping_address, shipping_zip_code, shipping_city, shipping_state)
values ('online distributors',
      '2323 louise dr.', 17055, 'pittsburgh', 'pa',
'2323 louise dr.', 17055, 'pittsburgh', 'pa');

-- 新增订单日期为 2020 年 10 月 25 日的 9 条订单。
set @start_date := unix_timestamp('2020-10-25');
set @end_date := unix_timestamp('2020-10-26');

drop table if exists temp_sales_order_data;
create table temp_sales_order_data as select * from sales_order where 1=0;
```

```
    set @customer_number := floor(1 + rand() * 9);
    set @product_code := floor(1 + rand() * 4);
    set @order_date := from_unixtime(@start_date + rand() * (@end_date -
@start_date));
    set @amount := floor(1000 + rand() * 9000);
    set @quantity := floor(10 + rand() * 90);
    insert into temp_sales_order_data
    values (121, @customer_number, @product_code, @order_date, @order_date,
@amount, @quantity);

    ... 新增 9 条订单 ...
    insert into sales_order
    select
null,customer_number,product_code,order_date,entry_date,order_amount,order_qua
ntity
    from temp_sales_order_data
    order by order_date;

    commit;
```

上面的语句生成了两个表的测试数据。客户表更新了已有的八个客户的送货地址，并新增编号为 9 的客户。销售订单表新增了九条记录。

（2）执行定期装载 Kettle 作业并查看结果。

执行定期装载 Kettle 作业前，需要在 spoon 环境中单击菜单"工具"→"数据库"→"清除缓存"，清除数据库缓存。成功执行定期装载 Kettle 作业后查询 dw.customer_dim 表，应该看到已存在客户的新版本有了送货地址。老的过期版本的送货地址为空。9 号客户是新加的，具有送货地址。查询 dw.sales_order_fact 表，应该只有 9 个订单有销售数量，老的销售数据数量字段为空。

```
    ...
    121     13      1       1029    2095.00      47
    122     11      4       1029    5937.00      11
    123     18      2       1029    2138.00      20
    124     12      2       1029    2151.00      20
    125     12      1       1029    5740.00      97
    126     10      4       1029    4893.00      38
    127     16      2       1029    2786.00      11
    128     11      4       1029    6804.00      13
    129     12      1       1029    6181.00      59
```

8.2　维度子集

有些需求不需要最细节的数据，比如想得到某个月的销售汇总，而不是某天的数据；再比如相对于全部的销售数据，可能对某些特定状态的数据更感兴趣等。此时，事实数据需要关联到特定的维度，这些特定维度包含在从细节维度选择的行中，所以叫维度子集。维度子集比细节维度的数据少，因此更易使用，查询也更快。

有时称细节维度为基本维度、维度子集为子维度，基本维度表与子维度表具有相同的属性或内容，我们称这样的维度表具有一致性。一致的维度具有一致的维度关键字、一致的属性列名字、一致的属性定义以及一致的属性值。如果属性的含义不同或者包含不同的值，这些维度表就不是一致的。

子维度是一种一致性维度，由基本维度的列与行的子集构成。当构建聚合事实表或者需要获取粒度级别较高的数据时，需要用到子维度。例如，有一个进销存业务系统，零售过程获取原子产品级别的数据，而预测过程需要建立品牌级别的数据。无法跨两个业务过程模式共享单一产品维度表，因为它们需要的粒度不同。如果品牌表属性是产品表属性的严格子集，则产品和品牌维度仍然一致。在这个例子中，需要建立品牌维度表，它是产品维度表的子集。对基本维度和子维度表来说，属性（如品牌和分类描述）是公共的，其标识和定义相同，两个表中的值相同。然而，基本维度和子维度表的主键是不同的。注意，如果子维度的属性是基本维度属性的真子集，则子维度与基本维度保持一致。

还有另外一种情况，就是当两个维度具有同样粒度级别的细节数据，但其中一个仅表示行的部分子集时，也需要一致性维度子集。例如，某公司产品维度包含跨多个不同业务的所有产品组合，如服装类、电器类等。对不同业务的分析可能需要浏览企业级维度的子集，需要分析的维度仅包含部分产品行。与该子维度连接的事实表必须被限制在同样的产品子集。如果用户试图使用子集维度访问包含所有产品的集合，则因为违反了参照完整性，他们可能会得到预料之外的查询结果。需要认识到这种造成用户混淆或错误的维度行子集的情况。

ETL 数据流应当根据基本维度建立一致性子维度以确保一致性，而不是独立于基本维度。本节将准备两个特定子维度：月份维度与 Pennsylvania 州客户维度。它们均取自现有的维度，月份维度是日期维度的子集，Pennsylvania 州客户维度是客户维度的子集。

8.2.1　建立包含属性子集的子维度

当事实表获取比基本维度更高粒度级别的度量时，需要上卷到子维度。在销售订单示例中，除了需要日销售数据外还需要月销售数据时会出现这样的需求。下面的脚本用于建立月份维度表。

```
use dw;
-- 建立月份维度表
create table month_dim (
month_sk int comment '月份代理键',
month tinyint comment '月份',
month_name varchar(9) comment '月名称',
quarter tinyint comment '季度',
year smallint comment '年份')
comment '月份维度表' row format delimited fields terminated by ',' stored as
textfile;
```

创建如图 8-2 所示的 Kettle 转换，用于装载月份维度表。

图 8-2　装载月份维度表的转换

该转换包括五个步骤。第一个步骤是"表输入",获取日期维度表数据,其 SQL 查询语句如下:

```
select date_sk, dt, month, month_name, quarter, year from dw.date_dim;
```

第二个步骤是"排序记录",按 date_sk 字段升序进行排序。第三个步骤是"去除重复记录",其中用来比较的字段为 month、month_name、quarter、year,即按这些字段去重。第四个步骤"增加序列"用于生成 month_sk 字段值。最后的"Hadoop file output"步骤将生成的文本文件上传到 month_dim 表所对应的 HDFS 目录下。该步骤属性如下。

- "文件"标签页:Hadoop Cluster 选择"CDH631";Folder/File 设为"/user/hive/warehouse/dw.db/month_dim/month_dim.csv",该路径是 month_dim 表所对应的 HDFS 路径;其他属性为空。
- "内容"标签页:分隔符输入",",这是我们在创建 month_dim 表时选择的文本文件列分隔符;封闭符为空;头部去掉;格式选择"LF terminated(Unix)";编码选择"UTF-8"。
- "字段"标签页:输入如表 8-1 所示的信息。

表8-1 month_dim.csv文件对应的字段

名称	类型	格式	精度
month_sk	Integer		0
month	Integer		0
month_name	String		
quarter	Integer		0
year	Integer		0

保存并执行转换,HDFS 上生成的文件如下:

```
[hdfs@manager~]$hdfs dfs -ls /user/hive/warehouse/dw.db/month_dim/
Found 1 items
-rw-r--r--  3 root hive   1326 2020-10-27 10:27
/user/hive/warehouse/dw.db/month_dim/month_dim.csv
[hdfs@manager~]$
```

查询 month_dim 表的结果如下:

```
hive> select * from month_dim;
OK
1    1    January    1    2018
2    2    February   1    2018
...
59   11   November   4    2022
60   12   December   4    2022
Time taken: 0.171 seconds, Fetched: 60 row(s)
```

该转换可以重复执行多次,每次执行结果都是相同的,即实现了所谓的"幂等操作"。除了利用已有的日期维度数据生成月份维度,还可以一次性生成日期维度和月份维度数据,只需对第 4 章"建立 ETL 示例模型"中图 4-4 所示的转换稍加修改,如图 8-3 所示。

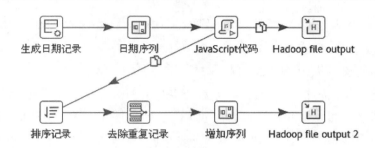

图 8-3　同时生成日期维度和月份维度数据的转换

转换中每个步骤的定义在前面已做了详细说明。第一排的四个步骤生成日期维度表数据，第二排的四个步骤生成月份维度表数据。"JavaScript 代码"步骤的输出被复制到"Hadoop file output""排序记录"两个步骤。

一致性日期和月份维度是用于展示行和列维度子集的独特示例。显然，无法简单地使用同样的日期维度访问日或月事实数据，因为它们的粒度不同。月维度中要排除所有不能应用月粒度的列。例如，假设日期维度有一个促销期标志列，用于标识该日期是否属于某个促销期之中。该列不适用于月层次上，因为一个月中可能有多个促销期，而且并不是一个月中的每一天都是促销期。促销标记适用于"天"这个层次。

8.2.2　建立包含行子集的子维度

当两个维度处于同一细节粒度，但是其中一个仅仅是行的子集时，会产生另外一种一致性维度构造子集。在销售订单示例中，客户维度表包含多个州的客户信息。对于不同州的销售分析可能需要浏览客户维度的子集，需要分析的维度仅包含部分客户数据。通过使用行的子集，不会破坏整个客户集合。当然，与该子集连接的事实表必须被限制在同样的客户子集中。

月份维度是一个上卷维度，包含基本维度的上层数据，而特定维度子集是选择基本维度的行子集。执行下面的脚本建立特定子维度表。

```
use dw;
create table pa_customer_dim (
    customer_sk int comment '代理键',
    customer_number int comment '客户编号，业务主键',
    customer_name varchar(50) comment '客户名称',
    customer_street_address varchar(50) comment '客户住址',
    customer_zip_code int comment '邮编',
    customer_city varchar(30) comment '所在城市',
    customer_state varchar(2) comment '所在省份',
    shipping_address varchar(50) comment '送货地址',
    shipping_zip_code int comment '送货邮编',
    shipping_city varchar(30) comment '送货城市',
    shipping_state varchar(2) comment '送货省份',
    version int comment '版本号',
    effective_date date comment '生效日期',
    expiry_date date comment '到期日期')
clustered by (customer_sk) into 8 buckets
stored as orc tblproperties ('transactional'='true');
```

注意，PA 客户维度子集与月份维度子集有两点区别：

● pa_customer_dim 表和 customer_dim 表有完全相同的列（除了列的顺序），而 month_dim 不包含 date_dim 表的日期列。

● pa_customer_dim 表的代理键就是客户维度的代理键，而 month_dim 表里的月份维度代理键并不来自日期维度，而是独立生成的。

通常在基本维度表装载数据后，进行包含其行子集的子维度表的数据装载。我们修改定期装载 Kettle 作业，增加对 PA 客户维度的处理，这里只是在装载完 customer_dim 后简单重载 PA 客户维度数据，只要在"装载客户维度表"步骤中的 SQL 脚本中增加对 pa_customer_dim 的处理即可。下面为增加的部分。

```
-- 装载 customer 维度
-- 设置已删除记录和地址相关列上 SCD2 的过期
...
-- 处理地址列上 SCD2 的新增行
...
-- 处理 customer_name 列上的 SCD1
...
-- 处理新增的 customer 记录
...
-- 重载 pa 客户维度
truncate table pa_customer_dim;
insert into pa_customer_dim
select customer_sk,customer_number,customer_name,
    customer_street_address,customer_zip_code,customer_city,customer_state,
    shipping_address,shipping_zip_code,shipping_city,shipping_state,
    version,effective_date,expiry_date
 from customer_dim
where customer_state = 'pa';
```

上面的语句在处理完客户维度表后装载 PA 客户维度表。每次重新覆盖 pa_customer_dim 表中的所有数据。先用 truncate table 语句清空表，然后用 insert into ... select 语句从客户维度表中选取 Pennsylvania 州的数据，并插入 pa_customer_dim 表中。之所以没有使用 insert overwrite table 这种一句话的解决方案，是因为对事务表使用 overwrite 会出错：

```
FAILED: SemanticException [Error 10295]: INSERT OVERWRITE not allowed on table
with OutputFormat that implements AcidOutputFormat while transaction manager that
supports ACID is in use
```

保存修改后的定期装载 Kettle 作业，执行以下步骤测试 PA 客户子维度的数据装载。

（1）执行下面的 SQL 脚本，往客户源数据里添加一个 PA 州的客户和四个 OH 州的客户。

```
use source;

insert into customer
(customer_name, customer_street_address, customer_zip_code, customer_city,
customer_state, shipping_address, shipping_zip_code, shipping_city,
shipping_state)
```

```
    values
    ('pa customer','1111 louise dr.','17050','mechanicsburg','pa', '1111 louise
dr.', '17050', 'mechanicsburg', 'pa'),
    ('bigger customers','7777 ridge rd.','44102','cleveland', 'oh', '7777 ridge
rd.', '44102', 'cleveland', 'oh'),
    ('smaller stores', '8888 jennings fwy.', '44102', 'cleveland', 'oh', '8888
jennings fwy.', '44102', 'cleveland', 'oh'),
    ('small-medium retailers', '9999 memphis ave.', '44102', 'cleveland', 'oh',
'9999 memphis ave.', '44102', 'cleveland', 'oh'),
    ('oh customer', '6666 ridge rd.', '44102', 'cleveland', 'oh', '6666 ridge rd.',
'44102', 'cleveland', 'oh');

    commit;
```

以上脚本在一条 insert into ... values 语句中插入多条数据，这种语法是 MySQL 对标准 SQL 语法的扩展。

（2）执行定期装载 Kettle 作业并查看结果。

使用下面的查询验证结果：

```
select customer_number, customer_name, customer_state, effective_date,
expiry_date
    from dw.pa_customer_dim
order by customer_number;
```

8.2.3 使用视图实现维度子集

为了实现维度子集，我们创建了新的子维度表。这种实现方式还有两个主要问题：一是需要额外存储空间，因为新创建的子维度是物理表；二是存在数据不一致的潜在风险。本质上，只要相同的数据存储多份，就会有数据不一致的可能。这也就是为什么在数据库设计时要强调规范化，以最小化数据冗余的原因之一。为了解决这些问题，还有一种常用的做法是在基本维度上建立视图生成子维度。下面是创建子维度视图的 HiveQL 语句。

```
    use dw;
    -- 建立月份维度视图
    create view month_dim as
    select row_number() over (order by t1.year,t1.month) month_sk, t1.*
     from (select distinct month, month_name, quarter, year from date_dim) t1;

    -- 建立 PA 维度视图
    create view pa_customer_dim as select * from customer_dim where customer_state
= 'pa';
```

这种方法的主要优点是：实现简单，只要创建视图，不需要修改原来的逻辑；不占用存储空间，因为视图不真正存储数据；消除了数据不一致的可能，因为数据只有一份。虽然优点很多，但是此方法的缺点也十分明显：当基本维度表和子维度表的数据量相差悬殊时，性能会比物理表差得多；如果定义视图的查询很复杂，并且视图很多，可能会对元数据存储系统造成压力，严重影响查询性能。下面我们看一下 Hive 对视图的支持。

Hive 从 0.6 版本开始支持视图功能。视图具有唯一的名字，如果所在数据库中已经存在同名的表或视图，创建语句会抛出错误信息，可以使用 CREATE ... IF NOT EXISTS 语句跳过错误。如果在视图定义中不显式地写列名，视图列的名字自动从 select 表达式衍生出来。如果 select 包含没有别名的标量表达式，例如 x+y，视图的列名将会是_c0、_c1 等。重命名视图的列名时，可以给列增加注释，注释不会自动从底层表的列继承。

注意，视图是与存储无关的纯粹的逻辑对象，本环境的 Hive 2.1.1 版本不支持物化视图。当查询引用了一个视图，视图的定义被评估后产生一个行集，用作查询后续的处理。这只是一个概念性的描述，实际上作为查询优化的一部分，Hive 可能把视图的定义和查询结合起来考虑，而不一定是先生成视图所定义的行集。例如，优化器可能将查询的过滤条件下推到视图中。

一旦视图建立，它的结构就是固定的，之后底层表的结构改变，如添加字段等，不会反映到视图的结构中。如果底层表被删除了，或者表结构改变成一种与视图定义不兼容的形式，视图将变为无效状态，其上的查询将失败。

视图是只读的，不能对视图使用 LOAD 或 INSERT 语句装载数据，但可以使用 alter view 语句修改视图的某些元数据。视图定义中可以包含 order by 和 limit 子句，例如在一个视图定义中指定了 limit 5，而查询语句为 select * from v limit 10，那么至多会返回 5 行记录。使用 SHOW CREATE TABLE 语句会显示创建视图的 CREATE VIEW 语句。

8.3　角色扮演维度

单个物理维度可以被事实表多次引用，每个引用连接逻辑上存在差异的角色维度。例如，一个销售订单有一个订单日期、一个请求交付日期，这时就需要引用日期维度表两次。每个日期通过外键引用不同的日期维度，原则上每个外键表示不同的日期维度视图，这样引用具有不同的含义。这些不同的维度视图具有唯一的代理键列名，被称为角色，相关维度被称为角色扮演维度。

我们期望在每个事实表中设置日期维度，因为总是希望按照时间来分析业务情况。在事务型事实表中，主要的日期列是事务日期，如订单日期。有时会发现其他日期也可能与事实关联，如订单事务的请求交付日期。每个日期都应该成为事实表的外键。

本节将说明两类角色扮演维度的实现，分别是表别名和数据库视图。这两种实现都使用了 Hive 支持的功能。表别名是在 SQL 语句里引用维度表多次，每次引用都赋予维度表一个别名。数据库视图是按照事实表需要引用维度表的次数，建立相同数量的视图。我们先修改销售订单数据库模式，添加一个请求交付日期字段，并对 Kettle ETL 作业做相应的修改。这些表结构修改好后，插入测试数据，演示别名和视图在角色扮演维度中的用法。

8.3.1　修改数据库模式

使用下面的脚本修改数据库模式，分别给数据仓库里的事实表 sales_order_fact 和源库中销售订单表 sales_order 增加 request_delivery_date_sk 和 request_delivery_date 字段。

```
-- in hive
-- 修改数据仓库中的事实表 sales_order_fact
use dw;
```

```
alter table sales_order_fact
add columns (request_delivery_date_sk int comment '请求交付日期');

-- 修改过渡区的 sales_order 表
use rds;
alter table sales_order
add columns (request_delivery_date date comment '请求交付日期');

-- in mysql
use source;
alter table sales_order add request_delivery_date date after order_date;
```

增加列的过程已经在 8.1 节详细讨论过。在销售订单事实表上增加请求交付日期代理键字段，数据类型是整型，已有记录在该新增字段上的值为空。过渡区的销售订单表也增加请求交付日期字段。与订单日期不同的是，该列的数据类型是 date，不考虑请求交付日期中包含时间的情况。因为不支持 after 语法，新增的字段会加到所有已存在字段的后面。最后给源数据库的销售订单事务表增加请求交付日期列，同样是 date 类型。修改后 DW 数据库模式如图 8-4 所示。

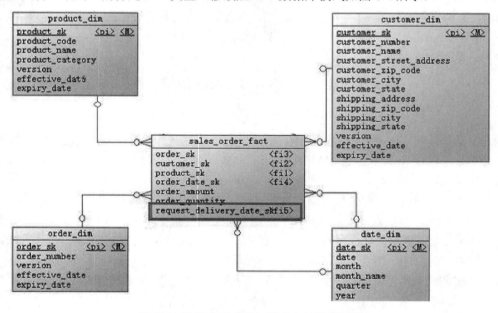

图 8-4 数据仓库中增加请求交付日期属性

从图 8-4 中可以看到，销售订单事实表和日期维度表之间有两条连线，表示订单日期和请求交付日期都引用了日期维度表的外键。虽然图 8-4 中显示了表之间的关联关系，但是 Hive 中并没有主外键数据库约束。

8.3.2 修改 Kettle 定期装载作业

1. 修改增量抽取 sales_order 的 Kettle 转换

由于增加了数据列，因此在定期装载 Kettle 作业中的装载销售订单过渡区表和销售订单事实表的转换需要做相应的修改。对于过渡区 rds.sales_order 表的增量数据抽取转换，需要修改两个地方。一是数据库连接步骤要保持输出字段的顺序与 rds.sales_order 表相同，因此修改 SQL 语句为：

```
select order_number, customer_number, product_code, order_date,
entry_date,order_amount,
     order_quantity, request_delivery_date
  from source.sales_order
where entry_date >= ? and entry_date < ?
```

二是在"Hadoop file output"步骤中增加 request_delivery_date 字段，同样要注意保持字段顺序与 rds.sales_order 表相同，如图 8-5 所示。

图 8-5　在"Hadoop file output"步骤中添加 request_delivery_date 字段

2. 修改定期装载事实表的转换

定期装载事实表的转换需要修改两个地方。

一是在"销售订单事务数据"数据库连接步骤的 SQL 查询语句中增加 request_delivery_date 列：

```
select b.order_sk, c.customer_sk, d.product_sk, e.date_sk,
a.order_amount,a.order_quantity,
     f.date_sk request_delivery_date_sk
  from rds.sales_order a, dw.order_dim b, dw.customer_dim c, dw.product_dim d,
     dw.date_dim e, dw.date_dim f
 where a.order_number = b.order_number and a.customer_number =
c.customer_number
     and a.order_date >= c.effective_date and a.order_date < c.expiry_date
     and a.product_code = d.product_code and a.order_date >= d.effective_date
     and a.order_date < d.expiry_date and to_date(a.order_date) = e.dt
     and to_date(a.request_delivery_date) = f.dt and a.entry_date >= ? and
a.entry_date < ?
```

二是在"ORC output"步骤中增加 request_delivery_date 字段，注意保持字段顺序与 dw.sales_order_fact 表相同，如图 8-6 所示。

图 8-6 在"ORC output"步骤中增加 request_delivery_date 字段

8.3.3 测试

（1）执行下面的 SQL 脚本，在源库中增加三个带有交货日期的销售订单。

```
use source;
/*** 新增订单日期为 2020 年 10 月 27 日的 3 条订单。***/
set @start_date := unix_timestamp('2020-10-27');
set @end_date := unix_timestamp('2020-10-28');
set @request_delivery_date := '2020-10-30';
drop table if exists temp_sales_order_data;
create table temp_sales_order_data as select * from sales_order where 1=0;

set @customer_number := floor(1 + rand() * 14);
set @product_code := floor(1 + rand() * 4);
set @order_date := from_unixtime(@start_date + rand() * (@end_date -
@start_date));
set @amount := floor(1000 + rand() * 9000);
set @quantity := floor(10 + rand() * 90);
insert into temp_sales_order_data
values (130, @customer_number, @product_code, @order_date,
@request_delivery_date, @order_date, @amount, @quantity);
```

```
... 插入 3 条订单记录 ...

insert into sales_order
select null,customer_number,product_code,order_date,
request_delivery_date,entry_date,order_amount,order_quantity
 from temp_sales_order_data order by order_date;
commit;
```

以上脚本在源库中新增了三条销售订单记录，订单日期为 2020 年 10 月 27 日，请求交付日期为 2020 年 10 月 30 日。

（2）执行定期装载 Kettle 作业并查看结果。

使用下面的查询验证结果：

```
use dw;
select a.order_sk, request_delivery_date_sk, c.dt
 from sales_order_fact a, date_dim b, date_dim c
where a.order_date_sk = b.date_sk and a.request_delivery_date_sk = c.date_sk;


+--------------+----------------------------+--------------+
| a.order_sk   | request_delivery_date_sk   |    c.dt      |
+--------------+----------------------------+--------------+
| 130          | 1034                       | 2020-10-30   |
| 131          | 1034                       | 2020-10-30   |
| 132          | 1034                       | 2020-10-30   |
+--------------+----------------------------+--------------+
3 rows selected (36.268 seconds)
```

可以看到只有三个新的销售订单具有 request_delivery_date_sk 值，日期代理键 1034 对应的是 2020 年 10 月 30 日。

（3）使用角色扮演维度查询。

```
-- 使用表别名查询
use dw;
select order_date_dim.dt order_date, request_delivery_date_dim.dt request_delivery_date,
  sum(order_amount),count(*)
   from sales_order_fact a, date_dim order_date_dim, date_dim request_delivery_date_dim
   where a.order_date_sk = order_date_dim.date_sk
    and a.request_delivery_date_sk = request_delivery_date_dim.date_sk
  group by order_date_dim.dt, request_delivery_date_dim.dt
  cluster by order_date_dim.dt, request_delivery_date_dim.dt;

-- 使用视图查询
use dw;
```

```
-- 创建订单日期视图
create view order_date_dim
(order_date_sk, order_date, month, month_name, quarter, year) as select * from
date_dim;

-- 创建请求交付日期视图
create view request_delivery_date_dim
(request_delivery_date_sk, request_delivery_date, month, month_name, quarter,
year)
as select * from date_dim;

-- 查询
select order_date,request_delivery_date,sum(order_amount),count(*)
 from sales_order_fact a,order_date_dim b,request_delivery_date_dim c
where a.order_date_sk = b.order_date_sk
and a.request_delivery_date_sk = c.request_delivery_date_sk
group by order_date, request_delivery_date
cluster by order_date, request_delivery_date;
```

上面两个查询等价。尽管不能连接到单一的日期维度表，但是可以使用视图或别名建立不同日期维度的描述。注意，在每个视图或别名列中需要唯一的标识，例如订单日期属性应该具有唯一标识 order_date，以便与请求交付日期 request_delivery_date 区别。别名与视图在查询中的作用并没有本质的区别，都是为了从逻辑上区分同一个物理维度表。许多 BI 工具也支持在语义层使用别名。但是，如果有多个 BI 工具，连同直接基于 SQL 的访问都同时在组织中使用的话，不建议采用语义层别名的方法。当某个维度在单一事实表中同时出现多次时，会存在维度模型的角色扮演。基本维度可能作为单一物理表存在，但是每种角色应该被当成标识不同的视图展现到 BI 工具中。

在标准 SQL 中，使用 order by 子句对查询结果进行排序，而在上面的查询中使用的是 cluster by 子句，这是 Hive 有别于 SQL 的地方。Hive 中的 order by、sort by、distribute by、cluster by 子句都用于对查询结果进行排序，但处理方式是不一样的。

Hive 中的 order by 跟传统 SQL 语言中的 order by 作用一样，它会对查询结果做一次全局排序，所以如果使用了 order by，那么所有数据都会发送到同一个 reducer 进行处理。不管有多少 map，也不管文件有多少个块，只会启动一个 reducer，因为多个 reducer 无法保证全局有序。对于大量数据，这将会消耗很长的时间去执行。

如果 HiveQL 语句中指定了 sort by，那么在每个 reducer 端都会做排序，也就是说保证了局部有序。每个 reducer 出来的数据都是有序的，但是不能保证所有数据全局有序，除非只有一个 reducer。这样做的好处是，执行了局部排序之后，可以为接下来的全局排序提高不少的效率（其实再做一次归并排序，就可以做到全局有序了）。使用 sort by 时，应该先通过 mapreduce.job.reduces 属性设置 reduce 个数。

ditribute by 控制 map 的输出在 reducer 如何划分。假设有一张名为 store 的商店表，mid 是指这个商店所属的商户，money 是这个商户的盈利，name 是商店的名字。执行 Hive 查询：

```
select mid, money, name from store distribute by mid sort by money asc;
```

因为指定了 distribute by mid，相同的商户会放到同一个 reducer 去处理，这样就可以统计出每个商户中各个商店盈利的排序了。需要注意的是 distribute by 必须写在 sort by 之前。

如果 distribute by 和 sort by 的字段相同，可使用 cluster by 代替。注意，cluster by 只能是升序（至少 Hive 1.1.0 是这样的），不能指定排序规则为 asc 或者 desc。以下两个查询语句等价：

```
select mid, money, name from store distribute by mid, money sort by mid, money;
select mid, money, name from store cluster by mid, money;
```

如前所述，可以使用嵌套查询的方式提高全局排序性能，例如：

```
-- order by 全局排序，只使用一个 reducer，大数据量性能低下
select mid, money, name from store order by mid, money desc;
-- 使用嵌套查询实现优化的全局排序
set mapreduce.job.reduces=3;
select * from
(select mid, money, name from store distribute by mid sort by money desc) t1
order by mid;
```

8.3.4　一种有问题的设计

为处理多日期问题，一些设计者试图建立单一日期维度表，该表使用一个键表示每个订单日期和请求交付日期的组合：

```
create table date_dim (date_sk int, order_date date, delivery_date date);
create table sales_order_fact (date_sk int, order_amount int);
```

这种方法存在两方面的问题。

首先，如果需要处理所有日期维度的组合情况，则原本包含大约每年 365 行的清楚、简单的日期维度表将会极度膨胀。例如，订单日期和请求交付日期存在如下多对多关系：

订单日期	请求交付日期
2020-10-27	2020-10-30
2020-10-28	2020-10-30
2020-10-29	2020-10-30
2020-10-27	2020-10-31
2020-10-28	2020-10-31
2020-10-29	2020-10-31

如果使用角色扮演维度，日期维度表中只需要 2020-10-27 到 2020-10-31 五条记录，而采用单一日期表设计方案，每一个组合都要唯一标识，明显需要六条记录。当两种日期及其组合很多时，这两种方案的日期维度表记录数会相去甚远。

其次，合并的日期维度表不再适合其他经常使用的日、周、月等日期维度。日期维度表每行记录的含义不再指唯一一天，因此无法在同一张表中标识出周、月等一致性维度，进而无法简单地处理按时间维度的上卷、聚合等需求。

8.4 层次维度

大多数维度都具有一个或多个层次。例如，示例数据仓库中的日期维度就有一个四级层次：年、季度、月和日。这些级别用 date_dim 表里的列表示。日期维度是一个单路径层次，因为除了年-季度-月-日这条路径外，它没有任何其他层次。为了识别数据仓库里一个维度的层次，首先要理解维度中列的含义，然后识别两个或多个列是否具有相同的主题。例如，年、季度、月和日具有相同的主题，因为它们都是关于日期的。具有相同主题的列形成一个组，组中的一列必须包含至少一个组内的其他成员（除了最低级别的列），如在前面提到的组中"月"包含"日"。这些列的链条形成了一个层次，比如年-季度-月-日这个链条是一个日期维度的层次。除了日期维度，客户维度中的地理位置信息、产品维度的产品与产品分类也都构成层次关系。表 8-2 显示了三个维度的层次，注意客户维度具有双路径层次。

表8-2　销售订单数据仓库中的层次维度

customer_dim		product_dim	date_dim
customer_street_address	shipping_address	product_name	date
customer_zip_code	shipping_zip_code	product_category	month
customer_city	shipping_city		quarter
customer_state	shipping_state		year

本节描述处理层次关系的方法，包括在固定深度的层次上进行分组和钻取查询、多路径层次和参差不齐层次的处理等，最后单独说明 Kettle 中的递归处理。我们从最基本的情况开始讨论。

8.4.1 固定深度的层次

固定深度层次是一种一对多的关系，例如一年中有四个季度、一个季度包含三个月等。当固定深度层次定义完成后，层次就具有固定的名称，层次级别作为维度表中的不同属性出现。只要满足上述条件，固定深度层次就是最容易理解和查询的层次关系，固定层次也能够提供可预测的、快速的查询性能。可以在固定深度层次上进行分组和钻取查询。

分组查询把度量按照一个维度的一个或多个级别进行分组聚合。图 8-7 所示的 Kettle 转换是一个分组查询的例子。该转换按产品（product_category 列）和日期维度的三个层次级别（year、quarter 和 month 列）分组返回按组汇总的销售金额。

事实表销售订单金额　　排序记录　　分组查询

图 8-7　分组查询转换

该转换有三个步骤。

第一个步骤是表输入步骤，查询销售订单事实表的销售金额，SQL 语句如下：

```
select product_category,year,quarter,month,order_amount
```

```
from dw.sales_order_fact a, dw.product_dim b, dw.date_dim c
where a.product_sk = b.product_sk and a.order_date_sk = c.date_sk
```

该步骤输出相关维度和度量的明细数据。这里直接用 SQL 进行表连接，而不使用 Kettle 中的"数据库连接"步骤。"数据库连接"步骤会对每行输入执行一次查询，在这个场景中性能极差。

第二个是"排序记录"步骤，在执行分组查询前需要先进行排序。排序字段按顺序排列为 product_category、year、quarter、month，均为升序。

第三个步骤是如图 8-8 所示的"分组"查询。Kettle 转换中的步骤以数据流方式并行，本例中 Kettle 排序和聚合的操作要比 Hive 中的 group by + cluster by 快 11%。

图 8-8　分组求和

这是一个非常简单的分组查询转换，结果输出的每一行度量（销售订单金额）都沿着年-季度-月的层次分组，具体如下。

```
+-------------------+-------+----------+--------+----------------+
| product_category  | year  | quarter  | month  | order_amount   |
+-------------------+-------+----------+--------+----------------+
| monitor           | 2020  |    4  | 10   |   42997.00  |
| peripheral        | 2020  |    4  | 10   |   37554.00  |
| storage           | 2020  |    1  |  3   |   98109.00  |
| storage           | 2020  |    2  |  4   |   51765.00  |
| storage           | 2020  |    2  |  5   |   89471.00  |
| storage           | 2020  |    2  |  6   |  143495.00  |
| storage           | 2020  |    3  |  7   |   87671.00  |
| storage           | 2020  |    3  |  8   |    8064.00  |
| storage           | 2020  |    3  |  9   |   10365.00  |
| storage           | 2020  |    4  | 10   |   91107.00  |
+-------------------+-------+----------+--------+----------------+
```

与分组查询类似，钻取查询也把度量按照一个维度的一个或多个级别进行分组。与分组查询不同的是，分组查询只返回分组后最低级别（本例为月级别）上的度量，而钻取查询返回分组后维度每一个级别的度量。图 8-9 所示的转换用于钻取查询，输出每个日期维度级别，即年、季度和月各级别的订单汇总金额。

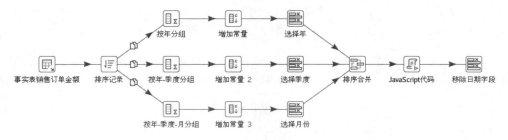

图 8-9　钻取查询转换

第一个是表输入步骤，查询销售订单事实表的销售金额，SQL 语句如下：

```
select product_category,year,quarter,month,dt,order_amount
 from dw.sales_order_fact a, dw.product_dim b, dw.date_dim c
where a.product_sk = b.product_sk and a.order_date_sk = c.date_sk
```

dt 列不会出现在最终结果中，这里查询该列是为了后续对（year,quarter,month）组间进行排序显示。排序记录步骤在执行分组前先进行排序，排序的字段按顺序为 product_category、year、quarter、month、dt，均为升序。

后面是三个分组步骤，先按 product_category 分组，然后分别按年、年-季度、年-季度-月分组，对 order_amount 求和，对 dt 求最小值，步骤的分组与聚合设置如图 8-10 所示。

构成分组的字段：		
▲ 分组字段		
1	product_category	
2	year	

聚合 ：		
▲ 名称	Subject	类型
1 order_amount	order_amount	求和
2 dt	dt	最小

按年分组

构成分组的字段：		
▲ 分组字段		
1	product_category	
2	year	
3	quarter	

聚合 ：		
▲ 名称	Subject	类型
1 order_amount	order_amount	求和
2 dt	dt	最小

按年-季度分组

构成分组的字段：		
▲ 分组字段		
1	product_category	
2	year	
3	quarter	
4	month	

聚合 ：		
▲ 名称	Subject	类型
1 order_amount	order_amount	求和
2 dt	dt	最小

按年-季度-月分组

图 8-10　分别按年、年-季度、年-季度-月分组聚合

后面的三个增加常量步骤，增加一个名为 sequence 的 Integer 类型字段，分别赋值 1、2、3，用于对（year,quarter,month）组内进行排序显示。后面是三个选择字段步骤的设置，如图 8-11 所示。

图 8-11　选择年、季度、月字段

之后的"排序合并"按 product_category、dt、sequence、time 的字段顺序升序合并。后面的 JavaScript 步骤中的代码如下:

```
var time_str;

if( sequence==1)
{time_str = "year: ".concat(time);}
else if ( sequence==2)
{time_str = "quarter: ".concat(time);}
else
{time_str = "month: ".concat(time);}
```

这段代码用于输出显示,在年、季度、月的数字前拼接文字描述,增加结果可读性。该步骤在输出流中增加一个名为 time_str 的 String 类型字段。最后的"删除日期字段"是一个选择字段步骤,用于选择最终的输出字段,设置如图 8-12 所示。

图 8-12　选择最终输出字段

转换的输出结果如下:

```
+--------------------+-------------+----------------+
| product_category  |    time     |  order_amount  |
+--------------------+-------------+----------------+
| monitor           | year: 2020  |    42997.00    |
| monitor           | quarter: 4  |    42997.00    |
| monitor           | month: 10   |    42997.00    |
| peripheral        | year: 2020  |    37554.00    |
| peripheral        | quarter: 4  |    37554.00    |
| peripheral        | month: 10   |    37554.00    |
| storage           | year: 2020  |   630047.00    |
| storage           | quarter: 1  |    98109.00    |
| storage           | month: 3    |    98109.00    |
| storage           | quarter: 2  |   284731.00    |
| storage           | month: 4    |    51765.00    |
| storage           | month: 5    |    89471.00    |
| storage           | month: 6    |   143495.00    |
| storage           | quarter: 3  |   156100.00    |
| storage           | month: 7    |    87671.00    |
| storage           | month: 8    |    58064.00    |
```

```
| storage          | month: 9     |  10365.00  |
| storage          | quarter: 4   |  91107.00  |
| storage          | month: 10    |  91107.00  |
+------------------+--------------+------------+
```

8.4.2　多路径层次

本小节讨论多路径层次，它是对单路径层次的扩展。当前数据仓库的月维度只有一条层次路径，即年-季度-月这条路径。现在增加一个新的"促销期"级别，并且加一个新的年-促销期-月的层次路径。这时"月"维度将有两条层次路径，因此是多路径层次维度。

下面的脚本给 month_dim 表添加一个叫作 campaign_session 的新列，并建立 rds.campaign_session 过渡表。

```
-- 增加促销期列
use dw;
alter table month_dim add columns (campaign_session varchar(30) comment '促销期');

-- 建立促销期过渡表
use rds;
create table campaign_session (campaign_session varchar(30),month
tinyint,year smallint)
row format delimited fields terminated by ',' stored as textfile;
```

假设所有促销期都不跨年，并且一个促销期可以包含一个或多个月份，但一个月份只能属于一个促销期。为了理解促销期如何工作，表 8-3 给出了一个促销期定义的示例。

表8-3　2020年促销期

促销期	月份
2020 年第一促销期	1—4 月
2020 年第二促销期	5—7 月
2020 年第三促销期	8 月
2020 年第四促销期	9—12 月

每个促销期都有一个或多个月。一个促销期也许并不是一个季度，因此促销期级别不能上卷到季度，但是可以上卷至年级别。假设 2020 年促销期的数据如下，并保存到 campaign_session.csv 文件中。

```
2020 First Campaign,1,2020
2020 First Campaign,2,2020
2020 First Campaign,3,2020
2020 First Campaign,4,2020
2020 Second Campaign,5,2020
2020 Second Campaign,6,2020
2020 Second Campaign,7,2020
```

```
2020 Third Campaign,8,2020
2020 Last Campaign,9,2020
2020 Last Campaign,10,2020
2020 Last Campaign,11,2020
2020 Last Campaign,12,2020
```

把 2020 年的促销期数据装载进月维度的 Kettle 作业，如图 8-13 所示。该作业调用的三个转换如图 8-14 所示。

图 8-13　将促销期数据装载进月维度的作业

图 8-14　将促销期数据装载进月维度的三个转换

第一个转换将本地的 campaign_session.csv 文件传输到 rds.campaign_session 表对应的 HDFS 目录，用以装载 rds.campaign_session 表数据。在第二个转换中，表输入步骤的 SQL 语句为：

```
select a.month_sk,a.month,a.month_name,a.quarter,a.year,b.campaign_session
 from dw.month_dim a left join rds.campaign_session b on a.year=b.year and
a.month=b.month
```

将以上查询的结果输出到一个本地文件中。第三个步骤读取转换 2 生成的本地文件，上传到 HDFS 的/user/hive/warehouse/dw.db/month_dim/month_dim.csv，覆盖原有的 dw.month_dim 表所对应的 month_dim.csv 文件。这里利用的是通过向 HDFS 上传文本文件以达到装载对应表数据的方法。需要注意的是必须使用 Kettle 作业，因为三个转换必须串行。Kettle 转换中的步骤是并行的，如果输入步骤中调用的是输出步骤中的对象，则不会得到想要的结果。

成功执行作业后，查询 dw.month_dim 表可以看到 2020 年的促销期已经有数据，其他年份的 campaign_session 列值为 null。

8.4.3　参差不齐的层次

在一个或多个级别上没有数据的层次称为不完全层次。例如，在特定月份没有促销期，那么月维度就具有不完全促销期层次。本小节说明不完全层次，还有在促销期上如何应用它。下面是一个不完全促销期的例子，数据存储在 ragged_campaign.csv 文件中。2020 年 1 月、4 月、6 月、9 月、10 月、11 月和 12 月没有促销期。

```
,1,2020
2020 Early Spring Campaign,2,2020
2020 Early Spring Campaign,3,2020
,4,2020
2020 Spring Campaign,5,2020
```

```
,6,2020
2020 Last Campaign,7,2020
2020 Last Campaign,8,2020
,9,2020
,10,2020
,11,2020
,12,2020
```

可以用前面的 Kettle 作业向月份维度装载促销期数据，只需要将转换 1 中的输入文件换成 ragged_campaign.csv 即可。这里还做了一点修改，即将转换 2 中表输入步骤的 SQL 改为以下语句：

```
select a.month_sk,a.month,a.month_name,a.quarter,a.year,
  if(length(trim(b.campaign_session))=0, a.month_name, b.campaign_session)
campaign_session
  from dw.month_dim a left join rds.campaign_session b on a.year=b.year and
a.month=b.month
```

在有促销期的年月，campaign_session 列填写促销期名称；有促销期的年份但没有促销期的月份，该列填写月份名称；没有促销期的年月为空。轻微参差不齐层次没有固定的层次深度，但层次深度有限，如地理层次深度通常包含 3~6 层。与其使用复杂的机制构建难以预测的可变深度层次，不如将其变换为固定深度位置设计，针对不同的维度属性确立最大深度，然后基于业务规则放置属性值。

8.4.4 递 归

数据仓库中的关联实体经常表现为一种"父—子"关系。在这种类型的关系中，一个父亲可能有多个孩子，而一个孩子只能属于一个父亲。例如，通常一名企业员工只能被分配到一个部门，而一个部门会有很多员工。"父—子"之间形成一种递归型树结构，这是一种比较理想和灵活的存储层次关系的数据结构。本小节说明一些递归处理问题，包括数据装载、树的展开、递归查询、树的平面化等技术实现。销售订单数据仓库中没有递归结构，为了保持示例的完整性，将会使用另一个与业务无关的通用示例。

1. 建立示例表并添加实验数据

```
-- 在 MySQL 的 source 库中建立源表
use source;
create table tree (c_child int, c_name varchar(100),c_parent int);
create index idx1 on tree (c_parent);
create unique index tree_pk on tree (c_child);
-- 递归树结构，c_child 是主键，c_parent 是引用 c_child 的外键
alter table tree add (constraint tree_pk primary key (c_child));
alter table tree add (constraint tree_r01 foreign key (c_parent) references
tree (c_child));
-- 添加数据
insert into tree (c_child, c_name, c_parent)
values (1, '节点1', null),(2, '节点2', 1),(3, '节点3', 1),(4, '节点4', 1),
```

```
        (5, '节点 5', 2),(6, '节点 6', 2),(7, '节点 7', 2),(8, '节点 8', 3),
        (9, '节点 9', 3),(10, '节点 10', 4),(11, '节点 11', 4);
commit;

-- 在 Hive 的 rds 库中建立过渡表
use rds;
create table tree (c_child int,c_name string,c_parent int)
row format delimited fields terminated by ',' stored as textfile;

-- 在 Hive 的 dw 库中建立相关维度表
use dw;
create table tree_dim
(sk int,c_child int,c_name string,c_parent int,
version int,effective_date date,expiry_date date)
clustered by (sk) into 8 buckets stored as orc tblproperties
('transactional'='true');
```

以上脚本用于建立递归结构的测试数据环境。我们在 MySQL 的源库中建立了一个名为 tree 的表，并插入了 11 条测试数据。该表只有子节点、节点名称、父节点三个字段，其中父节点引用子节点的外键，它们构成一个典型的递归结构。可以把 tree 表想象成体现员工上下级关系的一种抽象。数据仓库过渡区的表结构和源表一样，使用 Hive 表默认的文本文件格式。数据仓库维度表使用 ORC 存储格式，为演示 SCD2，除了对应源表的三个字段，还增加了代理键、版本号、生效时间和过期时间四个字段。初始时源表数据的递归树结构如图 8-15 所示。

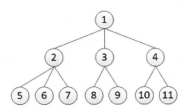

图 8-15　递归树的初始数据

2. 数据装载

递归树结构的本质是，在任意时刻，每个父-子关系都是唯一的。操作型系统通常只维护层次树的当前视图。因此，输入数据仓库的数据通常是当前层次树的时间点快照，这就需要由 ETL 过程来确定发生了哪些变化，以便正确记录历史信息。为了检测出过时的父-子关系，必须通过孩子键进行查询，然后将父亲作为结果返回。在这个例子中，对 tree 表采用整体拉取模式抽数据，tree_dim 表的 c_name 和 c_parent 列上使用 SCD2 装载类型。也就是说，把 c_parent 当作源表的一个普通属性，当一个节点的名字或者父节点发生变化时，都增加一条新版本记录，并设置老版本的过期时间。这样的装载过程和销售订单示例并无二致。实现 tree_dim 维度表的初始装载和定期装载的 Kettle 作业如图 8-16 所示。

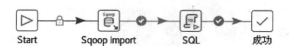

初始装载递归树的Kettle作业

定期装载递归树的Kettle作业

图 8-16　初始装载和定期装载递归树的作业

两个 Sqoop import 作业项都是如下设置，全量覆盖抽取 tree 表的数据：

```
--connect jdbc:mysql://node3:3306/source --delete-target-dir --password
123456 --table tree --target-dir /user/hive/warehouse/rds.db/tree --username root
```

初始装载的 SQL 作业项语句如下：

```
use dw;

truncate table tree_dim;
insert into tree_dim
select row_number() over (order by t1.c_child) + t2.sk_max,
t1.c_child, t1.c_name, t1.c_parent, 1, '2020-03-01', '2200-01-01'
  from rds.tree t1
cross join (select coalesce(max(sk),0) sk_max from tree_dim) t2;
```

初始装载的过程很简单，用 Sqoop 全量抽取数据到过渡区，然后装载进数据仓库，同时生成代理键和其他字段。有了前面章节的基础，这些都很好理解。定期装载的"设置系统日期"调用的转换与销售订单示例相同，设置系统变量和时间戳表数据。SQL 作业项语句如下，和销售订单的 SCD2 处理类似，注意勾选"使用变量替换"属性。

```
use dw;

update tree_dim set expiry_date = '${PRE_DATE}'
 where tree_dim.sk in
(select a.sk
  from (select sk,c_child,c_name,c_parent
        from tree_dim where expiry_date = '${MAX_DATE}') a
  left join rds.tree b on a.c_child = b.c_child
 where b.c_child is null or (!(a.c_name <=> b.c_name) or !(a.c_parent <=>
b.c_parent) ));

insert into tree_dim
select row_number() over (order by t1.c_child) + t2.sk_max,
    t1.c_child, t1.c_name, t1.c_parent, t1.version, t1.effective_date,
t1.expiry_date
```

```
    from (select t2.c_child c_child, t2.c_name c_name, t2.c_parent c_parent,
            t1.version + 1 version,'${PRE_DATE}' effective_date,'${MAX_DATE}'
expiry_date
        from tree_dim t1
        inner join rds.tree t2 on t1.c_child = t2.c_child and t1.expiry_date =
'${PRE_DATE}'
         left join tree_dim t3 on t1.c_child = t3.c_child and t3.expiry_date =
'${MAX_DATE}'
        where (!(t1.c_name <=> t2.c_name) or !(t1.c_parent <=> t2.c_parent))
    and t3.sk is null) t1
    cross join (select coalesce(max(sk),0) sk_max from tree_dim) t2;

    insert into tree_dim
    select row_number() over (order by t1.c_child) + t2.sk_max,
        t1.c_child, t1.c_name, t1.c_parent, 1, '${PRE_DATE}', '${MAX_DATE}'
     from (select t1.* from rds.tree t1
        left join tree_dim t2 on t1.c_child = t2.c_child where t2.sk is null)
t1
    cross join (select coalesce(max(sk),0) sk_max from tree_dim) t2;

    update rds.cdc_time set last_load=current_load;
```

下面测试装载过程。

（1）执行初始装载 Kettle 作业。

此时查询 dw.tree_dim 表，可以看到新增了全部 11 条记录。

（2）修改源表所有节点的名称。

```
-- 修改名称
update tree set c_name = concat(c_name,'_1');
```

（3）设置 Kettle 所在服务器的系统日期 date -s "2020-10-27 `date +%T`"，然后执行定期装载
作业。

此时查询 dw.tree_dim 表，可以看到维度表中共有 22 条记录，其中新增 11 条当前版本记录，
老版本的 11 条记录的过期时间字段被设置为'2020-10-26'。

（4）修改源表部分节点的名称，并新增两个节点。

```
-- 修改名称
update tree set c_name = replace(c_name,'_1','_2') where c_child in (1, 3, 5,
8, 11);

-- 增加新的根节点，并改变原来的父子关系
insert into tree values (12, '节点12', null), (13, '节点13', 12);
update tree set c_parent = (case when c_child = 1 then 12 else 13 end) where
c_child in (1,3);
```

此时源表数据的递归树结构如图 8-17 所示。

（5）设置 Kettle 所在服务器的系统日期 date -s "2020-10-28 `date +%T`"，然后执行定期装载作业。

此时查询 dw.tree_dim 表可以看到 29 条记录，其中新增 7 条当前版本记录（5 行是因为改名新增版本，其中 1、3 行既改名又更新父子关系，2 行新增节点），更新了 5 行老版本的过期时间，被设置为'2020-10-27'。

（6）修改源表部分节点的名称，并删除三个节点。

```
set foreign_key_checks=0;
update tree set c_name = (case when c_child = 2 then '节点2_2' else '节点3_3'
end)
where c_child in (2,3);
delete from tree where c_child in (10,11,4);
```

此时源表数据的递归树结构如图 8-18 所示。

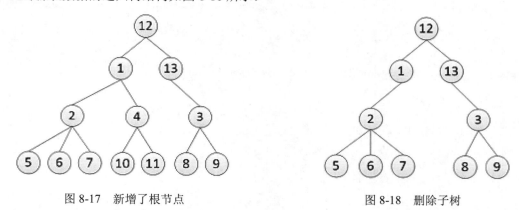

图 8-17　新增了根节点　　　　　　　　　　图 8-18　删除子树

（7）设置 Kettle 所在服务器的系统日期 date -s "2020-10-29 `date +%T`"，然后执行定期装载作业。

此时查询 dw.tree_dim 表可以看到 31 条记录，其中新增 2 条当前版本记录（因为改名），更新了 5 行老版本的过期时间（2 行因为改名，3 行因为节点删除），被设置为'2020-10-28'。

3. 树的展开

有些 BI 工具的前端不支持递归，这时递归层次树的数据交付技术就是"展开"（explode）递归树。展开是这样一种行为：一边遍历递归树，一边产生新的结构，该结构包含了贯穿树中所有层次每个可能的关系。展开的结果是一个非递归的关系对表，该表也可能包含描述层次树中关系所处位置的有关属性。将树展开消除了对递归查询的需求，因为层次不再需要自连接。当按这种表格形式交付数据时，使用简单的 SQL 查询就可以生成层次树报表。Kettle 转换中的"Closure generator"步骤可以简单处理树展开，如图 8-19 所示。

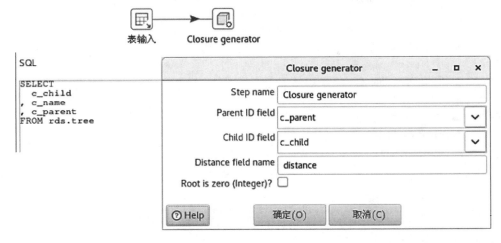

图 8-19　处理树展开的转换

　　"表输入"查询 tree 表，将数据输出到"Closure generator"步骤。"Closure generator"步骤中设置父字段、子字段，以及新增的距离字段名，表示父子之间相差的级别。展开后的表中不再有递归结构，每行表示一对父子关系。预览"Closure generator"步骤的数据，可以看到记录数由 rds.tree 中的 10 条变为展开后的 31 条，部分展开后的记录如下所示：

```
c_parent      c_child      distince
   1             1             0
  12             1             1
   1             2             1
   2             2             0
  12             2             2
   3             3             0
  12             3             2
  13             3             1
...
```

4. 树的遍历

　　通过"Closure generator"步骤和排序、分组等步骤能够解决树的遍历问题，转换如图 8-20 所示。前两个步骤就是树展开的两个步骤，"排序记录"步骤按 c_child 和 distance 排序，"分组"步骤按 c_child 分组，将同一组的 c_parent 拼接成字符串。

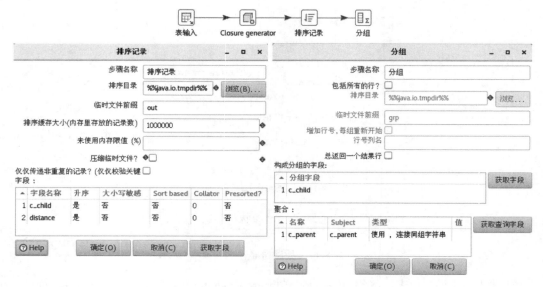

图 8-20　遍历树的转换

最后"分组"步骤的数据预览如下，实现了从下至上的树遍历。

```
+---------+---------------+
| c_child | c_parent      |
+---------+---------------+
|    1    | 1, 12         |
|    2    | 2, 1, 12      |
|    3    | 3, 13, 12     |
|    5    | 5, 2, 1, 12   |
|    6    | 6, 2, 1, 12   |
|    7    | 7, 2, 1, 12   |
|    8    | 8, 3, 13, 12  |
|    9    | 9, 3, 13, 12  |
|   12    | 12            |
|   13    | 13, 12        |
+---------+---------------+
```

5. 递归树的平面化

递归树适合于数据仓库，非递归结构则更适合于数据集市。前面介绍的递归树展开用于消除递归查询，缺点在于为检索与实体相关的属性时必须执行额外的连接操作。对于层次树来说，很常见的情况是，层次树元素所拥有的唯一属性就是描述属性，如本例中的 c_name 字段，并且树的最大深度是固定的，本例是四层。对于这种情况，最好将层次树作为平面化的 1NF 或者 2NF 结构交付给数据集市。这类平面化操作对于平衡的层次树发挥得最好。将缺失的层次置空，可能会形成不整齐的层次树，因此，它对深度未知的层次树（列数不固定）来说并不是一种很有用的技术。本例递归树平面化的 Kettle 转换如图 8-21 所示。

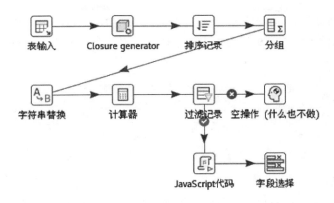

图 8-21　递归树平面化的转换

　　第一行的四个步骤就是树遍历的四个步骤。"字符串替换"步骤将 c_parent 字段中的逗号替换掉，并输出为新字段 c。"计算器"步骤的设置如图 8-22 所示。

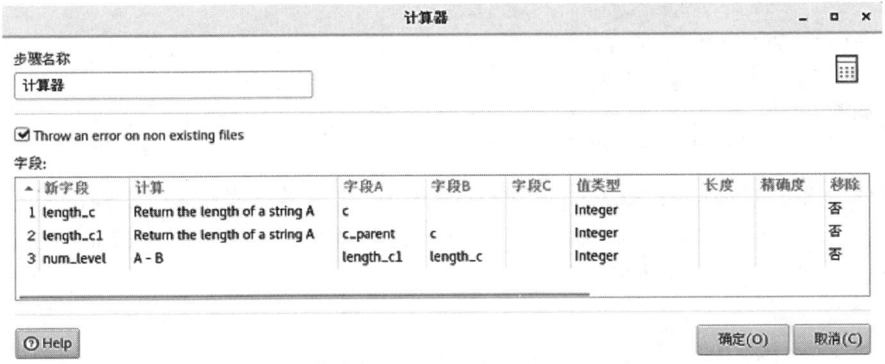

图 8-22　计算树的层数

　　length_c 为 c 字段的长度，length_c1 为 c_parent 字段的长度，num_level 为 length_c1 - length_c 的值，即 c_parent 中逗号的个数（树的层数）。"过滤记录"步骤判断 num_level 是否等于 3，将不是叶子节点的记录过滤掉，叶子节点对应的数据输出到"JavaScript 代码"步骤，其中的 JS 代码如下：

```
var level0="";
var level1="";
var level2="";
var level3="";
var strArray=new Array();
strArray=c_parent.split(", ");

var level0=strArray[0];
var level1=strArray[1];
var level2=strArray[2];
var level3=strArray[3];
```

该步骤用 split 函数将 c_parent 一列按逗号分隔为 level0、level1、level2、level3 四列，并将它们作为新字段添加到输出流中。最后的"字段选择"步骤只选择 level3、level2、level1、level0 作为最终输出，其预览数据如下：

```
12    1     2     5
12    1     2     6
12    1     2     7
12    13    3     8
12    13    3     9
```

如果后续需要获取节点名称，可以在转换的最后加一个表输出步骤，将递归树平面化的结果存入表中，假设为 rds.tree_complanate。然后将转换封装在一个 Kettle 作业里，再在后面加一个 SQL 作业项，执行如下关联查询。

```
select t0.c_0 c_0,t1.c_name c_0_name,t0.c_1 c_1,t2.c_name c_1_name,
    t0.c_2 c_2,t3.c_name c_2_name,t0.c_3 c_3,t4.c_name c_3_name
 from rds.tree_complanate t0
inner join (select * from rds.tree) t1 on t0.c_0= t1.c_child
inner join (select * from rds.tree) t2 on t0.c_1= t2.c_child
inner join (select * from rds.tree) t3 on t0.c_2= t3.c_child
inner join (select * from rds.tree) t4 on t0.c_3= t4.c_child;
```

再次强调，不要轻易使用 Kettle 的"数据库查询"或"数据库连接"步骤，它们会对每一行输入执行一次 SQL 查询。对于数据流的多行输入，尤其是在 Hive 之类的 Hadoop 数据库上执行这些步骤，将会慢到无法容忍的地步。

8.5 退化维度

本节将讨论一种称为退化维度的技术，该技术减少维度的数量，简化维度数据仓库模式。简单的模式比复杂的更容易理解，也有更好的查询性能。

有时，维度表中除了业务主键外没有其他内容。例如，在销售订单示例中，订单维度表除了订单号，没有任何其他属性，而订单号是事务表的主键。我们将这种维度称为退化维度。业务系统中的主键通常是不允许修改的。销售订单只能新增，不能修改已经存在的订单号，也不会删除订单记录，因此订单维度表也不会有历史数据版本问题。退化维度常见于事务和累积快照事实表中，下一章将讨论累积快照等几个事实表技术。

销售订单事实表中的每行记录都包括作为退化维度的订单号代理键。在操作型系统中，销售订单表是最细节的事务表，订单号是订单表的主键，每条订单都可以通过订单号定位。订单中的其他属性（如客户、产品等），都依赖于订单号。也就是说，订单号把与订单属性有关的表联系起来。但是，在维度模型中，事实表中的订单号代理键通常与订单属性的其他表没有关联。可以将订单事实表所有关心的属性划分到不同的维度中，比如将订单日期关联到日期维度、将客户关联到客户维度等。在事实表中保留订单号，最主要的原因是用于连接数据仓库与操作型系统，它也可以起到事实表主键的作用。在某些情况下，可能会有一两个属性仍然属于订单而不属于其他维度。当然，此时订单维度就不再是退化维度了。

退化维度通常被保留作为操作型事务的标识符。实际上，可以将订单号作为一个属性加入事实表中。这样订单维度就没有数据仓库需要的任何数据了，可以退化订单维度。需要把退化维度的相关数据迁移到事实表中，然后删除退化的维度表。操作型事务中的控制号码（例如订单号码、发票号码、提货单号码等）通常产生空的维度并且表示为事务事实表中的退化维度。

8.5.1　退化订单维度

使用维度退化技术时先要识别数据，分析从来不用的数据列，比如订单维度的 order_number 列。如果用户想看事务的细节，还需要订单号，因此，在退化订单维度前要把订单号迁移到 sales_order_fact 事实表。图 8-23 显示了修改后的模式。

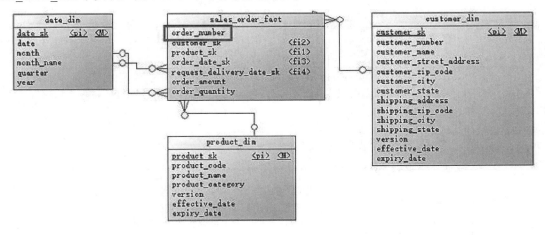

图 8-23　退化订单维度

按顺序执行下面的四步退化 order_dim 维度表：

（1）给 sales_order_fact 表添加 order_number 列。

（2）把 order_dim 表里的订单号迁移到 sales_order_fact 表。

（3）删除 sales_order_fact 表里的 order_sk 列。

（4）删除 order_dim 表。

创建执行如图 8-24 所示的 Kettle 作业，完成所有退化订单维度所需的步骤。

图 8-24　退化维度初始数据装载作业

第一个 SQL 作业项执行以下语句创建新表：

```
use dw;

create table sales_order_fact_new
```

```
(order_number int COMMENT '销售订单号',
customer_sk int COMMENT '客户维度代理键',
product_sk int COMMENT '产品维度代理键',
order_date_sk int COMMENT '日期维度代理键',
order_amount decimal(10,2) COMMENT '销售金额',
order_quantity int COMMENT '销售数量',
request_delivery_date_sk int COMMENT '请求交付日期')
clustered by (order_number) into 8 buckets
stored as orc tblproperties ('transactional'='true');
```

中间调用的 Kettle 转换如图 8-25 所示。"表输入"步骤执行查询，"ORC output"将查询结果上传到新表所在的 HDFS 目录。

图 8-25　装载新表的转换

第二个 SQL 作业项执行以下语句删除老表、改名新表：

```
use dw;
drop table sales_order_fact;
alter table sales_order_fact_new rename to sales_order_fact;
drop table order_dim;
```

订单号维度表中代理键和订单号业务主键的值虽相同，但还是建议使用标准方式重新生成数据，不要简单地将事实表的 order_sk 字段改名为 order_number，这种做法不值得提倡。

8.5.2　修改定期装载脚本

退化一个维度后需要做的一件事就是修改定期装载 Kettle 作业和转换，具体包括三点：一是在装载维度表的转换中去掉装载订单维度表的步骤；二是修改装载销售订单事实表转换中数据库连接步骤的 SQL，去掉获取订单维度代理键的部分；三是在装载销售订单事实表转换的"ORC output"步骤中，以 order_number 字段替换原来的 order_sk。

第二点修改后的 SQL 语句如下：

```
select a.order_number, c.customer_sk, d.product_sk, e.date_sk, a.order_amount,
a.order_quantity, f.date_sk request_delivery_date_sk
   from rds.sales_order a, dw.customer_dim c, dw.product_dim d, dw.date_dim e,
dw.date_dim f
   where a.customer_number = c.customer_number and a.order_date >=
c.effective_date
     and a.order_date < c.expiry_date and a.product_code = d.product_code
     and a.order_date >= d.effective_date and a.order_date < d.expiry_date
       and to_date(a.order_date) = e.dt and to_date(a.request_delivery_date) = f.dt
and a.entry_date >= ? and a.entry_date < ?
```

8.5.3　测试修改后的定期装载

（1）准备两行销售订单测试数据。

```
use source;

set @start_date := unix_timestamp('2020-10-31');
set @end_date := unix_timestamp('2020-10-31 12:00:00');
set @order_date := from_unixtime(@start_date + rand() * (@end_date -
@start_date));
set @amount := floor(1000 + rand() * 9000);
set @quantity := floor(10 + rand() * 90);
set @customer_number := floor(1 + rand() * 14);
set @product_code := floor(1 + rand() * 5);

insert into sales_order
values (null,@customer_number,@product_code,@order_date,'2020-11-01',
@order_date,@amount,@quantity);

set @start_date := unix_timestamp('2020-10-31 12:00:01');
set @end_date := unix_timestamp('2020-11-01');
set @order_date := from_unixtime(@start_date + rand() * (@end_date -
@start_date));
```

```
set @amount := floor(1000 + rand() * 9000);
set @quantity := floor(10 + rand() * 90);
set @customer_number := floor(1 + rand() * 14);
set @product_code := floor(1 + rand() * 5);

insert into sales_order
values (null,@customer_number,@product_code,@order_date,'2020-11-01',
@order_date,@amount,@quantity);

commit;
```

以上语句在源库上生成 2020 年 10 月 31 日的两条销售订单。为了保证自增订单号与订单时间顺序相同，注意一下@order_date 变量的赋值。

（2）执行 Kettle 定期装载作业并查看结果。

作业执行成功后，查询 sales_order_fact 表，验证新增的两条订单是否正确装载。

8.6　杂项维度

本节将讨论杂项维度。简单地说，杂项维度就是一种所包含的数据具有很少可能值的维度。事务型商业过程通常产生一系列混杂的、低基数的标志位或状态信息，这里所说的基数可以简单理解为某列数据中不同值的个数。与其为每个标志或属性定义不同的维度，不如建立单独的、将不同维度合并到一起的杂项维度。这些维度通常在一个模式中标记为事务型概要维度，不需要所有属性可能值的笛卡儿积，但应该至少包含实际发生在源数据中的组合值。

在销售订单中，可能存在一些离散数据（yes-no 这种开关类型的值），例如：

● verification_ind（如果订单已经被审核，则值为 yes）。
● credit_check_flag（表示此订单的客户信用状态是否已经被检查）。
● new_customer_ind（如果这是新客户的首个订单，则值为 yes）。
● web_order_flag（表示一个订单是在线上订单还是线下订单）。

这类数据常被用于增强销售分析，其特点是属性可能很多但每种属性的可能值很少。在建模复杂的操作型源系统时，经常会遭遇大量五花八门的标志或状态信息，它们包含小范围的离散值。处理这些较低基数的标志或状态位可以采用以下几种方法。

（1）忽略这些标志和指标

姑且将这种回避问题的处理方式也算作方法之一。在开发 ETL 系统时，ETL 开发小组可以向业务用户询问有关忽略这些标志的必要问题，如果它们是微不足道的。但是这样的方案通常立即就被否决了，因为有人偶尔还需要它们。如果来自业务系统的标志或状态是难以理解且不一致的，也许真的应该考虑去掉它们。

（2）保持事实表行中的标志位不变

还以销售订单为例，和源数据库一样，可以在事实表中也建立对应的四个标志位字段。装载事实表时，除订单号外，同时装载标志位字段数据。这些字段没有对应的维度表，而是作为订单属性保留在事实表中。

这种处理方法简单直接，装载过程不需要做大量修改，也不需要建立相关的维度表。但是一般不希望在事实表中存储难以识别的标志位，尤其是当每个标志位还配有一个文字描述字段时。不要在事实表行中存储包含大量字符的描述符，因为每一行都会有文字描述，它们可能会使表快速膨胀。在行中保留一些文本标志是令人反感的。比较好的做法是分离出单独的维度表来保存这些标志位字段的数据，它们的数据量很小，并且极少改变。事实表通过维度表的代理键引用这些标志。

（3）将每个标志位放入自己的维度中

例如，为销售订单的四个标志位分别建立四个对应的维度表。在装载事实表数据前先处理这四个维度表，必要时生成新的代理键，然后在事实表中引用这些代理键。这种方法是将杂项维度当作普通维度来处理，多数情况下这也是不合适的。

首先，当类似的标志或状态位字段比较多时，需要建立很多维度表；其次，事实表的外键数也会大量增加。处理这些新增的维度表和外键，需要大量修改数据装载脚本，还会增加出错的机会，同时也会给 ETL 的开发、维护、测试过程带来很大的工作量。最后，杂项维度数据有自己明显的特点，即属性多但每个属性的值少，并且极少修改，这种特点决定了它应该与普通维度的处理区分开。作为一个经验值，如果外键的数量处于合理的范围中，即不超过 20 个，则在事实表中增加不同的外键是可以接受的。如果外键列表已经很长，则应该避免将更多的外键加入事实表中。

（4）将标志位字段存储到订单维度中

可以将标志位字段添加到订单维度表中。上一节我们将订单维度表作为退化维度删除了，因为它除了订单号外没有其他任何属性。与其将订单号当成是退化维度，不如视其为将低基数标志或状态作为属性的普通维度。事实表通过引用订单维度表的代理键关联到所有的标志位信息。

尽管该方法精确地表示了数据关系，但是依然存在前面讨论的问题。在订单维度表中，每条业务订单都会存在对应的一条销售订单记录，该维度表的记录数会膨胀到跟事实表一样多，而在如此多的数据中，每个标志位字段都存在大量冗余，需要占用很大的存储空间。通常维度表应该比事实表小得多。

（5）使用杂项维度

处理这些标志位的适当替换方法是仔细研究它们，并将它们包装为一个或多个杂项维度。杂项维度中放置各种离散标志或状态数据。尽管为每个标志位创建专门的维度表，会非常容易定位这些标志信息，但是会增加系统实现的复杂度。此外，因为杂项维度的值很少，不会频繁使用，所以不建议为保证单一目的而分配存储空间。杂项维度能够合理地存放离散属性值，还能够维持其他主要维度的存储空间。在维度建模领域，杂项维度术语主要用在 DW/BI 专业人员中。在与业务用户讨论时，通常将杂项维度称为事务指示器或事务概要维度。

杂项维度是低基数标志和指标的分组。通过建立杂项维度，可以将标志和指标从事实表中移出，并将它们放入有用的多维框架中。对杂项维度数据量的估算也会影响其建模策略。如果某个简单的杂项维度包含 10 个二值标识，则最多包含 1024（2^{10}）行。如果每个标志都与其他标志一起发生作用，那么浏览单一维度内的标识可能没有什么意义。杂项维度可提供所有标识的存储，并用于基于这些标识的约束和报表。事实表与杂项维度之间存在一个单一的、小型的代理键。

　　另外，如果具有高度非关联的属性，包含更多的数量值，那么将它们合并为单一的杂项维度并不合适。是否使用统一杂项维度并不完全是公式化的，要依据具体的数据范围而定。如果存在 5 个标识，每个仅包含 3 个值，则单一杂项维度是这些属性的最佳选择，因为维度最多仅有 243（3^5）行。如果存在 5 个没有关联的标识，并且每个标识具有 100 个可能值，那么建议建立不同维度，因为单一杂项维度表最大可能存在 1 亿（100^5）行。

　　关于杂项维度的一个微妙的问题是，在杂项维度中行的组合确定并已知的前提下，是应该事先为所有组合的完全笛卡儿积建立行，还是只建立源系统中出现的组合情况的杂项维度数据行。答案要视大概有多少可能的组合、最大行数是多少而定。一般来说，理论上组合的数量较小，比如只有几百行时，可以预装载所有组合数据；若是组合数量大，在数据获取时，则在遇到新标志或指标时建立杂项维度行。如果源数据中用到了全体组合，那么只能预先装载好全部杂项维度数据。

　　如果杂项维度的取值事先并不知道，只有在获取数据时才能确定，就需要在处理业务系统事务表时建立新观察到的杂项维度行。这一过程需要聚集杂项维度属性，并将它们与已经存在的杂项维度行比较，以确定该行是否已经存在。如果不存在，就将组建新的维度行，建立代理键。在处理事务表过程中，适时地将该行加载到杂项维度中。

　　解释了杂项维度之后，将它与处理标志位作为订单维度属性的方法进行比较。例如，希望分析订单事实的审核情况，其订单属性包含"是否审核"标志位，如果使用杂项维度，维度表中只会有很少的记录。相反，如果这些属性被存储到订单维度中，那么针对事实表的约束将会是一个巨大的列表，因为每一条订单记录都包含"是否审核"标志。在与事实表关联查询时，这两种处理方式将产生巨大的性能差异。

　　下面描述销售订单示例中杂项维度的具体实现。图 8-26 显示了增加杂项维度表后的数据仓库模式，这里只显示和销售订单事务相关的表。

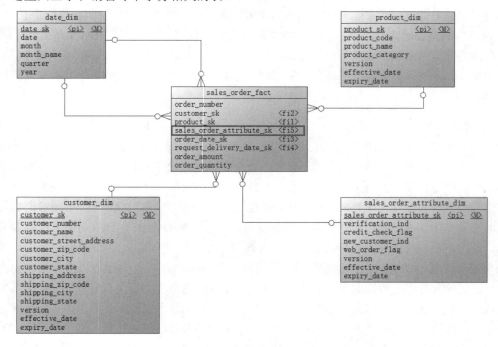

图 8-26　杂项维度

8.6.1　新增销售订单属性杂项维度

给现有数据仓库新增一个销售订单属性杂项维度，需要新增一个名为 sales_order_attribute_dim 的杂项维度表，该表包括四个 yes-no 列：verification_ind、credit_check_flag、new_customer_ind 和 web_order_flag。其中，各列的含义已经在本节开头说明。每列可以有两个可能值之一，即 Y 或 N，因此 sales_order_attribute_dim 表最多有 16（2^4）行。假设这 16 行已经包含了所有可能的组合，就可以预装载这个维度，并且只需装载一次。如果知道某种组合是不可能出现的，就不需要装载这种组合。

执行下面的脚本修改数据库模式。这个脚本做了四项工作：建立 sales_order_attribute_dim 表；向表中预装载全部 16 种可能的数据；给销售订单事实表添加杂项维度代理键字段；给源数据库里的 sales_order 表增加对应的四个属性列。

```
use dw;
-- 建立杂项维度表
create table sales_order_attribute_dim
(sales_order_attribute_sk int comment '销售订单属性代理键',
verification_ind char(1) comment '是否审核，y or n',
credit_check_flag char(1) comment '是否检查过信用状态，y or n',
new_customer_ind char(1) comment '是否新用户，y or n',
web_order_flag char(1) comment '是否线上订单，y or n',
version int comment '版本号',
effective_date date comment '生效日期',
expiry_date date comment '到期日期')
clustered by (sales_order_attribute_sk) into 8 buckets
stored as orc tblproperties ('transactional'='true');

-- 生成杂项维度数据
insert into sales_order_attribute_dim
values (1, 'y', 'n', 'n', 'n', 1,'2020-03-01', '2200-01-01');
...
-- 共插入 16 条记录

-- 建立杂项维度外键
alter table sales_order_fact
add columns (sales_order_attribute_sk int comment '订单属性代理键');

-- 给源库的销售订单表增加对应的属性
use source;
alter table sales_order
add verification_ind char (1) after product_code,
add credit_check_flag char (1) after verification_ind,
add new_customer_ind char (1) after credit_check_flag,
add web_order_flag char (1) after new_customer_ind;

-- 给销售订单过渡表增加对应的属性
use rds;
alter table sales_order add columns
(verification_ind char(1) comment '是否审核，y or n',
credit_check_flag char(1) comment '是否检查过信用状态，y or n',
```

```
new_customer_ind char(1) comment '是否新用户, y or n',
web_order_flag char(1) comment '是否线上订单, y or n');
```

和所有维度表（除日期维度）一样，为了处理可能的 SCD 情况，订单属性杂项维度表也具有版本号、生效日期、过期日期等列。

8.6.2　修改定期装载 Kettle 作业

（1）修改装载过渡区销售订单表的转换，增加四列。将"数据库连接"步骤的 SQL 改为如下语句：

```
select order_number, customer_number, product_code, order_date,
entry_date, order_amount, order_quantity, request_delivery_date,
verification_ind, credit_check_flag, new_customer_ind, web_order_flag
  from source.sales_order
 where entry_date >= ? and entry_date < ?
```

在"Hadoop file output"步骤中添加 String 类型的 4 个字段（verification_ind、credit_check_flag、new_customer_ind、web_order_flag），并且字段顺序与 rds.sales_order 表列的顺序一致，如图 8-27 所示。

图 8-27　在输出文件中增加四个杂项字段

（2）修改装载销售订单事实表转换中数据库连接步骤的 SQL 语句。

```
select a.order_number, c.customer_sk, d.product_sk, e.date_sk, a.order_amount,
a.order_quantity, f.date_sk request_delivery_date_sk, g.sales_order_attribute_sk
    from rds.sales_order a, dw.customer_dim c, dw.product_dim d, dw.date_dim e,
dw.date_dim f, dw.sales_order_attribute_dim g
  where a.customer_number = c.customer_number
   and a.order_date >= c.effective_date
   and a.order_date < c.expiry_date and a.product_code = d.product_code
   and a.order_date >= d.effective_date and a.order_date < d.expiry_date
   and to_date(a.order_date) = e.dt and to_date(a.request_delivery_date) = f.dt
   and a.verification_ind = g.verification_ind and a.credit_check_flag =
```

```
g.credit_check_flag
     and a.new_customer_ind = g.new_customer_ind and a.web_order_flag =
g.web_order_flag
     and a.entry_date >= ? and a.entry_date < ?
```

（3）装载销售订单事实表转换中"ORC output"步骤的 Fields 属性，并增加一个 int 类型的 sales_order_attribute_sk 字段。

杂项属性维度数据已经预装载，所以在定期装载 Kettle 作业中，只需要修改处理事实表的部分。源数据中有 4 个属性列，而事实表中只对应一列，因此需要使用 4 列关联条件的组合来确定杂项维度表的代理键值，并装载到事实表中。

8.6.3　测试修改后的定期装载

（1）执行下面的脚本添加 8 个销售订单。

```
use source;
drop table if exists temp_sales_order_data;
create table temp_sales_order_data as select * from sales_order where 1=0;

set @start_date := unix_timestamp('2020-11-01');
set @end_date := unix_timestamp('2020-11-02');

set @order_date := from_unixtime(@start_date + rand() * (@end_date -
@start_date));
set @amount := floor(1000 + rand() * 9000);
set @quantity := floor(10 + rand() * 90);
set @customer_number := floor(1 + rand() * 14);
set @product_code := floor(1 + rand() * 5);

insert into temp_sales_order_data
values (1, @customer_number, @product_code, 'y', 'y', 'n', 'y',
@order_date, '2020-11-04', @order_date, @amount, @quantity);


...
-- 一共添加各种属性组合的八条记录
insert into sales_order
select null, customer_number, product_code, verification_ind,
credit_check_flag,
  new_customer_ind, web_order_flag, order_date, request_delivery_date,
entry_date,
     order_amount, order_quantity
 from temp_sales_order_data t1
order by t1.order_date;

commit;
```

（2）执行 Kettle 定期装载作业并查看结果。

作业执行成功后，可以使用下面的分析性查询确认装载是否正确。该查询分析出检查了有信用状态的新用户所占的比例。

```
select concat(round(checked / (checked + not_checked) * 100),' % ')
```

```
   from (select sum(case when credit check flag='y' then 1 else 0 end) checked,
from
   sum(case when credit check flag='n' then 1 else 0 end) not checked
      from dw.sales order fact a, dw.sales order attribute dim b
where new customer ind = 'y'
      and a.sales_order_attribute_sk = b.sales_order_attribute_sk) t;
```

sum(case when...)是 SQL 中一种常用的行转列方法,用于列数固定的场景。在本次测试数据中,以上查询语句的返回值为 60%。查询中销售订单事实表与杂项维度表使用的是内连接,因此只会匹配新增的 8 条记录,而查询结果比例的分母只能出自这 8 条记录。

8.7　维度合并

在多维数据仓库建模时,如果维度属性中的两个组存在多对多关系,就应该将它们建模为不同的维度,并在事实表中构建针对这些维度的不同外键。另一种处理多对多关系的方法是使用桥接表,将一个多对多关系转化为两个一对多关系。前面 8.4.4 小节讨论的展开树也是一种典型的桥接表。事实表通过引用桥接表的一个代理键同时关联到多个维度值。这样做的目的是消除数据冗余,保证数据一致性。多对多关系的常见示例包括:每个学生登记了许多课程,每个课程有许多学生;一名医生有许多患者,每个患者有多个医生;一个产品或服务属于多个类别,每个类别包含多个产品或服务等。从结构上来说,创建多对多维度关系的方式类似于在关系数据模型中创建多对多关系。

然而,有时会遇到一些情况,更适合将两个维度合并到单一维度中,而不是在事实表中引用两个不同维度的外键或使用桥接表。例如,在一个飞行服务数据分析系统中,业务用户希望分析乘客购买机票的服务级别。此外,用户还希望方便地按照是否发生服务的升级或降级情况过滤并构建报表。最初的想法可能是建立两个角色扮演维度,一个表示最初购买的机票服务等级,另一个表示实际乘机时的服务级别。可能还希望建立第三个维度表示升降级情况,否则 BI 应用需要包括用于区分众多升降级情况的逻辑,例如经济舱升级到商务舱、经济舱升级到头等舱、商务舱升级到头等舱等。面对这个特殊场景,维度表中只有用于区分头等舱、商务舱、经济舱的三行记录。同样,升降级标准维度表也仅包含三行,分别对应升级、降级、无变化。因为维度的基数太小,而且不会进行更新,所以可以选择将这些维度合并成单一服务级别变动维度,如表 8-4 所示。

表8-4　服务级别变动维度

机票升降级主键	最初购买级别	实际乘坐级别	服务等级变动标识
1	经济舱	经济舱	无变化
2	经济舱	商务舱	升级
3	经济舱	头等舱	升级
4	商务舱	经济舱	降级
5	商务舱	商务舱	无变化
6	商务舱	头等舱	升级
7	头等舱	经济舱	降级
8	头等舱	商务舱	降级
9	头等舱	头等舱	无变化

不同维度的笛卡儿积将产生 9 行数据的维度表。在合并维度中还可以包含描述购买服务级别和乘坐服务级别之间的关系，例如表中的服务等级变动标识。应该将此类服务级别变动维度当成杂项维度。在此案例研究中，属性是紧密关联的。其他的航空事实表，如有效座位或机票购买，不可避免地需要引用包含 3 行的一致性机票等级维度表。

还有一种合并维度的情况，就是本来属性相同的维度，因为某种原因被设计成重复的维度属性。在销售订单示例中，随着数据仓库中维度的增加，会发现有些通用的数据存在于多个维度中，如客户维度的客户地址相关信息、送货地址相关信息里都有邮编、城市和省份。下面说明如何把客户维度里的两个邮编相关信息合并到一个新的维度中。

8.7.1 修改数据仓库模式

为了合并维度，需要改变数据仓库模式。图 8-28 显示修改后的模式，新增了一个 zip_code_dim 邮编信息维度表，sales_order_fact 事实表的结构也做了相应的修改。图 8-28 中只显示了与邮编维度相关的表。

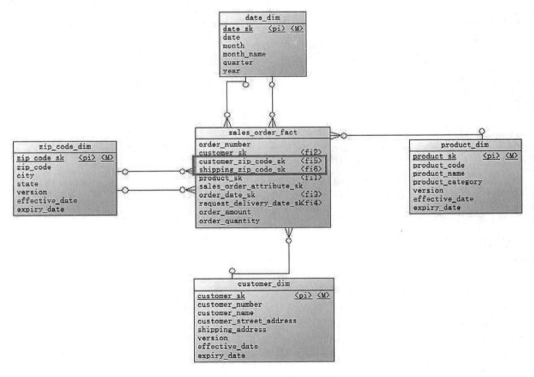

图 8-28 合并邮编信息维度

zip_code_dim 维度表与销售订单事实表相关联，这个关系替换了事实表与客户维度的关系。sales_order_fact 表需要两个关系，一个关联到客户地址邮编，另一个关联到送货地址邮编，相应地增加了两个逻辑上的外键字段。下面说明用于修改数据仓库模式的脚本。

执行下面的语句创建邮编维度表。该维度表有邮编、城市、省份三个业务属性，和其他维度表一样，使用 ORC 存储类型。

```
use dw;
create table zip_code_dim
(zip_code_sk int,
zip_code int,
city varchar(30),
state varchar(2),
version int,
effective_date date,
expiry_date date)
clustered by (zip_code_sk) into 8 buckets
stored as orc tblproperties ('transactional'='true');
```

再执行下面的语句初始装载邮编相关数据。初始数据是从客户维度表中来的，这只是为了演示数据装载的过程。客户的邮编信息很可能覆盖不到所有邮编，所以更好的方法是装载一个完整的邮编信息表。由于客户地址和送货地址可能存在交叉的情况，因此使用 union 联合两个查询。注意，这里不能使用 union all，因为需要去除重复的数据。送货地址的三个字段是在 8.1 节中后加的，在此之前数据的送货地址为空，邮编维度表中不能含有 NULL 值，所以要加上 where shipping_zip_code is not null 过滤条件去除邮编信息为 NULL 的数据行。

```
insert into zip_code_dim
select row_number() over (order by t1.customer_zip_code), customer_zip_code,
customer_city, customer_state, 1, '2020-03-01', '2200-01-01'
from (select distinct customer_zip_code, customer_city, customer_state
     from customer_dim
     where customer_zip_code is not null
     union
    select distinct shipping_zip_code, shipping_city, shipping_state
     from customer_dim
     where shipping_zip_code is not null) t1;
```

下面的语句基于邮编维度表创建客户邮编和送货邮编视图，分别用作两个地理信息的角色扮演维度。

```
create view customer_zip_code_dim
(customer_zip_code_sk, customer_zip_code, customer_city,
 customer_state, version, effective_date, expiry_date)
as
select zip_code_sk, zip_code, city, state, version, effective_date,
expiry_date
 from zip_code_dim;

create view shipping_zip_code_dim
(shipping_zip_code_sk, shipping_zip_code, shipping_city,
shipping_state, version, effective_date, expiry_date)
as
select zip_code_sk, zip_code, city, state, version, effective_date,
expiry_date
```

```
from zip_code_dim;
```

以下语句给销售订单事实表增加客户邮编代理键和送货邮编代理键，引用两个邮编角色扮演维度。

```
alter table sales_order_fact add columns
(customer_zip_code_sk int comment '客户邮编代理键',
shipping_zip_code_sk int comment '送货邮编代理键');
```

以下语句创建临时表，并清空销售订单事实表，用于重新初始装载它。

```
drop table if exists tmp;
create table tmp as select * from sales_order_fact;
truncate table sales_order_fact;
```

8.7.2　初始装载事实表

创建如图 8-29 所示的 Kettle 转换，初始装载增加了邮编维度的销售订单事实表。

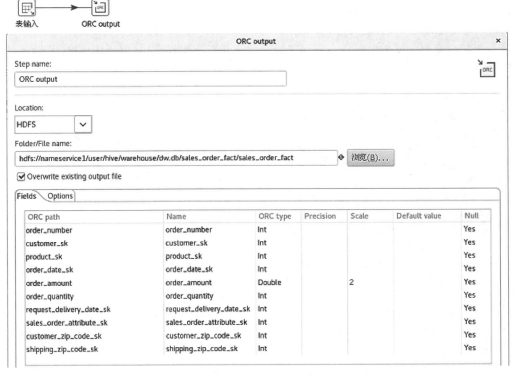

图 8-29　初始装载增加了邮编维度的销售订单事实表的转换

"表输入"步骤中的 SQL 查询如下，注意要去掉结尾的分号。

```
select t1.order_number, t1.customer_sk, t1.product_sk, t1.order_date_sk,
t1.order_amount, t1.order_quantity, t1.request_delivery_date_sk,
t1.sales_order_attribute_sk, t2.customer_zip_code_sk, t3.shipping_zip_code_sk
  from dw.tmp t1
```

```
    left join
  (select a.order_number order_number,c.customer_zip_code_sk
customer_zip_code_sk
    from dw.tmp a, dw.customer_dim b, dw.customer_zip_code_dim c
  where a.customer_sk = b.customer_sk and b.customer_zip_code =
c.customer_zip_code) t2
    on t1.order_number = t2.order_number
    left join
  (select a.order_number order_number,c.shipping_zip_code_sk
shipping_zip_code_sk
    from dw.tmp a, dw.customer_dim b, dw.shipping_zip_code_dim c
  where a.customer_sk = b.customer_sk and b.shipping_zip_code =
c.shipping_zip_code) t3
    on t1.order_number = t3.order_number;
```

这条查询语句有些复杂，需要把临时表 tmp 中的数据装载回销售订单事实表，关联两个邮编角色维度视图，查询出两个代理键，装载到事实表中。注意，临时表与新的邮编维度表是通过客户维度表关联起来的，所以在子查询中需要三表连接，然后用两个左外连接查询出所有原事实表数据，装载到新的增加了邮编维度代理键的事实表中。

以下语句在客户维度表上删除客户和送货邮编及其城市和省份列，因为是 ORC 表，所以需要重新组织数据。使用类似的语句修改 PA 维度子集表，代码从略。

```
alter table customer_dim rename to customer_dim_old;
create table customer_dim
(customer_sk int comment '代理键',
customer_number int comment '客户编号，业务主键',
customer_name varchar(50) comment '客户名称',
customer_street_address varchar(50) comment '客户住址',
shipping_address varchar(50) comment '送货地址',
version int comment '版本号',
effective_date date comment '生效日期',
expiry_date date comment '到期日期')
clustered by (customer_sk) into 8 buckets
stored as orc tblproperties ('transactional'='true');

insert into customer_dim
select customer_sk, customer_number, customer_name, customer_street_address,
shipping_address, version, effective_date, expiry_date
 from customer_dim_old;
drop table customer_dim_old;

-- 修改 pa_customer_dim 表，同样将邮编相关字段删除
...
```

8.7.3　修改定期装载 Kettle 作业

定期装载作业有四个地方的修改：

（1）删除客户维度装载里所有邮编信息相关的列，因为客户维度里不再有客户邮编和送货邮编相关信息。注意查询中列的顺序。

（2）去掉客户维度装载里 pa_customer_dim 表的部分。

（3）在事实表中引用客户邮编视图和送货邮编视图中的代理键。

（4）增加装载 pa_customer_dim 的作业项，从销售订单事实表的 customer_zip_code_sk 获取客户邮编。

前两步修改"装载客户维度"步骤中的 SQL。第三步装载事实表转换中数据库连接步骤的 SQL 改为如下语句：

```
select a.order_number, b.customer_sk, c.product_sk, d.date_sk,
a.order_amount,
    a.order_quantity, e.date_sk request_delivery_date_sk,
f.sales_order_attribute_sk,
    g.customer_zip_code_sk, h.shipping_zip_code_sk
  from rds.sales_order a, dw.customer_dim b, dw.product_dim c, dw.date_dim d,
dw.date_dim e, dw.sales_order_attribute_dim f, dw.customer_zip_code_dim g,
dw.shipping_zip_code_dim h, rds.customer i
  where a.customer_number = b.customer_number
    and a.order_date >= b.effective_date and a.order_date < b.expiry_date
    and a.product_code = c.product_code
    and a.order_date >= c.effective_date and a.order_date < c.expiry_date
    and to_date(a.order_date) = d.dt
    and to_date(a.request_delivery_date) = e.dt
    and a.verification_ind = f.verification_ind
    and a.credit_check_flag = f.credit_check_flag
    and a.new_customer_ind = f.new_customer_ind
    and a.web_order_flag = f.web_order_flag
    and a.customer_number = i.customer_number
    and i.customer_zip_code = g.customer_zip_code
    and a.order_date >= g.effective_date and a.order_date < g.expiry_date
    and i.shipping_zip_code = h.shipping_zip_code
    and a.order_date >= h.effective_date and a.order_date < h.expiry_date
    and a.entry_date >= ? and a.entry_date < ?
```

在"ORC output"步骤的 Fields 属性后增加 int 类型的 customer_zip_code_sk 和 shipping_zip_code_sk 字段。

第四步的定期装载作业如图 8-30 所示。

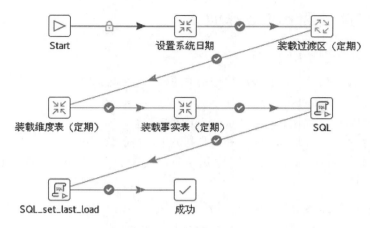

图 8-30　定期装载作业增加一个 SQL 作业项

增加的 SQL 作业项装载 pa_customer_dim 维度表，语句如下：

```
truncate table dw.pa_customer_dim;
insert into dw.pa_customer_dim
select distinct a.*
  from dw.customer_dim a, dw.sales_order_fact b, dw.customer_zip_code_dim c
where c.customer_state = 'pa'
   and b.customer_zip_code_sk = c.customer_zip_code_sk and a.customer_sk =
b.customer_sk;
```

州代码已从客户维度表中删除，放到了新的邮编维度表中，而客户维度和邮编维度并没有直接关系，它们是通过事实表的客户代理键和邮编代理键产生联系的，因此必须关联事实表、客户维度表、邮编维度表三个表才能取出 PA 子维度数据。正因为如此，才把 PA 子维度的装载放到了事实表装载之后，一个连带结果是该步骤的数据装载结果与前面介绍的维度子集不同，现在只维护有购买记录的 PA 州客户维度数据。

8.7.4　测试修改后的定期装载

按照以下步骤测试修改后的定期装载作业。

（1）对源数据的客户邮编相关信息做一些修改。

（2）装载新的客户数据前，从 DW 库查询最后的客户和送货邮编，用于后面对比改变后的信息。

（3）新增销售订单源数据。

（4）修改定期装载执行的时间窗口。

（5）执行定期装载。

（6）查询客户维度表、销售订单事实表和 PA 子维度表，确认数据已经正确装载。

8.8　分段维度

在客户维度中，最具有分析价值的属性就是各种分类，这些属性的变化范围比较大。对某个个体客户来说，可能的分类属性包括性别、年龄、民族、职业、收入和状态，如新客户、活跃客户、不活跃客户、已流失客户等。在这些分类属性中，有一些能够定义成包含连续值的分段，例如年龄和收入这种数值型属性，天然就可以分成连续的数值区间；而像状态这种描述性的属性，可能需要用户根据自己的实际业务仔细定义，通常定义的根据是某种可度量的数值。

组织还可能使用为其客户打分的方法来刻画客户行为。分段维度模型通常以不同方式按照积分将客户分类，例如基于他们的购买行为、支付行为、流失走向等。每个客户用所得分数加以标记。

一个常用的客户评分及分析系统是考察客户行为的相关度（R）、频繁度（F）和强度（I），该方法被称为 RFI 方法。有时将强度替换为消费度（M），因此也被称为 RFM 度量。相关度是指客户上次购买或访问网站距今的天数。频繁度是指一段时间内客户购买或访问网站的次数，通常是指过去一年的情况。强度是指客户在某一固定时间周期中消费的总金额。在处理大型客户数据时，某个客户的行为可以按照图 8-31 所示的 RFI 多维数据仓库建模。在此图中，每个维度形成一条数轴，某个轴的积分度量值从 1 到 5，代表某个分组的实际值，三条数轴组合构成客户积分立方体，每个客户的积分都在这个立方体中。

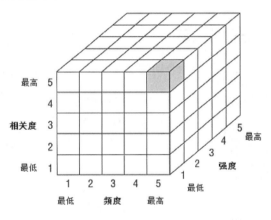

图 8-31　RFI 立方体

定义有意义的分组至关重要，应该由业务人员和数据仓库开发团队共同定义可能会利用的行为标识，更复杂的场景可能包含信用行为和回报情况，例如定义如下 8 个客户标识：

A：活跃客户，信誉良好，产品回报多。

B：活跃客户，信誉良好，产品回报一般。

C：最近的新客户，尚未建立信誉等级。

D：偶尔出现的客户，信誉良好。

E：偶尔出现的客户，信誉不好。

F：以前的优秀客户，最近不常见。

G：只逛不买的客户，几乎没有效益。

H：其他客户。

现在可以考察客户时间序列数据，并将某个客户关联到报表期间的最近分类中。例如，某个客户在最近 10 个考察期间的情况可以表示为 CCCDDAAABB。这一行为时间序列标记来自于固定周期度量过程，观察值是文本类型的，不能计算或求平均值，但是它们可以被查询。例如，可以发现在以前的第 5 个、第 4 个或第 3 个周期中获得 A，且在第 2 个或第 1 个周期中获得 B 的所有客户。通过这样的进展分析，还可以发现那些可能失去的有价值客户，进而用于提高产品回报率。

行为标记可能不会被当成普通事实存储，因为它虽然由事实表的度量所定义，但是其本身不是度量值。行为标记的主要作用在于为前面描述的例子制定复杂的查询模式。推荐处理行为标记的方法是为客户维度建立分段属性的时间序列。这样 BI 接口比较简单，因为列都在同一个表中，可以对它们建立时间戳索引，性能也较好。除了为每个行为标记时间周期建立不同列，建立单一的、包含多个连续行为标记的连接字符串也是较好的一种方法，例如 CCCDDAAABB。该列支持通配符模糊搜索模式，例如"D 后紧跟着 B"可以简单实现为"where flag like '%DB%'"。

下面以销售订单为例说明分段维度的实现。分段维度包含连续的分段度量值，例如年度销售订单分段维度可能包含有"低""中""高"三个档次，各档定义分别为消费额在 0.01 到 3000、3000.01 到 6000.00、6000.01 到 99999999.99 区间。如果一个客户的年度销售订单金额累计为 1000，则被归为"低"档。分段维度可以存储多个分段集合。可能有一个用于促销分析的分段集合，另一个用于市场细分，还有一个用于销售区域计划。分段一般由用户定义，而且很少能从源事务数据直接获得。

8.8.1 年度销售订单星型模式

为了实现年度订单分段维度，需要两个新的星型模式，如图 8-32 所示。

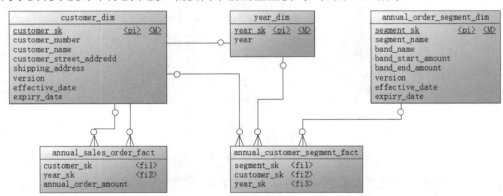

图 8-32 年度销售额分段维度

第一个星型模式由 annual_sales_order_fact 事实表、customer_dim 维度表和 year_dim 维度表构成。年维度是新建的维度表，是日期维度的子集。年度销售额事实表存储客户一年的消费总额，数据从现有的销售订单事实表汇总而来。第二个星型模式由 annual_customer_segment_fact 事实表、annual_order_segment_dim 维度表、customer_dim 维度表和 year_dim 维度表构成。客户年度分段事实表中没有度量，只有来自三个相关维度表的代理键，因此它是一个无事实的事实表，存储的数据实际上就是前面所说的行为标记时间序列。下一章的事实表技术中将详细讨论无事实的事实表。年度订单分段维度表用于存储分段的定义，在此只与年度分段事实表有关系。

如果多个分段的属性相同，就可以将它们存储到单一维度表中，因为分段通常都有很小的基数。本例中 annual_order_segment_dim 表存储了"project"和"grid"两种分段集合，它们都是按照客户的年度销售订单金额进行分类的。分段维度按消费金额的定义如表 8-5 所示，其中 project 分六段、grid 分三段。

表8-5　客户年度消费分段维度定义

分段类别	分段名称	开始值	结束值
project	bottom	0.01	2500.00
project	low	2500.01	3000.00
project	mid-low	3000.01	4000.00
project	mid	4000.00	5500.00
project	mid-high	5500.01	6500.00
project	top	6500.01	99999999.99
grid	low	0.01	3000.00
grid	mid	3000.01	6000.00
grid	high	6000.01	99999999.99

每一分段都有一个开始值和一个结束值，分段的粒度就是本段和下段之间的间隙。粒度必须是度量的最小可能值，在销售订单示例中，金额的最小值是 0.01。最后一个分段的结束值是销售订单金额可能的最大值。

下面的脚本用于建立分段维度数据仓库模式。新建四个表，包括年份维度表、分段维度表、年度销售事实表和年度客户消费分段事实表。在这四个表中，只有分段维度表采用 ORC 文件格式，因为我们使用 insert into...values 向该表语句插入 9 条分段定义数据，并且该表需要 SCD 处理。其他三个表没有行级更新的需求，所以使用 Hive 默认的文本文件格式，以逗号作为列分隔符。

```
use dw;
create table annual_order_segment_dim
(segment_sk int,
 segment_name varchar(30),
 band_name varchar(50),
 band_start_amount decimal(10,2),
 band_end_amount decimal(10,2),
 version int,
 effective_date date,
 expiry_date date)
clustered by (segment_sk) into 8 buckets
stored as orc tblproperties ('transactional'='true');

insert into annual_order_segment_dim values
(1, 'project', 'bottom', 0.01, 2500.00, 1, '2020-03-01', '2200-01-01'),
(2, 'project', 'low', 2500.01, 3000.00, 1, '2020-03-01', '2200-01-01'),
(3, 'project', 'mid-low', 3000.01, 4000.00, 1, '2020-03-01', '2200-01-01'),
(4, 'project', 'mid', 4000.01, 5500.00, 1, '2020-03-01', '2200-01-01'),
```

```
(5, 'project', 'mid_high', 5500.01, 6500.00, 1, '2020-03-01', '2200-01-01'),
(6, 'project', 'top', 6500.01, 99999999.99, 1, '2020-03-01', '2200-01-01'),
(7, 'grid', 'low', 0.01, 3000, 1, '2020-03-01', '2200-01-01'),
(8, 'grid', 'med', 3000.01, 6000.00, 1, '2020-03-01', '2200-01-01'),
(9, 'grid', 'high', 6000.01, 99999999.99, 1, '2020-03-01', '2200-01-01');

create table year_dim (year_sk int, year int)
row format delimited fields terminated by ',' stored as textfile;

create table annual_sales_order_fact
(customer_sk int, year_sk int, annual_order_amount decimal(10, 2))
row format delimited fields terminated by ',' stored as textfile;

create table annual_customer_segment_fact (segment_sk int, customer_sk int,
year_sk int)
row format delimited fields terminated by ',' stored as textfile;
```

8.8.2 初始装载

初始转换的 Kettle 作业如图 8-33 所示。

图 8-33 初始装载分段维度的作业

该作业串行调用的 "装载年份维度" "装载年度销售事实表" "装载年度客户销售分段事实表" 三个转换如图 8-34 所示。

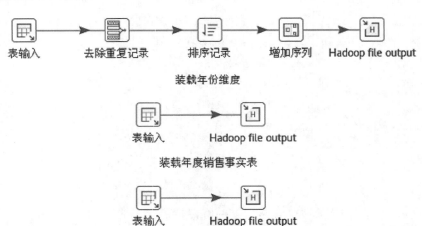

图 8-34 初始装载分段维度的三个转换

在 "装载年份维度" 中的 "表输入" 步骤中输入如下 SQL 语句，查询日期维度中的年份。

```
select year from dw.order_date_dim
```

　　"去除重复记录"步骤对 year 字段去重。"排序记录"步骤对 year 字段执行升序输出。"增加序列"步骤输出"year_sk"年份维度代理键。最后的"Hadoop file output"步骤生成 HDFS 文件 /user/hive/warehouse/dw.db/year_dim/year_dim.txt，包含 year_sk、year 两个 Integer 类型的字段，以逗号作为字段分隔符，格式为 LF terminated (Unix)，编码为 UTF-8。"装载年度销售事实表""装载年度客户销售分段事实表"两个转换都只包含"表输入"和"Hadoop file output"两个步骤，区别只是 SQL 查询语句和输出的 HDFS 文件不同。

　　在"装载年度销售事实表"中设置"表输入"步骤的 SQL 语句：

```
select a.customer_sk, year_sk, sum(order_amount) order_amount
  from dw.sales_order_fact a, dw.year_dim c, dw.order_date_dim d
where a.order_date_sk = d.order_date_sk and c.year = d.year and d.year < 2021
group by a.customer_sk, c.year_sk
```

　　"Hadoop file output"输出的 HDFS 文件为/user/hive/warehouse/dw.db/annual_sales_order_fact/ annual_sales_order_fact.txt，包含 customer_sk、year_sk、order_amount 三个字段，前两个为 Integer 类型，order_amount 是 Number 类型，以逗号作为字段分隔符，格式为 LF terminated (Unix)，编码为 UTF-8。

　　在"装载年度客户销售分段事实表"中设置"表输入"步骤的 SQL 语句：

```
select d.segment_sk, a.customer_sk, a.year_sk
  from dw.annual_sales_order_fact a, dw.annual_order_segment_dim d
where annual_order_amount >= band_start_amount and annual_order_amount <=
band_end_amount
```

　　"Hadoop file output"输出的 HDFS 文件为/user/hive/warehouse/dw.db/annual_customer_segment _fact/annual_customer_segment_fact.txt，包含 segment_sk、customer_sk、year_sk 三个 Integer 类型的字段，以逗号作为字段分隔符，格式为 LF terminated (Unix)，编码为 UTF-8。

　　初始装载作业将订单日期角色扮演维度表（date_dim 表的一个视图）里的去重年份数据导入年份维度表，将销售订单事实表中按年和客户分组求和的汇总金额数据导入年度销售事实表。因为装载过程不能导入当年的数据，所以使用 year < 2021 过滤条件作为演示。这里是按客户代理键 customer_sk 分组求和来判断分段，实际情况可能是按 customer_number 进行分组的，因为无论客户的 SCD 属性如何变化，一般都认为是一个客户。将年度销售事实表与分段维度表关联，把年份、客户和分段三个维度的代理键插入年度客户消费分段事实表。注意，数据装载过程中并没有引用客户维度表，因为客户代理键可以直接从销售订单事实表得到。在分段定义中，每个分段结束值与下一分段的开始值是连续的，并且分段之间不存在数据重叠，所以装载分段事实表时订单金额判断条件的两端都使用闭区间。

　　执行初始装载脚本后，使用下面的语句查询客户分段事实表，确认装载的数据是正确的。

```
select a.customer_sk csk, a.year_sk ysk, annual_order_amount amt,
segment_name sn, band_name bn
  from dw.annual_customer_segment_fact a, dw.annual_order_segment_dim b,
    dw.year_dim c, dw.annual_sales_order_fact d
```

```
where a.segment_sk = b.segment_sk and a.year_sk = c.year_sk
  and a.customer_sk = d.customer_sk and a.year_sk = d.year_sk
cluster by csk, ysk, sn, bn;
```

8.8.3 定期装载

除了无须装载年份表以外，定期装载与初始装载类似。年度销售事实表里的数据被导入分段事实表。每年调度执行如图 8-35 所示的定期装载 Kettle 作业，此作业装载前一年的销售数据。

图 8-35 定期装载分段维度的作业

"设置年份"转换如图 8-36 所示。

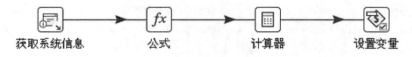

图 8-36 设置年份变量的转换

"获取系统信息"步骤输出当前系统日期字段 cur_date。"公式"步骤用 year([cur_date])公式生成 Integer 类型的当前年份 cur_year 新字段。"计算器"步骤如图 8-37 所示，计算前一年的年份。"设置变量"步骤设置一个名为 pre_year 的环境变量，变量活动类型为 Valid in the root job，供后面的转换使用。

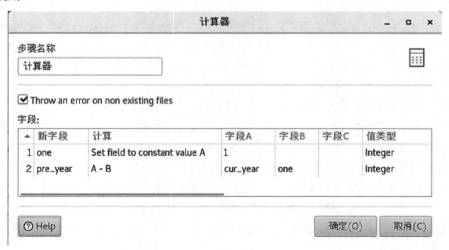

图 8-37 计算前一年份的"计算器"步骤

"装载年度销售事实表"中"表输入"步骤的 SQL 如下。注意，需要勾选"替换 SQL 语句里的变量"，取得前一年份。

```
select a.customer_sk, year_sk, sum(order_amount)
```

```
    from dw.sales_order_fact a, dw.year_dim c, dw.order_date_dim d
  where a.order_date_sk = d.order_date_sk and c.year = d.year and d.year =
${pre_year}
  group by a.customer_sk, c.year_sk
```

"Hadoop file output"输出的 HDFS 文件为/user/hive/warehouse/dw.db/annual_sales_order_fact/ annual_sales_order_fact_${pre_year}.txt（${pre_year}替换为前一年份）。

设置"装载年度客户销售分段事实表"中"表输入"步骤的 SQL 为：

```
select d.segment_sk, a.customer_sk, c.year_sk
  from dw.annual_sales_order_fact a, dw.year_dim c,
dw.annual_order_segment_dim d
  where a.year_sk = c.year_sk and c.year = ${pre_year}
    and annual_order_amount >= band_start_amount and annual_order_amount <=
band_end_amount
```

"Hadoop file output"输出的 HDFS 文件为/user/hive/warehouse/dw.db/annual_customer_segment _fact/annual_customer_segment_fact_${pre_year}.txt（${pre_year}替换为前一年份）。

8.9 小　结

本章介绍了 8 种多维数据仓库中常见的维度表技术，分别是增加列、维度子集、角色扮演维度、层次维度、退化维度、杂项维度、维度合并和分段维度。每种技术都是先讲解相关概念，然后通过销售订单示例给出 Kettle 的具体实现及其测试过程。下面是对这些维度表技术的要点总结。

在修改数据仓库模式时，要注意空值的处理，必要时使用<=>符号代替等号。子维度通常有包含属性子集和包含行子集两种，常用视图来实现。单个物理维度可以被事实表多次引用，每个引用连接逻辑上存在差异的角色扮演维度。视图和表别名是实现角色扮演维度的两种常用方法。Kettle 可以处理固定深度的层次、多路径层次、参差不齐的层次，以及递归树的平面化、树的展开、递归查询等各种层次维度问题。除了业务主键外，没有其他内容的维度表通常是退化维度，将业务主键作为一个属性加入到事实表中是处理退化维度的适当方式。杂项维度就是一种包含的数据具有很少可能值的维度。有时与其为每个标志或属性定义不同的维度，不如建立单独的、将不同维度合并到一起的杂项维度。如果几个相关维度的基数都很小，或者具有多个公共属性，那么可以考虑将它们进行维度合并。分段维度的定义中包含连续的分段度量值，通常用作客户维度的行为标记时间序列，分析客户行为。

下一章将讨论多维数据仓库中各种常见的事实表技术及其 Kettle 实现。

第 9 章

事实表技术

上一章介绍了几种基本的维度表技术，并用示例演示了每种技术的实现过程。本章将说明多维数据仓库中常见的事实表技术。我们将讲述 5 种基本的事实表扩展，分别是周期快照、累积快照、无事实的事实表、迟到的事实和累积度量。与讨论维度表一样，也会从概念开始认识这些技术，继而给出常见的使用场景，最后以销售订单数据仓库为例给出 Kettle 实现的作业、转换和测试过程。

9.1　事实表概述

发生在业务系统中的操作型事务所产生的可度量数值存储在事实表中。从最细节粒度级别看，事实表和操作型事务表的数据有一一对应的关系。因此，数据仓库中事实表的设计应该依赖于业务系统，而不受可能产生的最终报表影响。除数字类型度量外，事实表总是包含所引用维度表的外键，也能包含可选的退化维度键或时间戳。数据分析的实质就是基于事实表开展计算或聚合操作。

事实表中的数字度量值可划分为可加、半可加、不可加三类。可加性度量可以按照与事实表关联的任意维度汇总，也就是说按任何维度汇总得到的度量和是相同的，事实表中的大部分度量属于此类。半可加度量可以对某些维度汇总，但不能对所有维度汇总。余额是常见的半可加度量，除时间维度外，它们可以跨所有维度进行加法操作。另外，还有些度量是完全不可加的，例如比例。对不可加度量，较好的处理方法是尽可能存储构成不可加度量的可加分量，比如构成比例的分子和分母，并将这些分量汇总到最终的结果集合中，而对不可加度量的计算通常发生在 BI 层或 OLAP 层。

事实表中可以存在空值度量，所有聚合函数（如 sum、count、min、max、avg 等）均可针对空值度量进行计算。其中，sum、count(字段名)、min、max、avg 会忽略空值，而 count(1)或 count(*)在计数时会将空值包含在内。事实表中的外键不能存在空值，否则会导致违反参照完整性的情况发生。关联的维度表应该用默认代理键而不是空值表示未知的条件。

在很多情况下数据仓库都需要装载如下三种不同类型的事实表。

- 事务事实表：以每个事务或事件为单位，如一个销售订单记录、一笔转账记录等，作为事实表里的一行数据。这类事实表可能包含精确的时间戳和退化维度键，其度量值必须与事务粒度保持一致。销售订单数据仓库中的 sales_order_fact 表就是事务事实表。
- 周期快照事实表：这种事实表里并不保存全部数据，只保存固定时间间隔的数据，例如每天或每周的销售额、每月的账户余额等。
- 累积快照事实表：累积快照用于跟踪事实表的变化。例如，数据仓库可能需要累积或存储销售订单从下订单的时间开始到订单中的商品被打包、运输和到达等各阶段的时间点数据，以跟踪订单生命周期的进展情况。随着以上各种时间的出现，事实表里的记录也要不断更新。

9.2　周期快照

周期快照事实表中的每行汇总了发生在某一标准周期（如一天、一周或一月）的多个度量，其粒度是周期性的时间段，而不是单个事务。周期快照事实表通常包含许多数据的总计，因为任何与事实表时间范围一致的记录都会被包含在内。在这些事实表中，外键的密度是均匀的，因为即使周期内没有活动发生，通常也会在事实表中为每个维度插入包含 0 或空值的行。

周期快照在库存管理和人力资源系统中有比较广泛的应用。商店的库存优化水平对连锁企业的获利将产生巨大影响。需要确保正确的产品处于正确的商店中，在正确的时间尽量减少出现脱销情况，并减少总的库存管理费用。零售商希望通过产品和商店分析每天保有商品的库存水平。在这个场景下，通常希望分析的业务过程是零售商店库存的每日周期快照。在人力资源管理系统中，除了为员工建立档案外，还希望获得员工状态的例行报告，包括员工数量、支付的工资、假期天数、新增员工数量、离职员工数量、晋升人员数量等。这时需要建立一个每月员工统计周期快照。

周期快照是在一个给定的时间对事实表进行一段时期的总计。有些数据仓库用户，尤其是业务管理者或者运营部门人员，经常要看某个特定时间点的汇总数据。下面在示例数据仓库中创建一个月销售订单周期快照，用于按产品统计每个月总的销售订单金额和产品销售数量。

9.2.1　修改数据仓库模式

需求是要按产品统计每个月的销售金额和销售数量。单从功能上看，此数据能够从事务事实表中直接查询得到。例如，要取得 2020 年 10 月的销售数据，可以使用以下语句查询：

```
select b.month_sk, a.product_sk, sum(order_amount), sum(order_quantity)
 from dw.sales_order_fact a, dw.month_dim b, dw.order_date_dim d
 where a.order_date_sk = d.order_date_sk and b.month = d.month and b.year = d.year
and b.month = 10 and b.year = 2020
 group by b.month_sk, a.product_sk;
```

只要将年、月参数传递给上述查询语句，就可以获得任何年月的统计数据。即便是在如此简单的场景下，我们仍然需要建立独立的周期快照事实表。事务事实表的数据量通常都会很大，如果每当需要月销售统计数据时都从最细粒度的事实表查询，那么性能将会差到不堪忍受的程度。再者，月统计数据往往只是下一步数据分析的输入信息，有时把更复杂的逻辑放到一个单一查询语句中效率会更差。因此，比较好的做法是将事务型事实表作为一个基石事实数据，以此为基础向上逐层建立需要的快照事实表。图9-1中的模式显示了一个名为month_end_sales_order_fact的周期快照事实表。

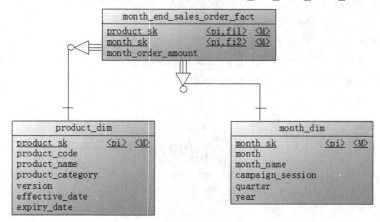

图 9-1　月销售统计周期快照事实表

新的周期快照事实表中有两个度量值：month_order_amount 和 month_order_quantity。这两个值是不能加到 sales_order_fact 表中的，原因是 sales_order_fact 表和新度量值有不同的时间属性，即数据的粒度不同。sales_order_fact 表包含的是单一事务记录，新的度量值要的是每月汇总数据。销售周期快照是一个普通的、引用两个维度的事实表。月份维度表包含以月为粒度的销售周期描述符。产品代理键对应有效的产品维度行，也就是给定报告月的最后一天对应的产品代理键，以保证月末报表是对当前产品信息的准确描述。快照中的事实包含每月的数字度量和计数，它们都是可加的。该快照事实表使用 ORC 存储格式。使用下面的脚本建立 month_end_sales_order_fact 表并装载历史数据。

```
use dw;
create table month_end_sales_order_fact
(order_month_sk int comment '月份代理键',
product_sk int comment '产品代理键',
month_order_amount decimal(10,2) comment '月销售金额',
month_order_quantity int comment '月销售数量')
clustered by (order_month_sk) into 8 buckets
stored as orc tblproperties ('transactional'='true');

-- 初始装载
insert into month_end_sales_order_fact
select d.month_sk month_sk, a.product_sk product_sk,
sum(order_amount) order_amount, sum(order_quantity) order_quantity
 from sales_order_fact a, date_dim b, month_dim d
where a.order_date_sk = b.date_sk and b.month = d.month and b.year = d.year
```

```
and b.dt < '2020-11-01'
    group by d.month_sk , a.product_sk;
```

9.2.2 创建快照表数据装载 Kettle 转换

建立了 month_end_sales_order_fact 表后，现在需要向表中装载数据。实际装载时，月销售周期快照事实表的数据源是已有的销售订单事务事实表，并没有关联产品维度表。之所以可以这样做，是因为总是先处理事务事实表再处理周期快照事实表，并且事务事实表中的产品代理键就是当时有效的产品描述。这样做还有一个好处，就是不必非在当月 1 号装载上月的数据，这点在后面修改定时自动执行作业时会详细说明。用于装载月销售订单周期快照事实表的 Kettle 作业如图 9-2 所示。

图 9-2 装载月销售订单周期快照事实表的作业

"设置年月变量"所调用的 Kettle 转换如图 9-3 所示。获取系统信息步骤取得上月第一天，公式步骤用 month 和 year 函数获得上月对应的月份与年份。设置环境变量步骤设置 MONTH 和 YEAR 两个全局变量，用于后面 SQL 作业项中的替换变量。

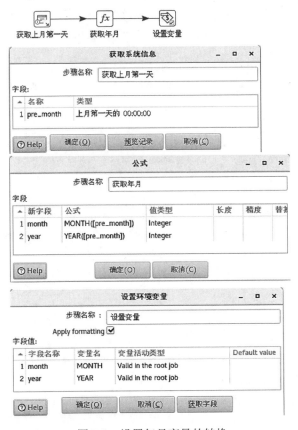

图 9-3 设置年月变量的转换

SQL 作业项中的语句如下：

```
delete from dw.month_end_sales_order_fact
where month_end_sales_order_fact.order_month_sk in
     (select month_sk from dw.month_dim where month = ${MONTH} and year =
${YEAR});

insert into dw.month_end_sales_order_fact
select b.month_sk, a.product_sk, sum(a.order_amount), sum(a.order_quantity)
 from dw.order_date_dim d
 left join dw.sales_order_fact a on d.order_date_sk = a.order_date_sk
inner join dw.month_dim b on b.month = d.month and b.year = d.year
  and b.month = ${MONTH} and b.year = ${YEAR}
group by b.month_sk, a.product_sk;
```

第一句删除上月数据，实现幂等操作；第二句装载上月销售汇总数据。本节开头曾经提到过，周期快照表的外键密度是均匀的，因此这里使用外连接关联订单日期维度和事务事实表。即使上个月没有任何销售记录，周期快照中仍然会有一行记录。在这种情况下，周期快照记录中只有月份代理键，其他字段值为 NULL。严格地说，产品维度表中应该增加如 'N/A' 这样的行，表示没有对应产品时的默认值。

销售订单事实表定期装载完成后，可以在每个月给定的任何一天执行如图 9-2 所示的作业，装载上个月的销售订单汇总数据。为此，需要修改定期装载 Kettle 作业，如图 9-4 所示。

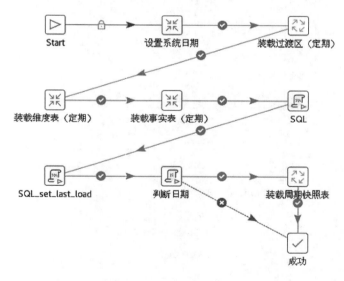

图 9-4　增加了周期快照装载的作业

在定期装载作业中增加了"判断日期"和"装载周期快照表"两个作业项。"判断日期"是一个用来判断当天的日期 JavaScript 作业项，脚本如下：

```
var d = new Date();
var n = d.getDate();
if( n==12) {true;} else {false;}
```

当日期值等于 12 时，JavaScript 作业项返回 true，执行其后的"装载周期快照表"作业项，否则转到成功节点结束作业。"装载周期快照表"子作业调用图 9-2 所示的作业，执行完成后转到成功节点结束。很明显，本例中"判断日期"的作用就是，控制只在一个月当中的某一天执行周期快照表的数据装载，其他日期不做这一步操作。这里的 n==12 只是为了方便测试，因为 SQL 中是以上个月的年月作为过滤条件的，所以换作当月中任何一天都可以。这个作业保证了每月汇总只有在某天定期装载执行完后才开始，并且每月只执行一次。

周期快照粒度表示一种常规性的、重复的度量或度量集合，比如每月报表。这类事实表通常包括一个单一日期列，表示一个周期。周期快照事实必须满足粒度需求，仅描述适合于所定义周期的时间范围的度量。周期快照是一种常见的事实表类型，其周期通常是天、周或月。

周期快照具有与事务粒度事实表相似的装载特性，插入数据的过程类似。传统上，周期快照在适当的时期结束时被装载，就像示例演示的那样。还有常见的一种做法是，滚动式地添加周期快照记录。在满足以下两个条件时往往采用滚动式数据装载：一是事务数据量非常大，以至于装载一个月的快照需要很长时间；二是快照的度量是可加的。例如，可以建立每日销售周期快照，数据从事务事实表汇总而来，然后月快照数据从每日快照汇总，以便把一个大的查询分散到每一天进行。

9.3 累积快照

累积快照事实表用于定义业务过程开始、结束以及期间的可区分的里程碑事件。通常此类事实表针对过程中的关键步骤都包含日期外键，并包含每个步骤的度量，这些度量的产生一般都会滞后于数据行的创建时间。累积快照事实表中的一行对应某一具体业务的多个状态。例如，当订单产生时会插入一行，当订单的状态改变时累积事实表行被访问并修改。这种对累积快照事实表行的一致性修改，在三种类型的事实表中具有独特性；对于前面介绍的两类事实表只追加数据，不会对已经存在的行进行更新操作。除了日期外键会与每个关键过程步骤关联外，累积快照事实表中还可以包含其他维度和可选退化维度的外键。

累积快照事实表在库存、采购、销售、电商等业务领域都有广泛应用。比如在电商订单里面，下单的时候只有下单时间，但在支付的时候会有支付时间，同理还有发货时间、完成时间等。下面以销售订单数据仓库为例讨论累积快照事实表的实现。

假设希望跟踪下订单、分配库房、打包、配送和收货五个销售订单里程碑，分别用状态 N、A、P、S、R 表示。这五个里程碑的日期及其各自的数量来自源数据库的销售订单表。一个订单完整的生命周期由五行数据描述：下订单时生成一条销售订单记录；订单商品被分配到相应库房时新增一条记录，存储分配时间和分配数量；产品打包时新增一条记录，存储打包时间和数量；类似地，订单配送和客户收货时也分别新增一条记录，保存各自的时间戳与数量。为了尽量简化示例，这里不考虑每种状态出现多条记录的情况（如一条订单中的产品可能是在不同时间点分多次出库），并且假设这五个里程碑是以严格的时间顺序正向进行的。

对订单的每种状态新增记录，只是处理这种场景的多种设计方案之一。如果里程碑的定义良好并且不会轻易改变，就可以考虑在源订单事务表中新增每种状态对应的数据列。例如，新增 8 列，保存每个状态的时间戳和数量。新增列的好处是仍然能够保证订单号的唯一性，并保持相对较少的记录数。这种方案还需要额外增加一个 last_modified 字段，记录订单的最后修改时间，用于增量数据抽取。因为每条订单在状态变更时都会被更新，所以订单号字段已经不能作为变化数据捕获的比较依据。

9.3.1　修改数据库模式

执行下面的脚本将源数据库中销售订单事务表结构做相应改变，以处理五种不同的状态。

```
-- mysql
use source;
-- 修改销售订单事务表
alter table sales_order change order_date status_date datetime,
add order_status varchar(1) after status_date, change order_quantity quantity
int;
-- 删除 sales_order 表的主键
alter table sales_order change order_number order_number int not null;
alter table sales_order drop primary key;

-- 建立新的主键
alter table sales_order
add id int unsigned not null auto_increment primary key comment '主键' first;
```

说明：

- 将 order_date 字段改名为 status_date，因为日期不再单纯指订单日期，而是指变为某种状态的日期。
- 将 order_quantity 字段改名为 quantity，因为已变为某种状态对应的数量。
- 在 status_date 字段后增加 order_status 字段，存储 N、A、P、S、R 等订单状态之一，描述 status_date 列对应的状态值。例如，一条记录的状态为 N，则 status_date 列是下订单的日期；如果状态是 R，则 status_date 列是收货日期。
- 每种状态都会有一条订单记录，这些记录具有相同的订单号，因此订单号不能再作为事务表的主键，需要删除 order_number 字段上的自增属性与主键约束。
- 添加 id 自增字段作为销售订单表的主键，它是表中的第一个字段。

依据源数据库事务表的结构，执行下面的脚本来修改 Hive 中相应的过渡区表。

```
use rds;
alter table sales_order change order_date status_date timestamp comment '状态日期';
alter table sales_order change order_quantity quantity int comment '数量';
alter table sales_order add columns (order_status varchar(1) comment '订单状态');
```

说明：

- 将销售订单事实表中 order_date 和 order_quantity 字段的名称修改为与源表一致。
- 增加订单状态字段。

● rds.sales_order 并没有增加 id 列，原因有两个：一是该列只作为增量检查列，不用在过渡表中存储；二是不需要再重新导入已有数据。

执行下面的脚本，给数据仓库中的事务事实表增加订单状态列、创建累积快照事实表并添加分区。

```
use dw;

-- 增加订单状态列
alter table sales_order_fact add columns (order_status varchar(1) comment '
订单状态');

-- 创建累积快照事实表
create table sales_order_fact_accumulate
(order_number int COMMENT '销售订单号',
customer_sk int COMMENT '客户维度代理键',
product_sk int COMMENT '产品维度代理键',
order_date_sk int COMMENT '日期维度代理键',
order_amount decimal(10,2) COMMENT '销售金额',
order_quantity int COMMENT '销售数量',
request_delivery_date_sk int COMMENT '请求交付日期',
sales_order_attribute_sk int COMMENT '订单属性代理键',
customer_zip_code_sk int COMMENT '客户邮编代理键',
shipping_zip_code_sk int COMMENT '送货邮编代理键',
allocate_date_sk int comment '分配日期代理键',
allocate_quantity int comment '分配数量',
packing_date_sk int comment '打包日期代理键',
packing_quantity int comment '打包数量',
ship_date_sk int comment '配送日期代理键',
ship_quantity int comment '配送数量',
receive_date_sk int comment '收货日期代理键',
receive_quantity int comment '收货数量')
partitioned by (flag string)
clustered by (order_number) into 8 buckets
stored as orc tblproperties ('transactional'='true');

-- 创建分区
alter table sales_order_fact_accumulate
add partition (flag='active') partition (flag='readonly');
```

累积快照事实表在销售订单事实表基础上新增加 8 个字段，以存储后四个状态的日期代理键和度量值，并且以 flag 字段作为分区键划分为 active 与 readonly 两个分区。累积事实表的数据装载需要面对两个挑战：ETL 过程处理尽量少的数据；不使用 DML（Data Manipulation Language，数据操纵语言，如 insert、update、delete 等）。针对前者，解决方案是将整个累积事实表分为活动和只读两个分区，可以通过 Hive 的分区表实现。活动分区存储没有完成全部五个里程碑的订单数据，而只读分区存储已经完成全部五个里程碑的完整订单数据。所有状态更新操作都发生在活动分区，通常活动分区相对较小。

在传统关系型数据库中，实现增量处理累积快照需要行级更新，但是 Hive 中无法这样做。这里存在两个限制。一个限制是 Hive 的 update 只能设置常量，不支持多表更新和子查询，即不能直接用 sales_order_fact 来更新 sales_order_fact_accumulate。如果说第一个限制还能用临时表勉强解决，那么第二个限制则更加难于处理；我们之前多次指出，出于性能考虑，除周期快照外的事实表装载都是用的"ORC output"步骤，而不是"表输出"步骤，带来的问题是在对 ORC 表执行行级更新操作后会出现数据错误。要解决这个问题，可以采取以下处理流程，以避免使用 DML。

（1）读取活动分区中的所有数据，同时删除活动分区。

（2）从源系统中抽取变化的数据，和上一步读取的活动分区中的所有数据合并。

（3）把完整记录加载到只读分区、不完整记录加载到活动分区。

使用 Kettle 实现时，可以将活动分区中的所有数据装载到一个临时表中，如 sales_order_fact_accumulate_tmp。该表的结构除了没有分区键字段 flag 以外，其他与 sales_order_fact_accumulate 表相同（因此这里没有列出建表语句）。至于删除活动分区，只需要用 "ORC output"步骤输出同名文件，以覆盖原有文件即可。

9.3.2 修改增量抽取销售订单表的 Kettle 转换

修改后的转换如图 9-5 所示，抽取的字段名称要做相应修改。

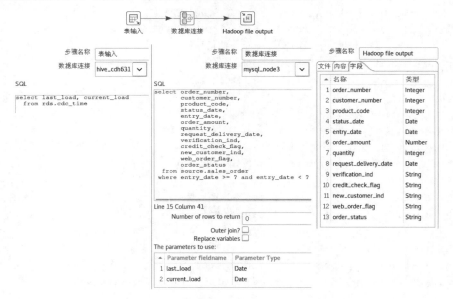

图 9-5 增量抽取销售订单表的转换

9.3.3 修改定期装载销售订单事实表的 Kettle 转换

"销售订单事务数据"数据库连接步骤的 SQL 需要做三点修改：一是将查询中的字段名 a.order_quantity 改为 a.quantity order_quantity；二是在查询中增加 a.order_status 字段；三是将在 SQL 中出现的所有 order_date 改名为 status_date。修改后的 SQL 如下：

```
       select a.order_number, b.customer_sk, c.product_sk, d.date_sk,
a.order_amount,
           a.quantity order_quantity, e.date_sk request_delivery_date_sk,
           f.sales_order_attribute_sk, g.customer_zip_code_sk,
h.shipping_zip_code_sk,
           a.order_status
       from rds.sales_order a, dw.customer_dim b, dw.product_dim c, dw.date_dim d,
           dw.date_dim e, dw.sales_order_attribute_dim f, dw.customer_zip_code_dim
g,
           dw.shipping_zip_code_dim h, rds.customer i
       where a.customer_number = b.customer_number
         and a.status_date >= b.effective_date and a.status_date < b.expiry_date
         and a.product_code = c.product_code
         and a.status_date >= c.effective_date and a.status_date < c.expiry_date
         and to_date(a.status_date) = d.dt
         and to_date(a.request_delivery_date) = e.dt
         and a.verification_ind = f.verification_ind
         and a.credit_check_flag = f.credit_check_flag
         and a.new_customer_ind = f.new_customer_ind
         and a.web_order_flag = f.web_order_flag
         and a.customer_number = i.customer_number
         and i.customer_zip_code = g.customer_zip_code
         and a.status_date >= g.effective_date and a.status_date < g.expiry_date
         and i.shipping_zip_code = h.shipping_zip_code
         and a.status_date >= h.effective_date and a.status_date < h.expiry_date
         and a.entry_date >= ? and a.entry_date < ?
```

在"ORC output"步骤的字段最后增加 String 类型的 order_status。

9.3.4 修改定期装载 Kettle 作业

在"装载事实表"作业项后，增加装载累积快照事实表的子作业，如图 9-6 所示。

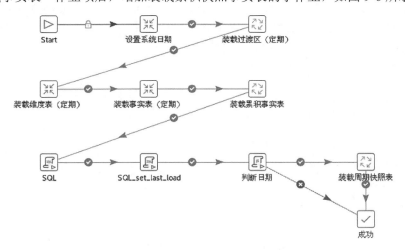

图 9-6　增加装载累积快照事实表的子作业

子作业调用一个如图 9-7 所示的 Kettle 作业装载累积快照事实表。

图 9-7　装载累积快照事实表的作业

该作业顺序调用两个 Kettle 转换："读取活动分区数据"转换实现分区处理流程的第 1 步，"数据合并与分区"转换实现分区处理流程的第 2 步和第 3 步。

"读取活动分区数据"转换如图 9-8 所示。

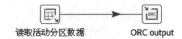

图 9-8　"读取活动分区数据"转换

转换的"表输入"步骤从累积事实表读取活动分区的全部数据，SQL 如下：

```
select order_number, customer_sk, product_sk, order_date_sk, order_amount,
order_quantity,
    request_delivery_date_sk, sales_order_attribute_sk, customer_zip_code_sk,
        shipping_zip_code_sk, allocate_date_sk, allocate_quantity,
packing_date_sk,
        packing_quantity, ship_date_sk, ship_quantity, receive_date_sk,
receive_quantity
    from dw.sales_order_fact_accumulate
    where flag='active'
```

"ORC output"步骤输出文件到 sales_order_fact_accumulate_tmp 表所对应的 HDFS 目录下：hdfs://nameservice1/user/hive/warehouse/dw.db/sales_order_fact_accumulate_tmp/sales_order_fact_accumulate_tmp。输出的字段是与 sales_order_fact_accumulate_tmp 表所对应的 18 个字段。每次会覆盖原同名文件，因此不用另外删除临时表 sales_order_fact_accumulate_tmp 的数据。注意，记得勾选该步骤中的"Overwrite existing output file"选项。

"数据合并与分区"转换如图 9-9 所示。

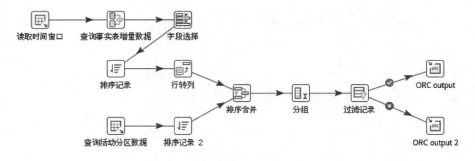

图 9-9　"数据合并与分区"转换

"排序合并"步骤以 order_number 字段排序，合并两个数据集合，功能类似于 SQL 中的 union。该步骤要求它所合并的数据集合具有完全相同的字段结构，并且已经按步骤中指定的字段排序，否则可能导致错误结果。

　　第一个数据集合是销售订单事实表中的增量数据，通过"读取时间窗口""查询事实表增量数据""字段选择""排序记录""行转列"五个步骤获得。"读取时间窗口"步骤从时间戳表查出需要处理的起止时间，SQL 为：

```
select last_load, current_load from rds.cdc_time
```

　　"查询事实表增量数据"步骤从销售订单事实表查询增量数据，SQL 为：

```
select order_number, customer_sk, product_sk, order_date_sk, order_amount,
order_quantity,
       request_delivery_date_sk, sales_order_attribute_sk,
customer_zip_code_sk, shipping_zip_code_sk, order_status
   from dw.sales_order_fact t1, dw.date_dim t2
  where t1.order_date_sk = t2.date_sk and t2.dt >= ? and t2.dt < ?
```

　　其中，参数为前一步骤输出的 last_load 和 current_load 字段。在整个定期装载作业中，装载过渡区数据、装载销售订单事实表、装载累积快照事实表三个部分都查询了时间戳表 rds.cdc_time，以获得增量处理的时间窗口。比较高效的做法是，将查询 rds.cdc_time 表的操作作为前导步骤只查一次，并将起始时间赋予整个作业的全局变量，后续步骤都可以引用这些变量作为增量判断条件。这里每次判断增量都查询一次 rds.cdc_time 表只是出于便于调试这个目的。"字段选择"步骤只选择 dw.sales_order_fact 表输出的 11 个字段。"排序记录"步骤按 order_number 字段排序，既是"行转列"步骤的要求，也是"排序合并"步骤的要求。"行转列"步骤的设置如图 9-10 所示。

图 9-10　"行转列"步骤

　　该步骤按 order_number 字段进行分组，将一组中 order_status 具有不同值的行转为固定的 10 列，缺失状态的列值为空。步骤输出为累积订单表对应的 18 个字段。

要合并的第二个数据集合为当前活动分区的数据，由"查询活动分区数据"表输入步骤和"排序记录 2"步骤获得。表输入步骤中的 SQL 如下：

```
select order_number, customer_sk, product_sk, order_amount,
request_delivery_date_sk,
  sales_order_attribute_sk, customer_zip_code_sk, shipping_zip_code_sk,
      order_date_sk, order_quantity, allocate_date_sk, allocate_quantity,
packing_date_sk,
      packing_quantity, ship_date_sk, ship_quantity, receive_date_sk,
receive_quantity
   from dw.sales_order_fact_accumulate_tmp
```

sales_order_fact_accumulate_tmp 表数据已由前面的"读取活动分区数据"转换装载。"排序记录 2"按 order_number 字段排序。

两个数据集合在合并后进行分组，实现将同一订单号的多行转为一行。"分组"步骤中的分组字段为前 8 个字段，聚合字段为后 10 个字段，聚合类型选择"最大"。聚合字段的值只有 NULL 和整数两种可能，按照比较规则"整数"大，因此选最大值。"过滤记录"步骤判断 receive_date_sk 字段的值是否为空，若是则输出到活动分区，否则输出到只读分区。因为假设五个里程碑只能按顺序进行，依据最后一个日期代理键是否有值就可以区分订单是否完整。最后两个"ORC output"步骤生成累积事实表中两个分区所对应的 HDFS 文件。活动分区对应的 Folder/File name 属性值为 hdfs://nameservice1/user/hive/warehouse/dw.db/sales_order_fact_accumulate/flag=active/all，每次执行将覆盖已有文件，注意勾选"Overwrite existing output file"选项。只读分区对应的文件为 hdfs://nameservice1/user/hive/warehouse/dw.db/sales_order_fact_accumulate/flag=readonly/${PRE_DATE}。其中，${PRE_DATE}变量值是前一天的日期，以它作为文件名的目的是追加数据，而不是全量覆盖。只读分区存储已完成订单数据，不存在更新问题，因此采取增量处理。

9.3.5　测试

可以按照以下步骤进行累积快照事实表的数据装载测试。

（1）在源数据库的销售订单事务表中新增两个销售订单记录。

```
use source;
insert into sales_order values
(143, 143, 1, 1, 'n', 'n', 'n' ,'n', '2020-11-02 11:11:11', 'N',
 '2020-11-10', '2020-11-02 11:11:11', 7500, 75),
(144, 144, 2, 2, 'y', 'y', 'y', 'y', '2020-11-02 12:12:12', 'N',
'2020-11-10', '2020-11-02 12:12:12', 1000, 10) ;
commit;
```

（2）设置适当的 cdc_time 时间窗口。

```
update rds.cdc_time set last_load='2020-11-02';
```

（3）执行图 9-6 所示的定期装载作业。

（4）修改生成的 HDFS 文件名，避免后面再次执行作业时覆盖已装载数据。

```
   hdfs dfs -mv
/user/hive/warehouse/rds.db/sales_order/sales_order_2020-11-16.txt
/user/hive/warehouse/rds.db/sales_order/sales_order_2020-11-02.txt
   hdfs dfs -mv
/user/hive/warehouse/dw.db/sales_order_fact/sales_order_fact_2020-11-16
/user/hive/warehouse/dw.db/sales_order_fact/sales_order_fact_2020-11-02
```

（5）查询 sales_order_fact_accumulate 表，确认定期装载成功。

```
select order_date_sk,order_quantity, allocate_date_sk,allocate_quantity,
    packing_date_sk,packing_quantity, ship_date_sk,ship_quantity,
receive_date_sk,receive_quantity, flag
 from dw.sales_order_fact_accumulate;
```

此时应该只有订单日期代理键列有值，其他状态的日期代理键值都是 NULL，因为这两个订单是新增的，并且还没有分配库房、打包、配送或收货。

（6）在源数据库中插入数据作为这两个新增订单的分配库房和打包里程碑。

```
use source;
insert into sales_order values
(145, 143, 1, 1, 'n', 'n', 'n' ,'n', '2020-11-03 11:11:11', 'A',
'2020-11-10', '2020-11-03 11:11:11', 7500, 75),
(146, 143, 1, 1, 'n', 'n', 'n' ,'n', '2020-11-03 11:11:11', 'P',
'2020-11-10', '2020-11-03 11:11:11', 7500, 75),
(147, 144, 2, 2, 'y', 'y', 'y', 'y', '2020-11-03 12:12:12', 'A',
 '2020-11-10', '2020-11-03 12:12:12', 1000, 10) ;
commit;
```

（7）设置适当的 cdc_time 时间窗口。

```
update rds.cdc_time set last_load='2020-11-03';
```

（8）执行定期装载作业。

（9）修改生成的 HDFS 文件名。

```
   hdfs dfs -mv
/user/hive/warehouse/rds.db/sales_order/sales_order_2020-11-16.txt
/user/hive/warehouse/rds.db/sales_order/sales_order_2020-11-03.txt
   hdfs dfs -mv
/user/hive/warehouse/dw.db/sales_order_fact/sales_order_fact_2020-11-16
/user/hive/warehouse/dw.db/sales_order_fact/sales_order_fact_2020-11-03
```

（10）查询 sales_order_fact_accumulate 表，确认定期装载成功。此时订单应该具有分配库房或打包的日期代理键和度量值。

（11）在源数据库中插入数据作为这两个订单后面的打包、配送和收货里程碑，四个状态日期有可能相同。

```
use source;
insert into sales_order values
```

```
(148, 143, 1, 1, 'n', 'n', 'n' ,'n', '2020-11-04 11:11:11', 'S',
'2020-11-10', '2020-11-04 11:11:11', 7500, 75),
(149, 143, 1, 1, 'n', 'n', 'n' ,'n', '2020-11-04 11:11:11', 'R',
'2020-11-10', '2020-11-04 11:11:11', 7500, 75),
(150, 144, 2, 2, 'y', 'y', 'y' ,'y', '2020-11-04 12:12:12', 'P',
'2020-11-10', '2020-11-04 12:12:12', 1000, 10) ;
commit;
```

（12）设置适当的 cdc_time 时间窗口。

```
update rds.cdc_time set last_load='2020-11-04';
```

（13）执行定期装载作业。

（14）修改生成的 HDFS 文件名。

```
    hdfs dfs -mv
/user/hive/warehouse/rds.db/sales_order/sales_order_2020-11-16.txt
/user/hive/warehouse/rds.db/sales_order/sales_order_2020-11-04.txt
    hdfs dfs -mv
/user/hive/warehouse/dw.db/sales_order_fact/sales_order_fact_2020-11-16
/user/hive/warehouse/dw.db/sales_order_fact/sales_order_fact_2020-11-04
```

（15）查询 sales_order_fact_accumulate 表，确认定期装载成功。此时订单应该具有了五个状态的所有日期代理键和度量值。

累积快照的设计和管理与其他两类事实表存在较大差异。所有累积快照事实表都包含一系列日期，用于描述典型的处理工作流。累积快照粒度表示一个有明确开始和结束过程的当前发展状态，通常这些过程持续时间较短，并且状态之间没有固定的时间间隔，因此无法将它归类到周期快照中。

订单处理是一种典型的累积快照应用场景。例如，销售订单示例包含订单日期、分配库房日期、打包日期、配送日期以及收货日期等，这五个不同的日期以 5 个不同日期值代理键的外键出现。订单行首次建立时只有订单日期，因为其他状态还没有发生。当订单在其流水线上执行时，同一个事实行被顺序访问。每当订单状态发生改变时，累积快照事实行就被修改，日期外键被重写，各类度量被更新。通常初始的订单生成日期不会更新，因为它描述的是行被建立的时间，但所有其他日期都可以被重写。

通常利用三种事实表类型来满足各种需要。细节数据可以被保存到事务粒度事实表中，周期历史可以通过周期快照获取，而对于具有多个定义良好里程碑的处理工作流，则可以使用累积快照。

9.4　无事实的事实表

在多维数据仓库建模中，有一种事实表叫"无事实的事实表"。通常，普通事实表中会保存若干维度外键和多个数字型度量，度量是事实表的关键所在。在无事实的事实表中没有这些度量值，只有多个维度外键。从表面上看，无事实的事实表是没有意义的，因为作为事实表，最重要的就是度量；但在数据仓库中，这类事实表有特殊用途，通常会被用来跟踪某种事件或者说明某些活动的范围。

无事实的事实表可以用来跟踪事件的发生。例如，在给定的某一天中发生的学生参加课程的事件，可能没有可记录的数字化事实，但该事实行带有一个包含日期、学生、教师、地点、课程等定义良好的外键。利用无事实的事实表可以按各种维度计数上课这个事件。再比如学生注册事件，学校需要对学生按学期进行跟踪。维度表包括学期维度、课程维度、系维度、学生维度、注册专业维度和取得学分维度等，而事实表由这些维度的主键组成，事实只有注册数，并且恒为 1，因此没有必要用单独一列来表示。这样的事实表主要用于回答各种情况下的注册数。

无事实的事实表还可以用来说明某些活动的范围，常被用于回答"什么未发生"之类的问题，例如促销范围事实表。通常销售事实表可以回答促销商品的销售情况，可是无法回答的一个重要问题是：处于促销状态但尚未销售的产品包括哪些？销售事实表所记录的仅仅是实际卖出的产品。事实表行中不包括没有销售行为的、销售数量为零的行，因为如果将包含零值的产品都加到事实表中，那么事实表将变得非常巨大。这时，建立促销范围事实表，为商场需要促销的商品单独建立事实表，然后通过这个促销范围事实表和销售事实表，即可得出哪些促销商品没有销售出去。

为确定当前促销的产品中哪些尚未卖出，需要两步过程：首先，查询促销无事实的事实表，确定给定时间内促销的产品；然后，从销售事实表中确定哪些产品已经卖出去了。答案就是上述两个列表的差集。这样的促销范围事实表只是用来说明促销活动的范围，其中没有任何事实度量。可能有读者会想，建立一个单独的促销商品维度表能否达到同样的效果呢？促销无事实的事实表包含多个维度的主键，可以是日期、产品、商店、促销等，将这些键作为促销商品的属性是不合适的，因为每个维度都有自己的属性集合。

促销无事实的事实表看起来与销售事实表相似，然而它们的粒度存在显著差别。假设促销以一周为持续期，在促销范围事实表中，无论产品是否卖出，都将为每周每个商店中促销的产品加载一行。该事实表能够确保看到被促销定义的键之间的关系，而与其他事件（如产品销售）无关。

下面以销售订单数据仓库为例说明如何处理源数据中没有度量的需求。我们将建立一个无事实的事实表，用来统计每天发布的新产品数量。产品源数据不包含产品数量信息，如果系统需要得到历史某一天新增产品的数量，无事实的事实表技术是可选的实现方案之一。使用此技术可以通过持续跟踪产品发布事件来计算产品数量。可以创建一个只有产品（计什么数）和日期（什么时候计数）维度代理键的事实表。之所以叫无事实的事实表，是因为表本身并没有数字型度量值。这里定义的新增产品是指在某一给定日期源产品表中新插入的产品记录，不包括由于 SCD2 新增的产品版本记录。

9.4.1　建立新产品发布的无事实的事实表

在数据仓库模式中新建一个产品发布的无事实的事实表 product_count_fact，该表中只包含两个字段，分别是引用日期维度表和产品维度表的外键，同时这两个字段也构成了无事实的事实表的逻辑主键。图 9-11 显示了跟踪产品发布数量的数据仓库模式（只显示与无事实的事实表相关的表）。

执行下面的脚本，在数据仓库模式中创建产品发布无事实的事实表。从字段定义看，产品维度表中的生效日期就是新产品的发布日期。本示例中无事实的事实表的数据装载没有行级更新需求，所以该表使用 CSV 文本存储格式。

```
use dw;
```

```
create table product_count_fact (product_sk int, product_launch_date_sk int)
row format delimited fields terminated by ',' stored as textfile;
```

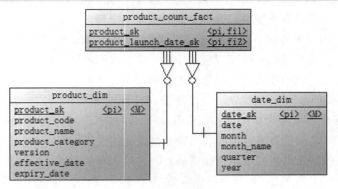

图 9-11　无事实的事实表

9.4.2　初始装载无事实的事实表

创建如图 9-12 所示的 Kettle 转换，向无事实的事实表装载已有的产品发布日期代理键。

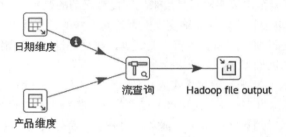

图 9-12　初始装载无事实的事实表的转换

"日期维度"表输入步骤中的 SQL 查询日期维度表的代理键和日期值：

```
select date_sk, dt from dw.date_dim
```

"产品维度"表输入步骤中的 SQL 查询产品维度表的代理键和产品首次发布日期：

```
select product_sk, effective_date from dw.product_dim where version=1
```

"流查询"步骤的设置如图 9-13 所示。该步骤从"产品维度"获得产品首次发布日期，在"日期维度"步骤中寻找匹配的行，从而将 date_sk 字段从"日期维度"步骤传递到"流查询"步骤的输出流中。本例因为每个产品发布日期在日期维度表中都能找到，每次查询都会成功，所以不需要设置 date_sk 的默认值。现实场景中可能要查询的数据在查找表中没有，建议使用一个容易识别的默认值。

最后的"Hadoop file output"步骤将输出流数据生成无事实的事实表所对应的 HDFS 文件 /user/hive/warehouse/dw.db/product_count_fact/product_count_fact，字段为 product_sk 和 date_sk。在"内容"标签页中，分隔符为逗号，格式选择 LF terminated (Unix)，编码选择 UTF-8，其他属性为空。

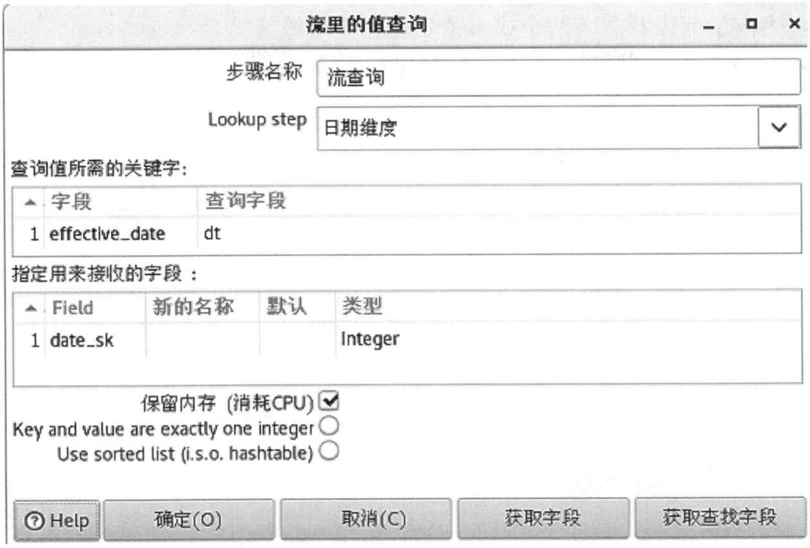

流里的值查询

| 步骤名称 | 流查询 |
| Lookup step | 日期维度 |

查询值所需的关键字：

	字段	查询字段
1	effective_date	dt

指定用来接收的字段：

	Field	新的名称	默认	类型
1	date_sk			Integer

保留内存 (消耗CPU) ☑
Key and value are exactly one integer ○
Use sorted list (i.s.o. hashtable) ○

| ⑦ Help | 确定(O) | 取消(C) | 获取字段 | 获取查找字段 |

图 9-13   "流查询"步骤

转换中使用的流查询步骤，支持从各种数据源和其他步骤查询数据，但只允许做等值查询。在一些场景下，如维度数据和事实数据能同时准备好，先使用"表输入"步骤获取每个业务键最后一个版本的维度数据，然后用"流查询"步骤把"表输入"步骤的结果作为输入，这是用 Kettle 查询大型维度表的最快方式。

这种方法速度快，是因为查询集里只包括了实际需要的记录。若客户维度有三百万行记录（包括历史记录），当前最新版本的数据可能只占总数的 1/3（这是很普遍的情况），所以只要用流查询步骤在一百万行数据中查找就可以了。即使是同样多的数据行，使用流查询步骤也要快一些。

有一种与流查询相关的、不太常见但是很重要的情况：一个步骤可能导致整个转换被挂起，如图 9-14 所示。

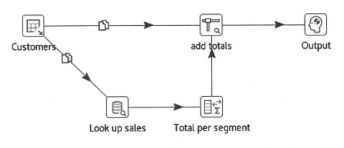

图 9-14   一个会被挂起的转换

这个转换要把一个客户的消费合计数追加到客户记录里，可能是用于统计每个客户的消费百分比。该转换的问题是从 Customers 步骤出来的数据既用于主数据流，也用于流查询步骤使用的查询数据流。在这种情况下，流查询步骤会在全部接收完查询数据流里的所有数据后，才开始进行查询，如果查询数据流里的数据没有结束，流查询步骤就会一直读取。转换开始后，流查询步骤会阻塞主数据流，一直接收查询数据流里的数据，等待查询数据流里的数据直到结束。此时，流查询步骤和 Customers 步骤之间的缓存会被填满，导致 Customers 步骤不能再继续发送数据给查询数据流。

这样整个转换就进入了死锁状态，两个或多个步骤在互相等待。

可以把转换改成图 9-15 所示的样子，让转换读取数据源两次，避免循环引用。也可以把一个转换分成两个转换，将查询数据保存在临时文件或数据库表中。

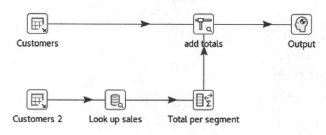

图 9-15　通过读两次数据源解决死锁问题

9.4.3　修改定期装载 Kettle 作业

只需要将初始装载产品数量无事实的事实表的转换，合并到定期装载 Kettle 作业中，如图 9-16 所示。

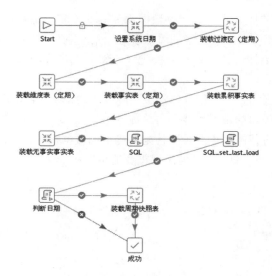

图 9-16　增加装载产品数量无事实的事实表的转换

注意，需要加在装载维度表作业项之后，因为需要使用最新的产品维度表数据。转换要做两点修改：一是只查询新发布的产品，因此"产品维度"步骤中的 SQL 可改为下面的查询语句，并且勾选"替换 sql 语句中的变量"属性；二是在"Hadoop file output"步骤生成的文件名中添加 ${PRE_DATE} 变量以实现增量装载。

```
select product_sk, effective_date
 from dw.product_dim
where version=1 and effective_date = '${PRE_DATE}'
```

9.4.4　测试定期装载作业

（1）修改源数据库的产品表数据。可以做两点修改：新增一个产品；更改一个已有产品的名称。

```
-- mysql
use source;
update product set product_name = 'Regular Hard Disk Drive' where
product_code=1;
insert into product values (5, 'High End Hard Disk Drive', 'Storage');
commit;
```

（2）执行定期装载作业。

（3）上一步执行成功后，查询产品发布无事实的事实表，确认定期装载执行正确。此时的结果应该只是增加了一条新产品记录，原有数据没有变化。

无事实的事实表是没有任何度量的事实表，本质上是一组维度的交集。用这种事实表记录相关维度之间存在多对多关系，但是关系上没有数字或者文本的事实。无事实的事实表为数据仓库设计提供了更多的灵活性。再次考虑学生上课的应用场景，使用一个由学生、时间、课程三个维度键组成的无事实的事实表，可以很容易地回答如下问题：

● 有多少学生在某天上了给定的一门课程？
● 在某段时间里，一名给定学生每天所上课程的平均数是多少？

9.5　迟到的事实

数据仓库通常建立于一种理想的假设情况下，就是数据仓库的度量（事实记录）与度量的环境（维度记录）同时出现在数据仓库中。当同时拥有事实记录和正确的当前维度行时，就能够从容地首先维护维度键，然后在对应的事实表行中使用这些最新的键。然而，各种各样的原因会导致需要 ETL 系统处理迟到的事实数据。例如，某些线下业务，数据进入操作型系统的时间会滞后于事务发生的时间。再或者出现某些极端情况，如源数据库系统出现故障，直到恢复后才能补上故障期间产生的数据。

在销售订单示例中，晚于订单日期进入源数据的销售订单，可以看作一个迟到事实的例子。销售订单数据被装载进其对应的事实表时，装载日期晚于销售订单产生的日期，因此是一个迟到的事实。本例中因为定期装载的是前一天的数据，所以这里的"晚于"是指事务数据延迟两天或以上才到达 ETL 系统。

必须对标准 ETL 过程进行特殊修改以处理迟到的事实。首先，当迟到度量事件出现时，不得不反向搜索维度表历史记录，以确定事务发生时间点的有效维度代理键，因为当前的维度内容无法匹配输入行的情况。此外，还需要调整后续事实行中的所有半可加度量，例如由于迟到的事实导致客户当前余额的改变。迟到事实可能还会引起周期快照事实表的数据更新。考虑前面 9.2 节讨论的月销售周期快照表，如果 2020 年 10 月的销售订单金额已经计算并存储在 month_end_sales_order_ fact 快照表中，这时一个迟到的 10 月订单在 11 月某天被装载，那么 2020 年 10 月的快照金额必须因迟到事实而重新计算。

下面就以销售订单数据仓库为例，说明如何处理迟到的事实。

9.5.1 修改数据仓库模式

回忆一下 9.2 节中建立的月销售周期快照表，其数据源自已经处理过的销售订单事务事实表。为了确定事实表中的一条销售订单记录是否迟到，需要把源数据中的登记日期列装载进销售订单事实表，所以要在销售订单事实表上添加登记日期代理键列。累积快照事实表数据由事务事实表行转列而来，因此也要相应增加登记日期代理键列。

执行下面的脚本，在销售订单事实表和累积快照事实表里添加名为 entry_date_sk 的日期代理键列。对于销售订单事实表，新增列会加到表的最后一列。对于累积快照事实表，由于它是分区表，新增列会加到分区列 flag 之前、其他已存在的普通列之后。

```
use dw;
alter table sales_order_fact
add columns (entry_date_sk int comment '登记日期代理键');
alter table sales_order_fact_accumulate
add columns (entry_date_sk int comment '登记日期代理键');
alter table sales_order_fact_accumulate_tmp
add columns (entry_date_sk int comment '登记日期代理键');
```

9.5.2 修改定期装载 Kettle 转换

在给事实表添加了登记日期代理键列以后，需要修改数据仓库定期装载转换来装载登记日期。将定期装载销售订单事实表转换中数据库连接步骤的 SQL 修改为：

```
select a.order_number, b.customer_sk, c.product_sk, d.date_sk,
a.order_amount,
     a.quantity order_quantity, e.date_sk request_delivery_date_sk,
f.sales_order_attribute_sk, g.customer_zip_code_sk, h.shipping_zip_code_sk,
a.order_status, j.date_sk entry_date_sk
 from rds.sales_order a, dw.customer_dim b, dw.product_dim c, dw.date_dim d,
     dw.date_dim e, dw.sales_order_attribute_dim f,dw.customer_zip_code_dim g,
     dw.shipping_zip_code_dim h, rds.customer i, dw.date_dim j
where a.customer_number = b.customer_number
  and a.status_date >= b.effective_date and a.status_date < b.expiry_date
  and a.product_code = c.product_code
  and a.status_date >= c.effective_date and a.status_date < c.expiry_date
  and to_date(a.status_date) = d.dt
  and to_date(a.request_delivery_date) = e.dt
  and a.verification_ind = f.verification_ind
  and a.credit_check_flag = f.credit_check_flag
  and a.new_customer_ind = f.new_customer_ind
  and a.web_order_flag = f.web_order_flag
  and a.customer_number = i.customer_number
```

```
and i.customer_zip_code = g.customer_zip_code
and a.status_date >= g.effective_date and a.status_date < g.expiry_date
and i.shipping_zip_code = h.shipping_zip_code
and a.status_date >= h.effective_date and a.status_date < h.expiry_date
and a.entry_date >= ? and a.entry_date < ?
and to_date(a.entry_date) = j.dt
```

增加了 dw.date_dim j 表别名和 to_date(a.entry_date) = j.dt 连接条件，用于获取登记日期代理键 j.date_sk。sales_order 源数据表及其对应的过渡表中都已经含有登记日期，只是以前没有将其装载进数据仓库。相应的 "ORC output" 步骤的 "Fields" 中，最后也要增加 entry_date_sk 字段。

累积快照事实表的装载同样也要增加登记日期代理键字段。在 "读取活动分区" 转换中，表输入步骤的 SQL 改为：

```
select order_number, customer_sk, product_sk, order_date_sk,
order_amount,order_quantity,
    request_delivery_date_sk, sales_order_attribute_sk, customer_zip_code_sk,
        shipping_zip_code_sk, allocate_date_sk, allocate_quantity,
packing_date_sk,
        packing_quantity, ship_date_sk, ship_quantity, receive_date_sk,
receive_quantity,
        entry_date_sk
  from dw.sales_order_fact_accumulate
  where flag='active'
```

在 "ORC output" 步骤中增加 entry_date_sk 字段。"数据合并与分区" 转换中的 "查询事实表增量数据" 数据库连接步骤、"字段选择" 步骤、"查询活动分区数据" 表输入步骤、"分组" 步骤中的构成分组的字段、"ORC output" 和 "ORC output 2" 步骤均增加 entry_date_sk 字段。

本节开头曾提到，需要为迟到的事实行获取事务发生时间点的有效维度代理键。在 SQL 中，使用销售订单过渡表的状态日期字段，限定当时的维度代理键。例如，为了获取事务发生时的客户代理键，筛选条件为：

```
status_date >= customer_dim.effective_date and status_date <
customer_dim.expiry_date
```

之所以可以这样做，原因在于本示例满足以下两个前提条件：在最初源数据库的销售订单表中，status_date 存储的是状态发生时的时间；维度的生效时间与过期时间构成一条连续且不重叠的时间轴，任意 status_date 日期只能落到唯一的生效时间、过期时间区间内。

9.5.3　修改装载月销售周期快照事实表的作业

迟到的事实记录会对周期快照中已经生成的月销售汇总数据产生影响，因此必须做适当的修改。月销售周期快照表存储的是某月某产品汇总的销售数量和销售金额，表中有月份代理键、产品代理键、销售金额、销售数量四个字段。由于迟到事实的出现，需要将事务事实表中的数据划分为三类：非迟到的事实记录；迟到的事实，但周期快照表中尚不存在相关记录；迟到的事实，并且周期快照表中已经存在相关记录。对这三类事实数据的处理逻辑各不相同，前两类数据需要汇总后插

入快照表，而第三种情况需要更新快照表中的现有数据。对图 9-2 所示装载周期快照表作业中的
SQL 作业项脚本进行修改：

```
use dw;

drop table if exists tmp;
create table tmp as
select a.order_month_sk order_month_sk, a.product_sk product_sk,
    a.month_order_amount + b.order_amount month_order_amount,
    a.month_order_quantity + b.order_quantity month_order_quantity
 from month_end_sales_order_fact a,
    (select d.month_sk month_sk, a.product_sk product_sk,
sum(order_amount) order_amount, sum(order_quantity) order_quantity
    from sales_order_fact a, date_dim b, date_dim c, month_dim d
    where a.order_date_sk = b.date_sk and a.entry_date_sk <=> c.date_sk
    and c.month = ${MONTH} and c.year = ${YEAR} and b.month = d.month
    and b.year = d.year and b.dt <> c.dt
    group by d.month_sk , a.product_sk) b
where a.product_sk = b.product_sk and a.order_month_sk = b.month_sk;

delete from month_end_sales_order_fact
where exists (select 1 from tmp t2
        where month_end_sales_order_fact.order_month_sk =
t2.order_month_sk
        and month_end_sales_order_fact.product_sk = t2.product_sk);

insert into month_end_sales_order_fact select * from tmp;

insert into month_end_sales_order_fact
select d.month_sk, a.product_sk, sum(order_amount), sum(order_quantity)
 from sales_order_fact a, date_dim b, date_dim c, month_dim d
where a.order_date_sk = b.date_sk and a.entry_date_sk <=> c.date_sk
and c.month = ${MONTH} and c.year = ${YEAR} and b.month = d.month and b.year
= d.year
    and not exists (select 1 from month_end_sales_order_fact p
        where p.order_month_sk = d.month_sk and p.product_sk =
a.product_sk)
    group by d.month_sk, a.product_sk;
```

按事务发生时间的先后顺序，先处理第三种情况。为了更新周期快照表数据，需要创建一个
临时表。子查询用于从销售订单事实表中获取所有上个月录入的、并且是迟到的数据行的汇总。用
b.dt <> c.dt 作为判断迟到的条件。在本示例中实际可以去掉这条判断语句，因为只有迟到事实会对
已有的快照数据造成影响。外层查询把具有相同产品代理键和月份代理键的迟到事实的汇总数据，
加到已有的快照数据行上，临时表中存储这个查询的结果。注意，产品代理键和月份代理键共同构
成了周期快照表的逻辑主键，可以唯一标识一条记录。之后使用先删除、后插入的方式更新周期快
照表，从周期快照表删除数据的操作也以逻辑主键匹配作为过滤条件。

　　之后对第一、二类数据统一处理。使用相关子查询获取所有上个月新录入的，并且在周期快照事实表中尚未存在的产品销售月汇总数据，插入到周期快照表中。销售订单事实表的粒度是每天，而周期快照事实表的粒度是每月，因此必须使用订单日期代理键对应的月份代理键进行比较。注意脚本中的 a.entry_date_sk <=> c.date_sk，销售订单事实表中已有数据的 entry_date_sk 为 NULL，而对于含有 NULL 的等值比较使用<=>操作符。关于该操作符的比较规则参见 8.1.3 小节。

　　本示例中，迟到事实对月周期快照表数据的影响逻辑并不是很复杂。当逻辑主键（月份代理键）和产品代理键的组合匹配时，将会从销售订单事实表中获取的销售数量和销售金额汇总值，累加到月周期快照表对应的数据行上，否则将新的汇总数据添加到月周期快照表中。这个逻辑非常适合使用 merge into 语句。例如，在 Oracle 中，month_sum.sql 文件可以写成如下样子：

```
declare
pre_month_date date;
month1 int;
year1 int;

begin
select add_months(sysdate,-1) into pre_month_date from dual;
select extract(month from pre_month_date), extract(year from pre_month_date)
into month1, year1
 from dual;

merge into month_end_sales_order_fact t1
using (select d.month_sk month_sk, a.product_sk product_sk,
        sum(order_amount) order_amount, sum(order_quantity) order_quantity
     from sales_order_fact a, order_date_dim b, entry_date_dim c, month_dim
d
     where a.order_date_sk = b.order_date_sk and a.entry_date_sk =
c.entry_date_sk
        and c.month = month1 and c.year = year1 and b.month = d.month and b.year
= d.year
      group by d.month_sk , a.product_sk) t2
   on (t1.order_month_sk = t2.month_sk and t1.product_sk = t2.product_sk)
   when matched then
   update set t1.month_order_amount = t1.month_order_amount + t2.order_amount,
           t1.month_order_quantity = t1.month_order_quantity +
t2.order_quantity
   when not matched then
     insert (order_month_sk, product_sk, month_order_amount,
month_order_quantity)
     values (t2.month_sk, t2.product_sk, t2.order_amount, t2.order_quantity);

commit;

end;
/
```

Hive 从 2.2 版本开始支持 merge into 语句；而 CDH 6.3 中的 Hive 是 2.1.1 版本，尚未支持该语法。

9.5.4　测试

（1）把销售订单事实表的 entry_date_sk 字段修改为 order_date_sk 字段的值。这些登记日期键是后面测试月快照数据装载所需要的。

① 创建一个临时表，存储销售订单事实表的全量数据。

```
use dw;
drop table if exists tmp;
create table tmp as select * from sales_order_fact;
```

② 删除销售订单事实表对应的 HDFS 目录下的所有文件。

```
hdfs dfs -rm -skipTrash /user/hive/warehouse/dw.db/sales_order_fact/*
```

③ 执行如图 9-17 所示的转换，重新装载销售订单事实表数据。

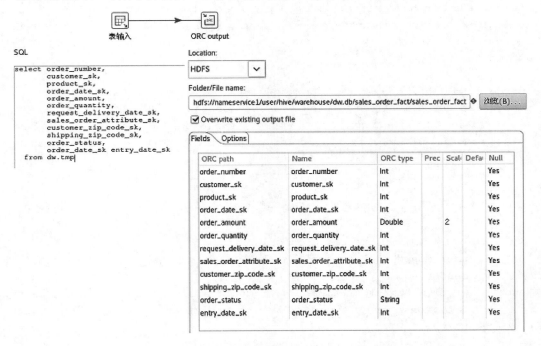

图 9-17　重新全量装载销售订单事实表的转换

（2）执行定期装载脚本前，先查询周期快照事实表和销售订单事实表。之后可以对比'前'（不包含迟到事实）'后'（包含了迟到事实）的数据，以确认装载的正确性。

① 查询周期快照事实表。

```
-- 查询
select year, month, product_name, month_order_amount amt, month_order_quantity
```

```
qty
    from month_end_sales_order_fact a, month_dim b, product_dim c
where a.order_month_sk = b.month_sk and a.product_sk = c.product_sk
 order by year , month , product_name;

-- 结果
...
2020      10      flat panel         45431.00      215
2020      10      floppy drive       14928.00       51
2020      10      hard disk drive    76179.00      248
2020      10      keyboard           40246.00      159
```

② 查询销售订单事实表。

```
-- 查询
select product_name, sum(order_amount)
 from sales_order_fact a, product_dim b
where a.product_sk = b.product_sk
group by product_name
order by product_name;

-- 结果
flat panel       55820.00
floppy drive     296566.00
hard disk drive  390421.00
keyboard         42357.00
```

（3）执行下面的脚本，准备销售订单测试数据。

```
use source;
insert into sales_order values
/* 迟到 */
(151, 145, 6, 2, 'y', 'y', 'y', 'n', '2020-10-25 01:01:01', 'N',
'2020-10-30', '2020-11-22 01:01:01', 1000, 10),
(152, 146, 6, 1, 'y', 'y', 'y', 'n', '2020-10-26 01:01:01', 'N',
'2020-10-30', '2020-11-22 01:01:01', 1000, 10),
/* 正常 */
(153, 147, 6, 5, 'y', 'n', 'y', 'n', '2020-11-22 01:01:01', 'N',
'2020-11-30', '2020-11-22 01:01:01', 2000, 20);

commit;
```

在销售订单源数据表中，插入三个新的订单记录：第一个是迟到的订单，并且销售的产品在周期快照表中已经存在；第二个也是迟到的订单，但销售的产品在周期快照表中不存在；第三个是非迟到的正常订单。这里需要注意的是，产品维度是 SCD2 处理的，所以在添加销售订单源数据时新增订单时间一定要在产品维度的生效与过期时间区间内。

（4）执行定期装载作业。

修改时间戳表，将 last_load 改为前一天，然后执行定期装载作业。

```
update rds.cdc_time set last_load='2020-11-22';
```

（5）设置 Kettle 所在服务器的系统日期为下月 1 号 date -s "2020-12-01 `date +%T`"，然后手动执行装载周期快照表的 Kettle 作业。

（6）执行与第（2）步相同的查询，获取包含了迟到事实的月底销售汇总数据，对比'前''后'查询的结果，确认数据装载正确。

① 查询周期快照事实表。

```
-- 查询
select year, month, product_name, month_order_amount amt, month_order_quantity qty
  from month_end_sales_order_fact a, month_dim b, product_dim c
where a.order_month_sk = b.month_sk and a.product_sk = c.product_sk
  order by year , month , product_name;

-- 结果
...
2020    10    flat panel                45431.00     215
2020    10    floppy drive              15928.00      61
2020    10    hard disk drive           77179.00     258
2020    10    keyboard                  40246.00     159
2020    11    High End Hard Disk Drive   2000.00      20
2020    11    flat panel                10389.00     108
2020    11    floppy drive               9080.00     165
2020    11    hard disk drive           47860.00     520
2020    11    keyboard                   2111.00      28
```

② 查询销售订单事实表。

```
-- 查询
select product_name, sum(order_amount)
  from sales_order_fact a, product_dim b
where a.product_sk = b.product_sk
group by product_name
order by product_name;

-- 结果
High End Hard Disk Drive   2000.00
flat panel                55820.00
floppy drive             297566.00
hard disk drive          391421.00
keyboard                  42357.00
```

从查询结果可以看到，10 月的快照数据由于迟到事实已经更新，11 月快照正常装载。测试后同步 NTP 服务器还原系统日期：

```
ntpdate 182.118.58.129
```

9.6　累积度量

累积度量指的是聚合从序列内第一个元素到当前元素的数据，例如统计从每年的一月到当前月份的累积销售额。本节将说明如何在销售订单示例中实现累积月销售数量和金额，并对数据仓库模式、初始装载、定期装载 Kettle 作业和转换做相应修改。累积度量是半可加的，而且它的初始装载比前面实现的要复杂一些。

9.6.1　修改模式

建立一个新的名为 month_end_balance_fact 的事实表，用来存储销售订单金额和数量的月累积值。month_end_balance_fact 表在模式中构成了另一个星型模式。新的星型模式除了包括这个新的事实表，还包括两个其他星型模式中已有的维度表，即产品维度表与月份维度表。图 9-18 所示为新的模式，这里只显示了相关的表。

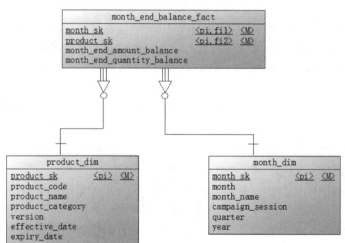

图 9-18　累积度量

下面的脚本用于创建 month_end_balance_fact 表。

```
use dw;
create table month_end_balance_fact
(month_sk int, product_sk int,
month_end_amount_balance decimal(10,2), month_end_quantity_balance int)
row format delimited fields terminated by ',' stored as textfile;
```

因为对此事实表只有追加数据的操作，没有 update、delete 等行级更新需求，所以这里没有用 ORC 文件格式，而是采用了 CSV 文本存储格式。

9.6.2 初始装载

现在要把 month_end_sales_order_fact 表里的数据装载进 month_end_balance_fact 表。图 9-19 显示了初始装载 month_end_balance_fact 表的转换。

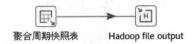

聚合周期快照表　　　　Hadoop file output

图 9-19　初始装载累积度量表

转换中表输入步骤的 SQL 如下：

```
select a.month_sk, b.product_sk,
    sum(b.month_order_amount) month_order_amount,
    sum(b.month_order_quantity) month_order_quantity
 from dw.month_dim a,
    (select a.*, b.year, b.month, max(a.order_month_sk) over () max_month_sk
     from dw.month_end_sales_order_fact a, dw.month_dim b
    where a.order_month_sk = b.month_sk) b
where a.month_sk <= b.max_month_sk and a.year = b.year and b.month <= a.month
group by a.month_sk , b.product_sk
```

此脚本查询累积的月销售订单汇总数据，从每年的 1 月累积到当月，累积数据不跨年。子查询获取 month_end_sales_order_fact 表的数据，及其年月和最大月份代理键。外层查询汇总每年一月到当月的累积销售数据，a.month_sk <= b.max_month_sk 条件用于限定只统计到现有的最大月份为止。

在关系型数据库中，出于性能方面的考虑，此类需求往往使用自连接查询方法，而不用这种子查询的方式。在 Hive 中，子查询是唯一的选择，原因有两个：第一，Hive 中两个表 join 连接时，不支持关联字段的非相等操作，而累积度量需求显然需要类似<=的比较条件，当 join 中有非相等操作时，会报 "Both left and right aliases encountered in JOIN ..." 错误；第二，如果是内连接，我们可以将<=比较放到 where 子句中，避开 Hive 的限制，但这不适合累积度量的场景。假设有产品 1 在 1 月有销售，2 月没有销售，那么产品 1 在 2 月的累积销售值应该从 1 月继承。如果使用内连接，用 a.product_sk=b.product_sk 做连接条件，就会过滤掉产品 1 在 2 月的累积数据行，这显然是不合理的。

这里也没有使用 Kettle 里的数据库连接或流查询步骤。如果使用数据库连接步骤，那么对数据流中的每一行执行一次 Hive 查询速度太慢。流查询步骤又只支持等值连接，不适用于累积度量。所以只能在一个表输入步骤中利用 SQL 查询执行所有逻辑。"Hadoop file output" 步骤将查询结果输出到 month_end_balance_fact 表所对应的 HDFS 目录。可在执行完转换后查询 month_end_sales_order_fact 和 month_end_balance_fact 表，确认初始装载是否正确。

```
-- 周期快照
select b.year year, b.month month, a.product_sk psk,
a.month_order_amount amt, a.month_order_quantity qty
 from month_end_sales_order_fact a, month_dim b
where a.order_month_sk = b.month_sk and a.product_sk > 2
```

```
cluster by year, month, psk;

+-------+--------+------+-----------+------+
| year  | month  | psk  | amt       | qty  |
+-------+--------+------+-----------+------+
| 2020  | 10     | 4    | 45431.00  | 215  |
| 2020  | 10     | 5    | 40246.00  | 159  |
| 2020  | 11     | 4    | 10389.00  | 108  |
| 2020  | 11     | 5    | 2111.00   | 28   |
| 2020  | 11     | 7    | 2000.00   | 20   |
+-------+--------+------+-----------+------+

-- 累积度量
select b.year year, b.month month, a.product_sk psk,
    a.month_end_amount_balance amt, a.month_end_quantity_balance qty
 from month_end_balance_fact a, month_dim b
where a.month_sk = b.month_sk and a.product_sk > 2
cluster by year, month, psk;

+-------+--------+------+-----------+------+
| year  | month  | psk  | amt       | qty  |
+-------+--------+------+-----------+------+
| 2020  | 10     | 4    | 45431.00  | 215  |
| 2020  | 10     | 5    | 40246.00  | 159  |
| 2020  | 11     | 4    | 55820.00  | 323  |
| 2020  | 11     | 5    | 42357.00  | 187  |
| 2020  | 11     | 7    | 2000.00   | 20   |
+-------+--------+------+-----------+------+
```

可以看到，2020 年 10 月的商品销售金额和数量被累积到了 2020 年 11 月。产品 4 和产品 5 累加了 10、11 两个月的销售数据，产品 7 只有 11 月有销售。

9.6.3 定期装载

定期装载转换的步骤和初始装载一样，只需要做两点修改。

第一个修改点是将表输入步骤中的 SQL 改为如下形式：

```
select order_month_sk month_sk, product_sk,
    sum(month_order_amount) month_order_amount,
sum(month_order_quantity) month_order_quantity
 from (select a.* from dw.month_end_sales_order_fact a, dw.month_dim b
    where a.order_month_sk = b.month_sk and b.year = ${YEAR} and b.month =
${MONTH}
    union all
    select month_sk + 1 order_month_sk, product_sk product_sk,
        month_end_amount_balance month_order_amount,
```

```
        month_end_quantity_balance month_order_quantity
    from dw.month_end_balance_fact a
    where a.month_sk in (select max(case when ${MONTH} = 1 then 0 else month_sk
end)
                from dw.month_end_balance_fact)) t
group by order_month_sk, product_sk
```

子查询将累积度量表和月周期快照表做并集操作，增加上月的累积数据。最外层查询执行销售数据按月和产品的分组聚合。最内层的 case 语句用于在每年 1 月重新归零再累积。

第二个修改是将"Hadoop file output"步骤输出的文件名中加上年月值：month_end_balance_fact_${YEAR}${MONTH}。

该转换每个月执行一次，装载上个月的数据。可以在执行完月周期快照表定期装载后执行该脚本，年月参数值由周期快照表装载作业提供。修改后的定期装载作业如图 9-20 所示。

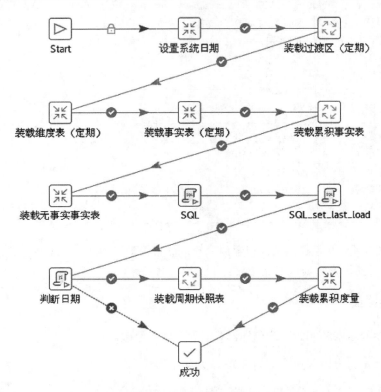

图 9-20　添加装载累积度量的转换

9.6.4　测试定期装载

1. 测试非 1 月的装载

（1）执行下面的命令，向 month_end_sales_order_fact 表添加两条记录。

```
insert into dw.month_end_sales_order_fact values
(36,5,1000,10),(36,7,1000,10);
```

（2）将转换中的${YEAR}、${MONTH}替换为2020、12，手动执行累积度量定期装载转换。

（3）查询 month_end_balance_fact 表，确认累积度量数据装载正确。

```
select b.year year, b.month month, a.product_sk psk,
    a.month_end_amount_balance amt, a.month_end_quantity_balance qty
 from month_end_balance_fact a, month_dim b
where a.month_sk = b.month_sk and a.product_sk > 2
cluster by year, month, psk;


+-------+--------+------+-----------+------+
| year  | month  | psk  |    amt    | qty  |
+-------+--------+------+-----------+------+
| 2020  | 10     | 4    | 45431.00  | 215  |
| 2020  | 10     | 5    | 40246.00  | 159  |
| 2020  | 11     | 4    | 55820.00  | 323  |
| 2020  | 11     | 5    | 42357.00  | 187  |
| 2020  | 11     | 7    | 2000.00   | 20   |
| 2020  | 12     | 4    | 55820.00  | 323  |
| 2020  | 12     | 5    | 43357.00  | 197  |
| 2020  | 12     | 7    | 3000.00   | 30   |
+-------+--------+------+-----------+------+
```

2. 测试 1 月的装载

（1）使用下面的命令向 month_end_sales_order_fact 表添加一条记录，month_sk 的值是 37，指的是 2021 年 1 月。

```
insert into dw.month_end_sales_order_fact values (37,3,1000,10);
```

（2）使用下面的命令向 month_end_balance_fact 表添加一条记录。

```
insert into dw.month_end_balance_fact values (36,3,1000,10);
```

（3）将转换中的${YEAR}、${MONTH}替换为2021、1，手动执行累积度量定期装载转换。

（4）查询 month_end_balance_fact 表，确认累积度量数据装载正确。

```
select b.year year, b.month month, a.product_sk psk,
    a.month_end_amount_balance amt, a.month_end_quantity_balance qty
 from month_end_balance_fact a, month_dim b
where a.month_sk = b.month_sk and a.product_sk > 2
cluster by year, month, psk;


+-------+--------+------+-----------+------+
| year  | month  | psk  |    amt    | qty  |
+-------+--------+------+-----------+------+
| 2020  | 10     | 4    | 45431.00  | 215  |
| 2020  | 10     | 5    | 40246.00  | 159  |
| 2020  | 11     | 4    | 55820.00  | 323  |
| 2020  | 11     | 5    | 42357.00  | 187  |
```

```
| 2020  | 11     | 7    | 2000.00    | 20   |
| 2020  | 12     | 3    | 1000.00    | 10   |
| 2020  | 12     | 4    | 55820.00   | 323  |
| 2020  | 12     | 5    | 43357.00   | 197  |
| 2020  | 12     | 7    | 3000.00    | 30   |
| 2021  | 1      | 3    | 1000.00    | 10   |
+-------+--------+------+------------+------+
```

9.6.5　查　询

累积度量必须小心使用，因为它是"半可加"的。一个半可加度量在某些维度（通常是时间维度）上是不可加的。例如，可以通过产品正确地累加月底累积销售金额：

```
select year, month, sum(month_end_amount_balance) s
 from month_end_balance_fact a, month_dim b
where a.month_sk = b.month_sk
group by year, month
cluster by year, month;


+-------+--------+-------------+
| year  | month  |     s       |
+-------+--------+-------------+
| 2020  | 3      | 98109.00    |
| 2020  | 4      | 149874.00   |
| 2020  | 5      | 239345.00   |
| 2020  | 6      | 382840.00   |
| 2020  | 7      | 470511.00   |
| 2020  | 8      | 528575.00   |
| 2020  | 9      | 538940.00   |
| 2020  | 10     | 717724.00   |
| 2020  | 11     | 789164.00   |
| 2020  | 12     | 792164.00   |
| 2021  | 1      | 1000.00     |
+-------+--------+-------------+
```

通过月份累加月底金额，结果如下：

```
select product_name, sum(month_end_amount_balance) s
 from month_end_balance_fact a, product_dim b
where a.product_sk = b.product_sk
group by product_name;


+----------------------------+-------------+
|       product_name         |     s       |
+----------------------------+-------------+
| High End Hard Disk Drive   | 5000.00     |
| flat panel                 | 157071.00   |
| floppy drive               | 2112829.00  |
```

```
| hard disk drive        | 2305386.00 |
| keyboard               | 125960.00  |
| lcd panel              | 2000.00    |
+------------------------+------------+
```

虽然，以上查询结果是错误的。正确的结果应该和下面在 month_end_sales_order_fact 表上进行的查询结果相同。

```
select product_name, sum(month_order_amount) s
 from month_end_sales_order_fact a, product_dim b
where a.product_sk = b.product_sk
group by product_name;

+------------------------+------------+
|      product_name      |     s      |
+------------------------+------------+
| High End Hard Disk Drive | 3000.00  |
| flat panel             | 55820.00   |
| floppy drive           | 297566.00  |
| hard disk drive        | 391421.00  |
| keyboard               | 43357.00   |
| lcd panel              | 1000.00    |
+------------------------+------------+
```

9.7　小　结

本章介绍了五种多维数据仓库中常见的事实表技术，分别是周期快照、累积快照、无事实的事实表、迟到的事实和累积度量。针对每种技术，首先讲解它的相关概念和使用场景，然后通过销售订单示例给出 Kettle 的具体实现及其测试过程。

事务事实表、周期快照事实表和累积快照事实表是多维数据仓库中常见的三种事实表。定期历史数据可以通过周期快照获取；细节数据被保存到事务粒度事实表中；对于具有多个定义良好里程碑的处理工作流，则可以使用累积快照。无事实的事实表是没有任何度量的事实表，本质上是一组维度的交集；用这种事实表记录的相关维度之间存在多对多关系，但是关系上没有数字或者文本的事实。无事实的事实表为数据仓库设计提供了更多的灵活性。迟到的事实指的是到达 ETL 系统的时间晚于事务发生时间的度量数据。必须对标准的 ETL 过程进行特殊修改以处理迟到的事实，需要确定事务发生时间点的有效维度代理键，还要调整后续事实行中的所有半可加度量。此外，迟到事实可能还会引起周期快照事实表的数据更新。累积度量指的是聚合从序列内第一个元素到当前元素的数据，它是半可加的，因此对其执行聚合计算时要格外注意分组的维度。

下一章将从纯粹的技术视角介绍 Kettle 在性能和可扩展性方面的三个主题，即并行、集群与分区。

第 10 章

并行、集群与分区

前面章节详细说明了使用 Kettle 的转换和作业实现 Hadoop 上多维数据仓库的 ETL 过程。通常 Hadoop 集群存储的数据量是 TB 级到 PB 级，如果 Kettle 要处理这么多的数据，就必须考虑如何有效使用所有的计算资源，并在一定时间内获取执行结果。

作为本书的最后一章，本章将深入介绍 Kettle 转换和作业的垂直和水平扩展。垂直扩展是尽可能使用单台服务器上的多个 CPU 核，水平扩展是尽可能使用多台计算机，使它们并行计算。本章首先讲解转换内部的并行机制和多种垂直扩展方法，然后说明怎样在子服务器集群环境下进行水平扩展，最后描述如何利用 Kettle 的数据库分区功能进一步提高并行计算的性能。

10.1 数据分发方式与多线程

在 1.3 节 "Kettle 基本概念" 中，我们知道了转换的基本组成部分是步骤，而且各个步骤是并行执行的。现在将更深入解释 Kettle 的多线程能力，以及应该如何通过这种能力垂直扩展一个转换。

默认情况下，转换中的每个步骤都在一个隔离的线程里并行执行，但可以为任何步骤增加线程数，我们也称之为 "拷贝"。这种方法能够提高那些消耗大量 CPU 时间的转换步骤的性能。来看一个简单的例子，在图 10-1 中，"×2" 符号表示该步骤将有两份拷贝同时运行。在 Kettle 转换界面上右击步骤，选择菜单中的 "改变开始复制的数量" 命令，在弹出的对话框中设置步骤线程数。

图 10-1　在多个拷贝下运行一个步骤

注意所有步骤拷贝只维护一份步骤的描述。也就是说，一个步骤仅是一个任务的定义，而一个步骤拷贝则表示一个实际执行任务的线程。

10.1.1　数据行分发

在 Kettle 转换中，各步骤之间行集（row set）的发送有分发和复制两种方式，我们用一个简单的例子辅助说明。定义一个转换，以 t1 表作为输入，输出到表 t2 和 t3。t1 表中有 1~10 十个整数。当创建第二个跳（hop）时，会弹出一个警告对话框，如图 10-2 所示。

图 10-2　一个警告对话框

表输入步骤将向两个表输出步骤发送数据行，此时可以选择采用分发或复制两种方式之一，默认为分发方式。以分发方式执行后，t2、t3 表的数据如下：

```
mysql> select * from t2;        mysql> select * from t3;
+------+                        +------+
| a  |                          | a  |
+------+                        +------+
|   1 |                         |   2 |
|   3 |                         |   4 |
|   5 |                         |   6 |
|   7 |                         |   8 |
|   9 |                         |  10 |
+------+                        +------+
5 rows in set (0.00 sec)        5 rows in set (0.00 sec)
```

本例中，"表输入"步骤里的记录发送给两个"表输出"步骤。默认情况下，分发工作使用轮询方式进行。也就是第一个表输出步骤获取第一条记录，第二个表输出步骤获取第二条记录，如此循环，直到没有记录分发为止。

复制方式是将全部数据行发送给所有输出跳，例如同时往数据库表和文件里写入数据。本例以复制方式执行后，t2、t3 表都将具有 t1 表的全部 10 行数据。通常情况下，每一条记录仅仅处理一次，所以复制的情况使用比较少。下面看一下多线程分发的情况。在图 10-3 所示的转换中，输入为单线程，两个输出中一个为单线程、另一个为两线程。

图 10-3　两个表输出步骤拥有不同的线程数

转换执行后，t2、t3 表的数据如下。输入线程轮询分发，单线程输出每次写一行，两线程输出每次写两行。

```
mysql> select * from t2;          mysql> select * from t3;
+------+                          +------+
| a  |                            | a  |
+------+                          +------+
|   1 |                           |   3 |
|   4 |                           |   6 |
|   7 |                           |   2 |
|  10 |                           |   9 |
+------+                          |   5 |
4 rows in set (0.00 sec)          |   8 |
                                  +------+
                                  6 rows in set (0.00 sec)
```

在图 10-4 所示的转换中，输入为单线程，两个输出均为两线程。

图 10-4　两个表输出步骤均为两线程

转换执行后，t2、t3 表的数据如下。输入线程向两个输出步骤轮询分发数据行，两个输出步骤都是每次写两行。

```
mysql> select * from t2;          mysql> select * from t3;
+------+                          +------+
| a  |                            | a  |
+------+                          +------+
|   2 |                           |   4 |
|   6 |                           |   3 |
|   1 |                           |   8 |
|  10 |                           |   7 |
|   5 |                           +------+
|   9 |                           4 rows in set (0.00 sec)
+------+
6 rows in set (0.00 sec)
```

10.1.2　记录行合并

前面的例子都是表输入步骤为单线程的情况。当有几个步骤或者一个步骤的多份拷贝同时发送给单个步骤拷贝时，会发生记录行合并，如图 10-5 所示。

图 10-5　合并记录行

转换执行后，t2、t3 表的数据如下。

```
mysql> select * from t2;        mysql> select * from t3;
+------+                        +------+
| a    |                        | a    |
+------+                        +------+
|    1 |                        |    2 |
|    3 |                        |    4 |
|    5 |                        |    6 |
|    7 |                        |    8 |
|    9 |                        |   10 |
|    1 |                        |    2 |
|    3 |                        |    4 |
|    5 |                        |    6 |
|    7 |                        |    8 |
|    9 |                        |   10 |
+------+                        +------+
10 rows in set (0.00 sec)        10 rows in set (0.00 sec)
```

可以看到，每个输入线程都以分发方式并行将数据行依次发给每个输出跳，结果 t2 表数据为两倍的单数、t3 表数据为两倍的双数。从"表输出"步骤来看，并不是依次从每个数据源逐条读取数据行。如果这样做就会导致比较严重的性能问题，比如一个步骤输送数据很慢而另一个步骤输送数据很快。实际上数据行都是从前面步骤批量读取的，因此也不能保证从前面步骤的多个拷贝中读取记录的顺序！

10.1.3　记录行再分发

记录行再分发是指 X 个步骤拷贝把记录行发送给 Y 个步骤拷贝，如图 10-6 所示。

图 10-6　记录行再分发

在本例中，两个表输入步骤拷贝都把记录行分发给四个目标表输出步骤拷贝。这个结果等同于图 10-7 所示的转换。可以看出，在表输入和表输出步骤之间有 X×Y 个行缓冲区。本例中两个源步骤和八个目标步骤之间有 16 个缓冲区（箭头）。设计转换时要记住一点：如果在转换末端有很慢的步骤，那么这些缓存可能被填满，从而增加内存消耗。默认情况下，最大缓冲区的记录行数是 10000，所以内存中能保存的记录行总数是 160000 行。可在转换属性杂项标签页中的"记录集合里的记录数"属性，设置每个缓冲区所缓存的记录行数。

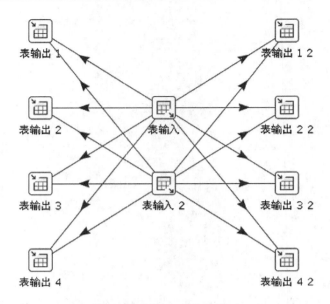

图 10-7 记录行再分发展开

转换执行后，t2、t3 表的数据如下。输出为四线程，因此输入的第一个线程将前四行发送到输出 1，然后将接着的四行发送到输出 2，再将接着的四行（此时只剩两行）发送到输出 1。输入的第二个线程也同样执行这样的过程。最终 t2 表里有两个 1、2、3、4、9、10，t3 表里有两个 5、6、7、8。

```
mysql> select * from t2;        mysql> select * from t3;
+------+                        +------+
| a    |                        | a    |
+------+                        +------+
|    2 |                        |    8 |
|    3 |                        |    7 |
|    4 |                        |    6 |
|   10 |                        |    7 |
|    3 |                        |    8 |
|    4 |                        |    5 |
|    1 |                        |    6 |
|    2 |                        |    5 |
|    9 |                        +------+
|    1 |                        8 rows in set (0.00 sec)
|   10 |
|    9 |
+------+
12 rows in set (0.00 sec)
```

由前面这些例子，可以总结出分发方式下的执行规律：每个输入步骤线程执行相同的工作，即轮流向每个输出步骤发送数据行，每次发送的行数等于相应输出步骤的线程数。但是，输入步骤与输出步骤的线程数相等时不符合这个规律。不要以为这是一个 bug，即使它很像，其实这是 Kettle

故意为之，称为数据流水线。

10.1.4 数据流水线

数据流水线是再分发的一种特例，其中源步骤和目标步骤的拷贝数相等（X==Y）。此时，前面步骤拷贝的记录行不是分发到后面所有的步骤拷贝。实际上，由源步骤的拷贝产生的记录行被发送到具有相同编号的目标步骤拷贝。图 10-8 所示是这种转换的例子，在技术上等同于图 10-9 所示的转换。

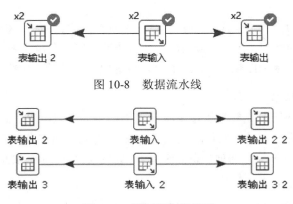

图 10-8 数据流水线

图 10-9 数据流水线展开

转换执行后，t2、t3 表的数据与图 10-5 所示的转换执行结果相同。从现象看，输入输出线程数相等时，结果如同 X 个独立的单线程转换。

分发和合并记录的过程会产生一点性能开销。通常情况下，最好让连续步骤的拷贝数相等，这样可以减少开销。这种减少步骤之间开销的过程也可形象地比喻为将数据放进游泳池的泳道，彼此之间不受干扰。

10.1.5 多线程的问题

通过前面的学习，我们知道了一个多线程转换中所有步骤拷贝都并行运行。接下来看这种执行模式可能产生的一些问题，以及如何解决这些问题。

1. 数据库连接

如果用多线程软件处理数据库连接，推荐的方法是在转换执行过程中，为每个线程创建单一连接，使得每个步骤拷贝都使用它们自己的事务或者事务集，这也正是 Kettle 的默认配置。但有一个潜在的后果：如果在同一转换里使用同一个数据库资源，如一个表或一个视图，就很容易产生条件竞争问题。

一个常见的错误场景就是，在前面的步骤里向一个关系型数据库表里写入数据，在随后的步骤里再读取这些数据。因为这两个步骤使用不同的数据库连接，而且是不同的事务，所以不能确保第一个步骤写入的数据对其他正在执行读操作的步骤可见。

解决这个问题的简单方案是，把这个转换分成两个不同的转换，然后将数据保存在临时表或文件中。另外一个方案是，强制让所有步骤使用单一数据库连接（仅一个事务），启用转换设置对话框"杂项"标签页中的"使用唯一连接"选项。"使用唯一连接"选项意味着该 Kettle 转换里用到的每个命名数据库都使用一个连接,直到转换执行完后才提交或者回滚事务。也就是说,在执行过程中完全没有错误才提交,有任何错误都回滚。注意,如果错误被错误处理步骤处理了,事务就不会回滚。使用这个选项的缺点是会降低转换的性能,原因之一是可能产生大事务。另外,如果所有步骤和数据库的通信都由一个步骤的数据库连接来完成,那么在服务器端也只有一个服务器进程(如 Oracle)或线程(如 MySQL)来处理请求。

2. 执行的顺序

由于所有步骤并行执行,因此转换中的步骤没有特定的执行顺序,但是数据集成过程中仍然有些工作需要按某种顺序执行。在大多数情况下都是通过创建一个作业来解决这个问题,使任务可以按特定的顺序执行。在 Kettle 转换中,也有些步骤强制按某种顺序执行,下面有两个技巧。

（1）"执行 SQL 脚本"步骤

想在转换中的其他步骤开始前先执行一段 SQL 脚本时,可以使用"执行 SQL 脚本"步骤。正常模式下,这个步骤将在转换的初始化阶段执行 SQL,也就是说它优先于其他步骤执行。如果选中了这个步骤里的"执行每一行"选项,那么该步骤不会提前执行,而是按照在转换中的顺序执行。

（2）"Blocking step"步骤

如果希望所有的数据行都达到某个步骤后才开始执行一个操作,就可以使用"Blocking step"步骤。该步骤的默认配置是丢弃最后一行以外的所有数据,然后把最后一行数据传递给下一个步骤。这条数据将触发后面的步骤执行某个操作,这样就能确保在后面步骤处理之前所有数据行已经在前面步骤处理完。

10.1.6　作业中的并行执行

默认情况下,作业中的作业项按顺序执行,必须等待一个作业项执行完成后才开始执行下一个。然而,正如 1.3.3 小节所述,在作业里也可以并行执行作业项。在并行执行的情况下,一个作业项之后的多个作业项同时执行,由不同线程启动每个并行执行的作业项。例如,希望并行更新多张维度表时,可以按照图 10-10 的方式设计,选择 Start 作业项后右击,选择快捷菜单中的"Run Next Entries in Parallel"选项。

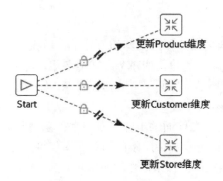

图 10-10　并行更新多张维度表

10.2 Carte 子服务器

子服务器是 Kettle 的组成模块，用来远程执行转换和作业，物理上体现为 Carte 进程。Carte 是一个轻量级的服务进程，可以支持远程监控，并为转换提供集群（在下一节介绍）的能力。子服务器是一个小型的 HTTP 服务器，也是集群的最小组成模块，用来接收远程客户端的命令，这些命令用于作业和转换的部署、管理与监控。

在 1.3.7 小节中曾经提到，Carte 程序用于子服务器远程执行转换和作业。启动子服务器需要指定主机名或 IP 地址，以及 Web 服务的端口号。下面在 Kettle 8.3 版本上通过一个具体的例子描述子服务器的配置、创建、使用和监控。示例环境如下：

- 172.16.1.102：创建 Carte 子服务器。
- 172.16.1.101：创建转换，并在 172.16.1.102 的子服务器上远程执行。

10.2.1 创建 Carte 子服务器

在 172.16.1.102 上执行下面的步骤创建子服务器。

1. 创建配置文件

在 Kettle 的早期版本里，通过命令行来指定配置选项。随着配置选项数目的增加，Kettle 最近的版本使用 XML 格式的配置文件。例如，创建如下内容的配置文件 slave1.xml，描述一台子服务器的所有属性。

```
<slave_config>
  <max_log_lines>0</max_log_lines>
  <max_log_timeout_minutes>0</max_log_timeout_minutes>
  <object_timeout_minutes>5</object_timeout_minutes>

  <slaveserver>
    <name>server1</name>
    <hostname>172.16.1.102</hostname>
    <port>8181</port>
  </slaveserver>
</slave_config>
```

<slaveserver>节点里描述了子服务器的主机名和监听端口。另外，在配置文件里还可以配置子服务器的其他属性，用于优化像 Carte 这样长时间运行的服务器进程的内存使用。

- max_log_lines：设置日志系统保存在内存中的最大日志行数，0 表示不限制。
- max_log_timeout_minutes：设置保存在内存中的日志行的最大存活时间（分钟），0 表示永不超时。对于运行时间很长的转换和作业，这是一个非常重要的选项，可以防止子服务器内存溢出。
- object_timeout_minutes：默认情况下，在子服务器的状态报告中可以看到所有转换和作业，这个参数可以自动从状态报告列表中清除超过这个时间配置（分钟）的条目。0 表示永不超时。

2. 启动子服务器

```
./carte.sh ~/kettle_hadoop/slave1.xml
```

命令执行在控制台输出的最后信息如下，表示子服务器已经启动成功。

```
...
2020/12/03 09:32:32 - Carte - Installing timer to purge stale objects after
5 minutes.
2020/12/03 09:32:33 - Carte - 创建 web 服务监听器 @ 地址: 172.16.1.102:8181
```

10.2.2　定义子服务器

在 172.16.1.101 的 Kettle 中定义 10.2.1 小节创建的子服务器。在 Spoon 左侧的"主对象树"标签页中，右击"子服务器"树节点，选择"新建"命令，然后在弹出的新建对话框中填入子服务器的具体属性，如图 10-11 所示。其中，用户名和密码都是 cluster。定义完子服务器后，可右击"server1"树节点，然后选择"Share"命令共享该子服务器，以便被所有转换和作业使用。

图 10-11　定义子服务器

10.2.3　远程执行

在 172.16.1.101 的 Kettle 中执行以下步骤远程执行转换。

1. 新建运行配置

在 Spoon 左侧的"主对象树"标签页中，右击"Run configurations"树节点，选择"New..."命令。在弹出的对话框中配置运行属性，如图 10-12 所示。选择 Pentaho 作为运行转换的引擎时，运行配置对话框的设置部分包含以下选项：

- Local：选择本地 Pentaho 引擎运行。
- Slave server：选择此选项可将转换发送到远程服务器或 Carte 集群。

- Location：指定远程服务器的位置。
- Send resources to this server：远程执行前会将转换发送到子服务器。此选项是将转换的相关资源（例如引用的其他文件）也包含在发送到服务器的信息中。

图 10-12 配置运行属性

2. 远程执行转换

在执行转换时弹出的"执行转换"对话框里，指定要运行转换的远程子服务器，如图 10-13 中的 server1。如果作业或转换被另一个作业调用，就可以在作业或转换作业项的对话框里选择一个远程子服务器，此时作业或转换作业项即可远程执行。

图 10-13 选择远程子服务器

所谓远程执行，只是将本地定义的转换或作业的元数据及其相关资源传到远程子服务器上，然后在子服务器上执行。转换或作业中用到的对象（如数据库连接等），必须在其运行的远程子服务器的 Kettle 中已经定义，否则不能正常执行。

10.2.4 监视子服务器

有以下几种方法可以远程监视子服务器。

- Spoon：在 Spoon 树形菜单中右击子服务器，选择"Monitor"选项，就会在 Spoon 中出现一个监控界面，其中包含了所有运行在子服务器上的转换和作业的列表，如图 10-14 所示。
- Web 浏览器：打开一个浏览器窗口，输入子服务器的地址，例如 http://172.16.1.102:8181/，浏览器将显示一个子服务器菜单。通过这些菜单项，可以监控子服务器。
- PDI 企业控制台：这是 PDI 企业版的一部分，企业控制台提供了监控和控制子服务器的功能。
- 自定义的应用：每个子服务器都以 URL 方式提供服务，返回的结果是 XML 格式的数据，可以通过它与子服务器通信。如果使用了 Kettle 的 Java 库，还可以利用 Kettle 的 XML 接口来解析这些 XML。

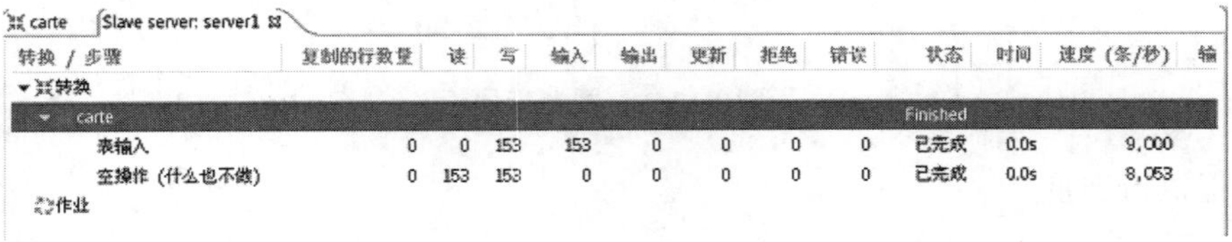

转换 / 步骤	复制的行数量	读	写	输入	输出	更新	拒绝	错误	状态	时间	速度 (条/秒)	输
▼ 转换												
▼ carte									Finished			
表输入	0	0	153	153	0	0	0	0	已完成	0.0s	9,000	
空操作 (什么也不做)	0	153	153	0	0	0	0	0	已完成	0.0s	8,053	
作业												

图 10-14　在 Spoon 中监视子服务器

此外，从子服务器在控制台终端打印的日志可以看到转换或作业的执行信息。

10.2.5 Carte 安全

默认情况下 Carte 使用简单的 HTTP 认证，在文件 pwd/kettle.pwd 中定义了用户名和密码，初始值都是 cluster。可以执行下面的步骤修改密码。

1. 生成密码的混淆字符串

明文密码可以利用 Kettle 自带的 encr 工具来混淆，需要使用-carte 选项，例如：

```
sh encr.sh -carte Password4Carte
OBF:1ox61v8s1yf41v2p1pyr1lfe1vgt1vg1l1c41pvv1v1p1yf21v9u1oyc
```

2. 将混淆字符串追加到密码文件中

使用文本编辑器将上一步返回的字符串追加到密码文件中用户名的后面：

```
Someuser: OBF:1ox61v8s1yf41v2p1pyr1lfe1vgt1vg1l1c41pvv1v1p1yf21v9u1oyc
```

OBF:前缀告诉 Carte 这个字符串是被混淆的。如果不想混淆这个文件中的密码，也可以像下面这样指定明文密码：

```
Someuser:Password4Carte
```

需要注意的是，密码是被混淆，而不是被加密。Kettle 的 encr 算法仅仅是让密码更难识别，但绝不是不能识别。如果一个软件能读取这个密码，必须假设别的软件也能读取这个密码，因此应该给这个密码文件一些合适的权限，防止他人未经授权访问 kettle.pwd 文件能降低密码被破解的风险。

10.2.6　服务

子服务器对外提供了一系列服务，如表 10-1 所示。这些服务位于 Web 服务的/kettle/URI 下面，在我们的例子里就是 http://172.16.1.102:8181/kettle/。所有服务都有 xml=Y 选项返回 XML，以供客户端解析。表 10-1 说明了服务所使用的 org.pentaho.di.www 包里的类。

表10-1　子服务器服务

服务名称	描述	参数	Java 类
status	返回所有转换和作业的状态		SlaveServerStatus
transStatus	返回一个转换的状态并且列出所有步骤的状态	name（转换名称） from line（增量日志的开始记录行）	SlaveServerTransStatus
prepareExecution	准备转换，完成所有步骤的初始化工作	name（转换名称）	WebResult
startExec	执行转换	name（转换名称）	WebResult
startTrans	一次性初始化和执行转换。虽然方便，但是不适用在集群执行环境下，因为初始化需要在集群上同时执行	name（转换名称）	WebResult
pauseTrans	暂停或者恢复一个转换	name（转换名称）	WebResult
stopTrans	终止一个转换的执行	name（转换名称）	WebResult
addTrans	向子服务器中添加一个转换，客户端需要提交 XML 形式的转换给 Carte		TransConfiguration WebResult
allocateSocket	在子服务器上分配一个服务器套接字。更多内容参考下一节"集群转换"		
sniffStep	获取一个正在运行的转换中经过某个步骤的所有数据行	trans（转换名称） step（步骤名称） copy（步骤的拷贝号） line（获取行数） type（输入还是输出）	<step-sniff>XML 包含了一个 RowMeta 对象以及一组序列化的数据行
startJob	开始执行作业	name（作业名称）	WebResult

（续表）

服务名称	描述	参数	Java 类
stopJob	终止执行作业	name（作业名称）	WebResult
addJob	向子服务器中添加一个作业，客户端需要提交 XML 形式的作业给 Carte		JobConfiguration WebResult
jobStatus	获取单个作业的状态并列出作业下所有作业项的状态	name（作业名称）from（增量日志的开始记录行）	SlaveServerJobStatus
registerSlave	把一个子服务器注册到主服务器上（参考下一节"集群转换"部分），需要客户端把子服务器的 XML 提交给主服务器		SlaveServerDetection WebResult（reply）
getSlaves	获得主服务器下的所有子服务器列表		`<SlaveServerDetections>` 节点下包含了几个 SlaveServerDetection 节点
addExport	把导出的.zip 格式的作业或转换传送给子服务器，文件保存为服务器的临时文件。客户端给 Carte 服务器提交 zip 文件的内容。这个方法总是返回 XML		WebResult 里包含了临时文件的 URL

10.3　集群转换

集群技术可以用来水平扩展转换，使它们能以并行的方式运行在多台服务器上。转换的工作可以平均分到不同的服务器上。一个集群模式包括一个主服务器和多个子服务器，其中主服务器是集群的控制器。只有在集群模式中才有主服务器和子服务器的概念，作为控制器的 Carte 服务器就是主服务器，其他 Carte 服务器都是子服务器。本节将介绍怎样配置和执行一个转换，让其运行在多台机器的集群之上。

集群模式也包含元数据，描述了主服务器和子服务器之间怎样通信。Carte 服务器之间通过 TCP/IP 套接字传递数据。之所以选择 TCP/IP 而不用 Web Services 作为数据交换的方式，是因为后者比较慢，而且会带来不必要的性能开销。

10.3.1　定义一个静态集群

在定义一个集群模式前，需要先定义一些子服务器。按照上一节的方法，我们已经定义了三个子服务器。其中，master 是主服务器，这是通过在子服务器对话框中勾选"是主服务器吗？"选项设置的，如图 10-15 所示。此外，不需要给 Carte 传递任何特别的参数。图 10-15 中所示的 slave1、 slave2 为另外两个子服务器。

图 10-15 构成 Kettle 集群的三个子服务器

定义完子服务器，右击图 10-5 所示的"Kettle 集群 schemas"节点，然后选择"新建"选项，在配置窗口里设置集群模式的所有选项。至少选择一个服务器作为主服务器（控制器），并选择一个或更多个子服务器，如图 10-16 所示。

图 10-16 集群 schemas 对话框

这里有几个重要的选项。

- 端口：在服务器之间传递数据的最小的 TCP/IP 端口号，是一个起始端口号。如果集群转换需要 50 个端口，从初始端口号到初始端口号+50 之间的所有端口都会被使用。
- Sockets 缓存大小：缓存大小用来使子服务器之间的通信更通畅。不要把这个值设置得太大，否则数据传输过程可能比较波动。
- Sockets 刷新间隔（rows）：进行 Socket 通信时，传递的数据行可能保存在 Socket 的缓存中。这里要设置一个刷新间隔，缓存中的数据行积累到一定数量，转换引擎就会执行 flush 操作，强制把数据推送给对方服务器。这个参数的大小取决于子服务器之间的网络速度和延迟。
- Sockets 数据是否压缩：设置子服务器之间传输的数据是否需要压缩。对于相对较慢的网络（如 10Mbps），可以设置这个选项。设置该选项会导致集群转换变慢，因为压缩和解压数据流需要 CPU 时间。在网络不是瓶颈时,最好不启用这个选项。

● Dynamic cluster: 如果设置了这个选项,Kettle 会在主服务器上自动搜寻子服务器列表来动态构建集群。

10.3.2 设计集群转换

设计一个集群转换,需要先设计一个普通的转换,再在转换里创建一个集群模式,然后选择希望通过集群方式运行的步骤。右击这个步骤选择集群,选择完步骤要运行的集群模式后转换将变成图 10-17 所示的样子。

图 10-17 一个集群转换

这个转换从表中读取数据,然后排序,再将数据写入一个文本文件。执行集群转换时,所有被定义成集群运行(在图 10-17 中有"C×2"标志)的步骤都在这个集群的子服务器上运行,而那些没有集群标识的步骤都在主服务器上运行。本例中"表输入"和"排序记录"两个步骤会在两个子服务器上并行执行,而"排序合并"和"文本文件输出"两个步骤只在主服务器上执行。

注意,在图 10-17 中,"排序记录"步骤使用了两个不同的子服务器并行排序,所以就有两组排好序的数据行依次返回给主服务器。因为后面的步骤接收这两组数据,所以还要在后面步骤里把这两组数据再排序,由"排序合并"步骤来完成这个工作,它从所有的输入步骤中逐行读取记录,然后进行多路合并排序。没有这个步骤,并行排序的结果是错误的。

只有当转换中至少要有一个步骤被指定运行在一个集群上,这个转换才是一个集群转换。为了调试和开发,集群转换可以在 Spoon 的执行对话框中以非集群的方式执行。一个转换中只能使用一个集群。

10.3.3 执行和监控

按以下步骤执行集群转换。

1. 新建运行配置

在 Spoon 左侧的"主对象树"标签页中,右击"Run configurations"树节点,选择"New..."命令,在弹出的窗口中配置运行属性,如图 10-18 所示。对比图 10-12 所示的远程执行设置,这里的 Location 选择集群,并出现两个新选项:

● Log remote execution locally: 显示来自集群节点的日志。
● Show transformations: 显示集群运行时生成的转换。

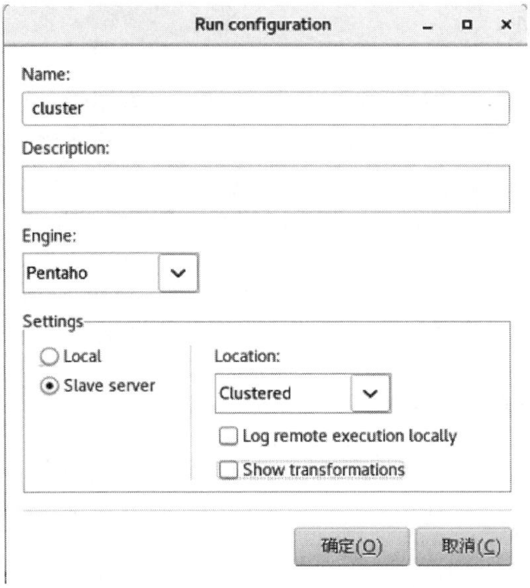

图 10-18　配置集群运行属性

2. 执行集群转换

在执行转换时弹出的"执行转换"对话框里，指定要运行转换的集群运行配置，如本例中的 cluster，然后启动转换。

在 Spoon 树形菜单中右击"Kettle 集群 schemas"下的集群名称，选择弹出菜单中的"Monitor all slave servers"，会在 Spoon 中出现一个所有主、子服务器的监控界面，每个服务器一个标签页，包含了所有运行在相应服务器上的转换和作业列表。本例集群中的三个服务器如图 10-19 所示。

最后输出的文本文件在 master 服务器上生成。与远程执行一样，从各主、子 Carte 服务器在控制台终端打印的日志也可看到转换或作业的执行信息。

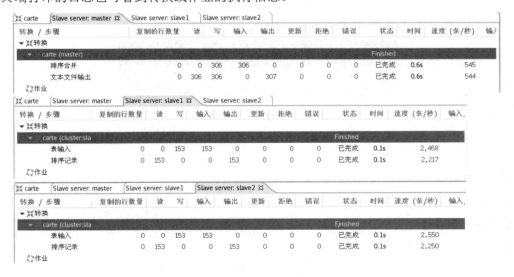

图 10-19　集群服务器监控页面

10.3.4 元数据转换

主服务器和子服务器运行的并不是一样的转换，它们由一个叫作元数据转换（Metadata Transformations）的翻译流程所产生。在 Spoon 中设计的原始转换的元数据被切分成多个转换，重新组织，再增加额外信息，最后发送给目标子服务器。

元数据转换将一个 Kettle 转换分成以下三种类型：

- 原始转换：用户在 Spoon 中设计的集群转换。
- 子服务器转换：源自原始转换，运行在一个特定子服务器上的转换。集群里的每个子服务器都会有一个子服务器转换。
- 主服务器转换：源自原始转换，运行在主服务器上的转换。

在图 10-17 所示的集群例子中，生成了两个子服务器转换和一个主服务器转换。勾选集群运行配置中的"Show transformations"选项，将在集群转换运行时显示生成的转换。图 10-20 显示了本例的主服务器转换，图 10-21 显示了本例的子服务器转换。

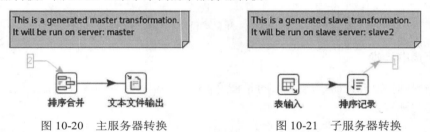

图 10-20　主服务器转换　　　　　　　图 10-21　子服务器转换

浅灰色编号的区域说明在步骤里有远程输入或输出连接，称之为远程步骤（Remote Steps）。在我们的例子里，有两个子服务器把数据从"排序记录"步骤发送到"排序合并"步骤。这意味着两个"排序记录"步骤都有一个远程输出步骤，并且"排序合并"步骤有两个远程输入步骤。如果将鼠标悬置到这个浅灰色的矩形内，将会获取更多关于该远程步骤的信息，还有分配的端口号，如图 10-22 所示。

图 10-22　远程步骤上的提示信息

1. 规则

可以想象，操作这些元数据转换时有很多可能性。以下几个通用的规则可确保逻辑操作正确：

- 如果一个步骤被配置成集群方式运行，就会被复制到一个子服务器转换。
- 如果一个步骤没有被配置成集群运行，就会被复制到一个主服务器转换。
- 发送数据给一个集群步骤的步骤被定义为远程输出步骤（发送数据通过 TCP/IP sockets）。
- 从一个集群步骤接收数据的步骤被定义为远程输入步骤（接收数据通过 TCP/IP sockets）。

下面的规则用于处理集群里一些更加复杂的功能：

- 多份拷贝的步骤也可以在集群方式下运行。在这种情况下，远程输入和输出步骤将分发给不同的步骤拷贝。因为拷贝在远程机器上运行，所以太多的步骤拷贝没有意义。
- 一般情况下，集群转换要尽量简单，这样更容易分析生成的转换。
- 当一个步骤要从特定步骤里读取数据（信息步骤）时，可在生成的转换里使用 "Socket Reader" 和 "Socket Writer" 步骤来做这个工作。

2. 数据流水线

在 Carte 服务器之间交换的数据越多，转换就会越慢。理想情况下应该按照从头到尾并行执行的方式来组织数据。例如，处理 100 个 XML 文件会比处理一个单一的大文件更容易，因为在多份文件情况下数据能够被并行读取。

与 10.1.4 小节介绍的数据流水线或数据泳道同理，作为通用的规则，要使集群转换获取好的性能，应尽量让转换简单。在同一子服务器上，尽可能在泳道里做更多的事情，以减少服务器之间的数据传输。

10.3.5　配置动态集群

有静态和动态两种类型的 Kettle 集群。静态集群有一个固定的模式，它指定一个主服务器和两个或多个子服务器。动态集群中仅需要指定主服务器，子服务器则通过配置文件动态注册到主服务器。以下步骤配置并执行一个一主两从的动态集群转换。

（1）创建主服务器配置文件 master.xml。

```xml
<slave_config>
  <max_log_lines>0</max_log_lines>
  <max_log_timeout_minutes>0</max_log_timeout_minutes>
  <object_timeout_minutes>5</object_timeout_minutes>

  <slaveserver>
    <name>master</name>
    <hostname>172.16.1.102</hostname>
    <port>8181</port>
    <username>cluster</username>
    <password>cluster</password>
    <master>Y</master>
  </slaveserver>
</slave_config>
```

（2）创建子服务器配置文件 slave1.xml。

```xml
<slave_config>
  <max_log_lines>0</max_log_lines>
  <max_log_timeout_minutes>0</max_log_timeout_minutes>
  <object_timeout_minutes>5</object_timeout_minutes>

  <masters>
```

```
    <slaveserver>
      <name>master</name>
      <hostname>172.16.1.102</hostname>
      <port>8181</port>
      <username>cluster</username>
      <password>cluster</password>
      <master>Y</master>
    </slaveserver>
  </masters>

  <report_to_masters>Y</report_to_masters>

  <slaveserver>
    <name>slave1</name>
    <hostname>172.16.1.103</hostname>
    <port>8181</port>
    <username>cluster</username>
    <password>cluster</password>
    <master>N</master>
  </slaveserver>
</slave_config>
```

masters 节点定义一个或多个负载均衡 Carte 实例以管理此子服务器。slaveserver 节点包含有关此 Carte 子服务器实例的信息。

（3）启动主服务器。

```
./carte.sh ~/kettle_hadoop/master.xml
```

（4）启动子服务器。

```
./carte.sh ~/kettle_hadoop/slave1.xml
```

（5）按照第（2）、（4）步骤创建并启动第二个子服务器。

（6）在 Spoon 中新建一个动态集群，如图 10-23 所示。

图 10-23　建立动态集群

勾选"Dynamic cluster"选项表示配置动态集群，与静态集群不同，子服务器列表中只加入了master。

（7）修改图 10-17 所示的转换，步骤选择动态集群，如图 10-24 所示。

图 10-24   动态集群转换

此时会看到"表输入"和"排序记录"步骤的左上角出现"C×N"标志，说明这些步骤将在集群的所有子服务器上运行。

（8）以集群方式执行转换。

10.4   数据库分区

分区是一个非常笼统的术语，广义地讲就是将数据拆分成多个部分。在数据集成和数据库方面，分区指拆分表或数据库。表可以划分成不同的"表分区"（table partions），数据库可以划分成不同的分片（shards）。

除数据库外，也可以把文本或 XML 文件分区，例如按照每家商店或区域分区。由于数据集成工具需要支持各种分区技术，因此 Kettle 中的分区被设计成与源数据和目标数据无关。

分区是 Kettle 转换引擎的核心，每当一个步骤把数据行使用"分发模式"发送给多个目标步骤时，本质就是在进行分区。分发模式的分区使用"轮询"的方式。实际上这种方式并不比随机发送好多少，它也不是本节要讨论的一个分区方法。

我们讨论的 Kettle 分区，是指 Kettle 可以根据一个分区规则，把数据发送到某个特定步骤拷贝的能力。在 Kettle 里，一组给定的分区集叫作分区模式（partitioning schema），规则本身叫作分区方法（partitioning method）。分区模式要么包含一组命名分区列表，要么简单地包含几个分区。分区方法本身不是分区模式的一部分。

下面介绍 Kettle 8.3 中数据库分区的使用。

10.4.1   在数据库连接中使用集群

在 Kettle 的数据库连接对话框中，可以定义数据库分区，如图 10-25 所示。

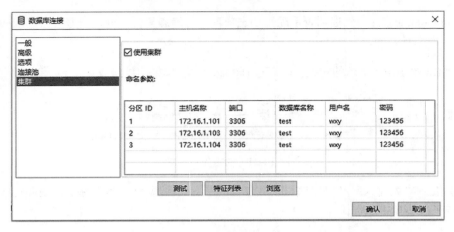

图 10-25　在数据库连接中配置集群

在"集群"选项页中勾选"使用集群"，然后定义三个分区。这里的分区实际指的是数据库实例，需要指定自定义的分区 ID，数据库实例的主机名（IP）、端口、数据库名、用户名和密码。定义分区的目的是，为了从某一个分区甚至某一个物理数据库读取和写入数据。一旦在数据库连接里定义了数据库分区，就可以基于这个信息创建一个分区 schema。

在"一般"选项页中，只需要指定连接名称、连接类型和连接方式，"设置"选项组中的选项都可以为空，如图 10-26 所示。Kettle 假定所有的分区都是同一数据库类型和连接类型。

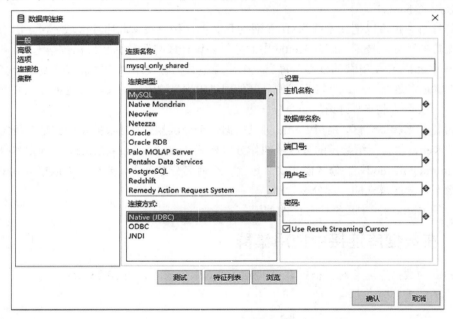

图 10-26　使用集群的数据库连接

定义好分区后单击"测试"按钮，结果如图 10-27 所示。

图 10-27　测试数据库集群连接

10.4.2　创建数据库分区 schemas

在"主对象树"的"数据库分区 schemas"上右击，选择"新建"命令，在弹出的窗口中设置"分区 schema 名称"，然后单击"导入分区"按钮，如图 10-28 所示。

图 10-28　配置数据库分区 schemas

选择上一小节定义的数据库连接 mysql_only_shared，单击"确定"按钮后将导入已经定义好的三个数据库分区，如图 10-29 所示。

图 10-29　导入数据库分区

单击"OK"按钮保存配置，这样就定义了一个名为 shared_source 的数据库分区 schema。再用同样的方法定义一个名为 shared_target 的数据库分区 schema，所含分区也从 mysql_only_shared导入。

至此，我们已经定义了一个包含三个分区的数据库连接，并将分区信息导入到两个数据库分区 schema，如图 10-30 所示。现在可以在任何步骤里面应用这两个数据库分区 schema（也就是使用这个分区的数据库连接）。Kettle 将为每个数据库分区产生一个步骤拷贝，并且它将连接到物理数据库。

图 10-30　两个数据库分区模式

10.4.3　启用数据库分区

右击步骤，选择"分区..."菜单项，此时会弹出一个对话框，选择使用哪个分区方法，如图10-31 所示。分区方法可以是下面的一种：

● **None：**不使用分区，标准的"Distribute rows"（轮询）或"Copy rows"（复制）规则被

应用。

- Mirror to all partitions: 使用已定义的数据库分区 schema 中的所有分区。
- Remainder of division: Kettle 标准的分区方法。通过分区编号除以分区数目，产生的余数被用来决定记录行将发往哪个分区。例如，在一个记录行里，如果有 "73" 标识的用户身份，而且有 3 个分区定义，则这个记录行属于分区 1，编号 30 属于分区 0，编号 14 属于分区 2。需要指定基于分区的字段。

选择 "Mirror to all partitions"，在弹出的窗口中选择已定义的分区 schema，如图 10-32 所示。

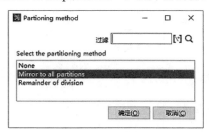 

图 10-31　选择分区方法　　　　　10-32　选择分区模式

经过此番设置后，该步骤就将以分区方式执行，如图 10-33 所示。

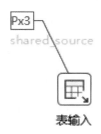

图 10-33　使用数据库分区的表输入步骤

10.4.4　数据库分区示例

（1）将三个 MySQL 实例的数据导入到另一个 MySQL 实例，转换如图 10-34 所示。

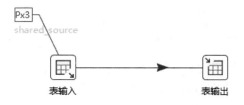

图 10-34　表输入使用分区

"表输入"步骤连接的是 mysql_only_shared。因为是按分区方式执行，所以实际读取的是三个分区的数据。表输出使用的是一个标准的单实例数据库连接。该转换执行的逻辑为：

```
db1.t1 + db2.t1 + db3.t1 -> db4.t4
```

转换执行的结果是将三个 MySQL 实例的数据导入到另一个 MySQL 实例。如果将表输入步骤连接到一个标准的单实例数据库，虽然数据库连接本身没有使用集群，但是依然会为每个分区复制一份步骤，其结果等同于三线程的复制分发。

（2）将一个 MySQL 实例的数据分发到三个 MySQL 实例，转换如图 10-35 所示。

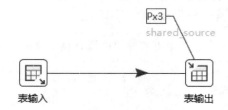

图 10-35　表输出使用分区

表输出步骤连接的是 mysql_only_shared。因为是按分区方式执行，所以会向三个分区中的表输出数据。该转换执行的逻辑为：

```
db4.t4 -> db1.t2
db4.t4 -> db2.t2
db4.t4 -> db3.t2
```

（3）将三个 MySQL 实例的数据导入到另外三个 MySQL 实例，转换如图 10-36 所示。

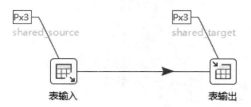

图 10-36　输入输出使用不同分区

输入步骤使用的是 shared_source 分区 schema，而输出步骤使用的是 shared_target 分区 schema。该转换执行的逻辑为：

```
db1.t1 + db2.t1 + db3.t1 -> db4.t2
db1.t1 + db2.t1 + db3.t1 -> db5.t2
db1.t1 + db2.t1 + db3.t1 -> db6.t2
```

（4）将三个 MySQL 实例的数据导入相同实例的不同表中。转换还是如图 10-36 所示，与前一个例子只有一点区别：输入步骤与输出步骤使用的是同一个分区 schema（shared_source）。该转换执行的逻辑为：

```
db1.t1 -> db1.t2
db2.t1 -> db2.t2
db3.t1 -> db3.t2
```

在数据库连接中定义分区时需要注意一点，分区 ID 应该唯一。如果多个分区 ID 相同，则所有具有相同 ID 的分区，都会连接到第一个具有该 ID 的分区。例如，把 mysql_only_shared 的分区定义改为如图 10-37 所示。

图 10-37　分区有相同 ID

将 103 与 104 两个分区的分区 ID 都设为 2，然后重新导入 shared_source，并再次执行转换，结果只会向 103 中插入数据，而 104 没有执行任何操作。从这个例子可以看到，Kettle 里实现分区很简单：对于每个分区步骤，Kettle 会根据所选择的分区方法启动多个步骤拷贝。如果定义了五个分区，就会有五个步骤拷贝。分区步骤的前一个步骤做重分区的工作。当一个步骤里数据没有分区，但该步骤把数据发送给一个分区步骤的时候，就是在做重分区的工作。在使用一种分区模式分区的步骤，把数据发送给使用另一个分区模式的步骤时，也会做重新分区的工作。

本节实例的具体表数据和转换执行结果参见 https://wxy0327.blog.csdn.net/article/details/106262114 中的博客内容。其他数据库相关的步骤也和上面的例子类似，这样多个数据库就可以并行处理了。另外，"Mirror to all partitions"分区方法可以并行将同样的数据写入多种数据库分区。这样在做数据库查询时就可以把查询表的数据同时复制到多个数据库分区中，而不用再建立多个数据库连接。

10.4.5　集群转换中的分区

如果在一个转换里定义了很多分区，转换里的步骤拷贝数就会急剧增长。为解决这个问题，需要把分区分散到集群的子服务器中。

在转换执行过程中，分区平均分配给各个子服务器。如果使用静态分区列表的方式定义了一个分区模式，那么在运行时这些分区将会被平均分配到子服务器上。这里有一个限制：分区的数量必须大于或等于子服务器的数量，通常是子服务器的整数倍（slaves×2、slaves×3 等）。有一个解决分区过多问题的简单配置方法，就是指定每台子服务器上的分区数，这样在运行时就可以动态创建分区模式，不用事先指定分区列表。

记住，如果在集群转换里使用了分区步骤，就需要跨子服务器重新进行数据分区，这会导致相当多的数据通信。例如，有 10 台子服务器的一个集群，步骤 A 也有 10 份拷贝，但之后的步骤 B 设置为在每个子服务器上运行 3 个分区，这就需要创建 10×30 条数据路径，与图 10-7 所示的例子类似。这些数据流向路径中的 10×30-30=270 条路径包含了远程步骤，可能会引起一些网络阻塞，以及 CPU 和内存的消耗。在设计带分区的集群转换时，需要考虑这个问题。

10.5 小 结

本章介绍了转换的多线程、Carte 集群和数据库分区等 Kettle 扩展技术。首先用示例说明了一个转换如何并行执行步骤、一个步骤有多个步骤拷贝时如何分发数据行等问题。随后介绍了数据行如何被分发以及合并到一起，并指出了并发可能导致的几个问题。在介绍 Kettle 集群时，首先讲解了如何在远程服务器上部署、执行、管理和监控转换和作业，然后深入介绍了如何使用多台子服务器构建一个集群，以及如何构建转换来利用这些子服务器资源。最后介绍了如何使用 Kettle 的数据库分区模式来并行处理数据库的读写操作。